高职本科及高职专科信息类系列教材

C 语言程序设计基础

（第三版）

童 华　陈雪娟　周 鑫 **主　编**

童建中 **主　审**

西南交通大学出版社
·成　都·

内 容 提 要

本书按照 C11 最新标准，在第二版的基础上进行了修订。第三版删去了部分不适用的应用程序，增加了 C 语言实战的综合应用设计实例。其内容涵盖了 C 语言程序设计基础课程体系的全部内容，并划分为四个学习引导模块（项目），分别为：程序数据基础知识；程序流程控制基础；实用数据处理方法；C 语言综合应用（课程实习或设计）。全书凝聚了编者们多年的一体化教学经验，将自学、教学、实例、实训、实习、设计和系统应用有机结合在一起，既照顾了课程体系，又具有结构创新；既是编程工具书，又是实践指导书。本书以程序设计的实用技能培养为任务主线组织知识结构，主要教学目标是"掌握基本概念、训练逻辑思维、学会设计调试"。本书结合实例讲解，其内容新颖、简明扼要、图文并茂、强化实践、习题丰富、易教易学。

本书可以作为高职本科和高职高专相关专业的程序设计基础教材，也可以作为各级各类培训班的技能培训教材和全国计算机等级考试（二级 C）用书，还可以作为初学者自学或供广大程序设计爱好者及开发人员参考。

图书在版编目（CIP）数据

C 语言程序设计基础 / 童华，陈雪娟，周鑫主编. --3 版. --成都：西南交通大学出版社，2024.8（2025.9 重印）
ISBN 978-7-5643-9760-9

Ⅰ. ①C… Ⅱ. ①童… ②陈… ③周… Ⅲ. ①C 语言－程序设计 Ⅳ. ①TP312.8

中国国家版本馆 CIP 数据核字（2024）第 052255 号

C Yuyan Chengxu Sheji Jichu（Disanban）

C 语言程序设计基础（第三版）

童 华　陈雪娟　周　鑫　主　编　　　策划编辑 / 秦　薇
童建中　主　审　　　　　　　　　　责任编辑 / 穆　丰
　　　　　　　　　　　　　　　　　　封面设计 / 何东琳设计工作室

西南交通大学出版社出版发行
（四川省成都市金牛区二环路北一段 111 号西南交通大学创新大厦 21 楼　610031）
营销部电话：028-87600564　　028-87600533
网址：http://www.xnjdcbs.com
印刷：四川森林印务有限责任公司

成品尺寸　185 mm×260 mm
印张　24.25　　字数　606 千
版次　2012 年 3 月第 1 版　2018 年 1 月第 2 版　2024 年 8 月第 3 版
印次　2025 年 9 月第 7 次

书号　ISBN 978-7-5643-9760-9
定价　53.50 元

课件咨询电话：028-81435775
图书如有印装质量问题　本社负责退换
版权所有　盗版必究　举报电话：028-87600562

第三版前言

《C语言程序设计基础》自2012年第一次出版以来，连续出版了两版，得到了许多院校师生的认可，这是对我们的极大鼓励和鞭策。

第三版教材主要特色是高职本科和高职高专的校企合作教材，是程序设计教材的创新。实现了以信息、通信知识为主线的体系的结构向以企业能力训练为主线的体系结构转变，把程序设计的学习从语法知识学习提高到解决问题的能力培养上。本教材每个任务都配有课程思政的拓展小知识，激励学生的爱国情怀，同时培养学生投身国家建设的大国工匠精神。

为了适应现代科技与高等职业教育发展的需要，根据广大读者提出的期望和建议，本书按照C11最新标准，在第二版的基础上进行了修订。第三版在以下几个方面作了修改：

（1）体例结构基本保持不变；

（2）纠正了部分错误；

（3）删除的主要有模块4中11.3学生成绩管理系统实用程序；

（4）增加了11.2.4综合应用设计实例4；11.2.5综合应用设计实例5；

在后面各章节"必备知识"环节中，将系统基本程序的内容再分解成大致与各章节核心要点一致的阶段性子系统（子程序）"引例"并贯穿于全书，拆开讲解，立竿见影，最终将各章节完全综合串联在一起，逐步实现和完善整个系统（ch11），目的旨在培养和激发学生的学习动机，挖掘兴趣点，提高兴趣度，吸引注意力，调动积极性，使学生进一步明确各阶段主要知识点和应该完成的学习任务。更多更复杂的C实用系统程序设计可以由此再通过各模块综合训练子项目或课外拓展方式引导学生主动去自学。

对组织教学的建议。教师根据不同的教学对象和教学目标，可以选择不同的课堂教学模式和内容组织方式。教材相当于一部电视剧的原著，教师相当于导演（主导），学生相当于演员或观众（主体），教师的主要任务是根据不同的主体对象和能力要求、课堂教学模式和内容组织方式，把原著改编（设计）成不同的剧本（如讲稿、PPT等），以便于教和学。正是基于这样的思路，本书PPT只提供了一个可由导演自由发挥的内容框架，教师可以按项目任务模式教学，也可以按理实一体化模式教学。教师还可以按需求对内容进行灵活组合，适当取舍和调整，以适应于不同的教学对象和教学模式。

内容顺序组合方案1：与教材体例结构一致，按教材给定的章节顺序讲解。

内容分散组合方案2：可以把ch2（除2.5.3和2.5.4外）与ch3结合为基本数据类型与简单程序设计；ch2中的2.5.3和2.5.4与ch4结合为条件运算与选择程序设计；ch5与ch6结合为循环程序设计与数组；2.5.9与ch10和ch11结合为文件操作与综合应用讲解。内容组合方案2参考建议详见表0.1。

表 0.1　内容组合方案 2 参考建议

序号	组　合	标　题
1	ch1	C 程序设计基础
2	ch2（除 2.5.3 和 2.5.4 外）+ch3	基本数据类型与简单程序设计
3	ch2 中的 2.5.3 和 2.5.4+ch4	条件运算与选择程序设计
4	ch5+ch6	循环程序设计与数组
5	ch7	函数
6	ch8	指针
7	ch9	构造数据类型
8	2.5.9+ch10+ch11	文件操作与综合应用

第三版由童华、陈雪娟、周鑫主编，童建中主审。我们专门邀请了重庆厚浪信息技术有限公司的周鑫老师参与了教材主编的编写工作，让第三版的教材通过校企合作，达到企业对软件人才需求的标准。

在第三版修订过程中，我们集思广益，得到了重庆电子工程职业学院、乐山职业技术学院、重庆厚浪信息技术有限公司等部分院校和企业多位教师的支持和帮助，大家提出了许多宝贵的建设性意见和建议，在此一并表示衷心的感谢。同时，感谢西南交通大学出版社对本书给予的极大关心和支持。

本书配有 PPT 课件、部分思考练习答案和教学相关资料，读者可到西南交通大学出版社网站免费下载。

由于编者水平所限，难免有不足和错误之处，敬请广大读者提出宝贵意见。

编　者

2024 年 5 月 18 日

第二版前言

《C 语言程序设计基础》自 2012 年出版以来,得到了许多院校师生的认可,这是对我们的极大鼓励和鞭策。

为了适应现代科技与职业教育发展的需要,根据广大读者提出的期望和建议,本书按照 C11 最新标准,在第一版的基础上进行了修订。第二版在以下几个方面作了修改:

(1)体例结构基本保持不变;

(2)纠正了部分错误;

(3)删除的主要有模块 1 中部分有关理论性描述内容、模块 3 中 10.5 非缓冲文件的操作、各章训练任务中给出的部分练习程序(改为学生自行设计);

(4)增加了 1.1.1 程序设计与程序设计语言 2.程序设计语言中的 C11 新特性;2.5.9 数据的文件组织方法;6.3.3 字符串函数及应用中的 gets_s()函数用法(C11 最新推荐);11.3 学生成绩管理系统实用程序;

(5)第 2 版中每个"能力训练"环节都有一个"简单趣味程序演示",每个"必备知识"环节都有一个"切入知识点引例"。每个模块都有一个"综合训练子项目"。

为了提高学生对各章节单元技能训练和知识学习的吸引力、驱动力和拓展力,增加了"简单趣味程序'演示'"和"阶段性子系统(子程序)'引例'",各章节演示和引例参考名称详见表 0.1。趣味程序演示代码和引例程序运行代码见本课程 PPT。

表 0.1 各章节演示和引例参考名称

序号	简单趣味程序演示	阶段性子系统(子程序)引例
1	猴子吃桃问题	学生成绩管理系统基本程序功能
2	猜数游戏	学生成绩管理系统数据建立
3	简单计算器	学生成绩管理系统菜单显示
4	计算参赛总分	学生成绩管理系统选择菜单
5	水仙花数	学生成绩管理系统重复菜单
6	兔子繁殖问题	学生成绩管理系统中同类型的批量数据处理
7	汉诺塔	学生成绩管理系统(基本程序)函数模块程序设计
8	最佳存款方案	学生成绩管理系统中用指针快速访问内存数据
9	新娘和新郎	学生成绩管理系统中不同类型的组合数据处理
10	验证哥德巴赫猜想	学生成绩管理系统中数据文件的长期保存
11	用户登录账号和密码	学生成绩管理系统实用程序

在每个"能力训练"环节都引入一个"简单趣味程序",仅作运行观看"演示"结果之用,其程序中涉及的概念和方法可能超出本章节的范畴,内容与本章节也可能并不一定对应,

但不要求学生弄懂，目的旨在唤起和增强学生对 C 程序的学习兴趣和学习热情。更多更复杂的 C 趣味程序可以通过课外拓展方式引导学生主动去实践。

在每个"必备知识"环节都引入一个可运行、见效果的应用性完整案例（学生成绩管理系统）中的阶段性子系统（子程序），仅作切入知识点"引例"之用，一开始不要求学生完全弄懂。从 ch1"必备知识"环节开始引入应用性案例：学生成绩管理系统基本程序功能。在后面各章节"必备知识"环节中，将系统基本程序的内容再分解成大致与各章节核心要点一致的阶段性子系统（子程序）"引例"并贯穿于全书，拆开讲解，立竿见影，最终将各章节完全综合串联在一起，逐步实现和完善整个系统（ch11），目的旨在培养和激发学生的学习动机，挖掘兴趣点，提高兴趣度，吸引注意力，调动积极性，使学生进一步明确各阶段主要知识点和应该完成的学习任务。更多更复杂的 C 实用系统程序设计可以由此再通过各模块综合训练子项目或课外拓展方式引导学生主动去自学。

对组织教学的建议。教师根据不同的教学对象和教学目标，可以选择不同的课堂教学模式和内容组织方式。教材相当于一部电视剧的原著，教师相当于导演（主导），学生相当于演员或观众（主体），教师的主要任务是根据不同的主体对象和能力要求、课堂教学模式和内容组织方式，把原著改编（设计）成不同的剧本（如讲稿、PPT 等），以便于教和学。正是基于这样的思路，本书 PPT 只提供了一个可由导演自由发挥的内容框架，教师可以按项目任务模式教学，也可以按理实一体化模式教学。教师还可以按需求对内容进行灵活组合，适当取舍和调整，以适应于不同的教学对象和教学模式。

内容顺序组合方案 1：与教材体例结构一致，按教材给定的章节顺序讲解。

内容分散组合方案 2：可以把 ch2（除 2.5.3 和 2.5.4 外）与 ch3 结合为基本数据类型与简单程序设计；ch2 中的 2.5.3 和 2.5.4 与 ch4 结合为条件运算与选择程序设计；ch5 与 ch6 结合为循环程序设计与数组；2.5.9 与 ch10 和 ch11 结合为文件操作与综合应用讲解。内容组合方案 2 参考建议详见表 0.2。

表 0.2　内容组合方案 2 参考建议

序号	组合	标题
1	ch1	C 程序设计基础
2	ch2（除 2.5.3 和 2.5.4 外）+ch3	基本数据类型与简单程序设计
3	ch2 中的 2.5.3 和 2.5.4+ch4	条件运算与选择程序设计
4	ch5+ch6	循环程序设计与数组
5	ch7	函数
6	ch8	指针
7	ch9	构造数据类型
8	2.5.9+ch10+ch11	文件操作与综合应用

内容案例组合方案 3：可以按表 0.1 中各章节任务的引例参考名称讲解。

第二版由童华、罗在文、周平主编，童建中主审，主要参编人员有汪志祥、宁思华、殷勇、万强等。

在第二版修订过程中，我们集思广益，得到了部分院校多位老师的支持和帮助，大家提出了许多宝贵的建设性意见和建议，在此一并表示衷心的感谢。同时，感谢西南交通大学出版社的各位同志对本书给予的极大关心和支持。

本书配有 PPT 课件、部分思考练习答案和教学相关资料，读者可到西南交通大学出版社网站免费下载。

由于编者水平所限，难免有不足和错误之处，敬请广大读者提出宝贵意见。

编　者

2017 年 7 月 18 日

前　　言

C 语言是目前运用最广泛的计算机编程语言之一。C 语言属于结构化程序设计语言，它具有简洁、灵活、高效、可移植性强等特点，能直接对位、字节和地址进行操作，具有丰富的数据类型，已被广泛应用于系统软件和应用软件的开发中。C 语言既适合系统描述，又适合通用的程序设计。因此，C 语言具有低级语言和高级语言的双重功能。

C 语言历史悠久，自从其诞生到现在已得到了人们的广泛认同，不仅计算机专业人员喜欢使用，非计算机专业人员也越来越重视把 C 语言作为自己应用领域中的主要程序设计语言之一。目前几乎所有型号的单片机都支持 C 语言程序设计方式（C51）。掌握 C 语言已成为迈入计算机程序领域的一块敲门砖，可以毫不夸张地说，是否掌握 C 语言可以作为衡量程序员水平的一个尺度。

C 语言是一种功能强大的被广泛学习、普遍使用的计算机程序设计语言，在软、硬件课程体系中起着非常重要的作用。随着计算机技术的不断发展，C 语言相对于其他高级语言的优势在程序设计开发中得到了越来越多的体现。C 语言在各种层次的系统开发中得到了广泛深入的应用，培养学生应用 C 语言开发系统和应用软件的能力成为当前教学的重点。因此，多数学校的相关专业都将"C 语言程序设计"作为计算机基础教学的一门必修课。

正如人类语言是人类社会交流的工具一样，计算机语言是人和计算机之间进行人机交互的一种最重要的软件工具。计算机语言程序设计涉及数据结构、算法和程序设计方法，难度较大，又由于 C 语言内容多、规则多、实践性特别强，其特殊的灵活性使得学习起来有一定的困难。为此，编者汇集多年的教学经验；本着以"职业、实用、必须、够用"的原则；以满足社会各行业对计算机语言程序设计应用技术的普遍要求为课程开发的出发点；根据社会所需的人才类型和对应职业岗位所需的知识、能力和素质的要求，确定计算机语言程序设计的职业核心能力；以全面提高从事各种职业人才培养的针对性和适应性为依据；结合近年来计算机软硬件、网络、办公、多媒体、单片机及嵌入式技术的最新发展，并按照职业技术课程教、学、做一体化改革的指导思想和要求，组织编写了该教材。

全书具体内容包括：程序设计基础知识，基本数据类型与操作方法（含位运算）；顺序、选择、循环三种基本结构的程序设计方法，用数组处理批量数据的方法，函数及模块化程序设计的方法（学生成绩管理系统）；指针数据类型、构造数据类型（图书管理系统）、文件数据类型操作及编程应用；C 语言综合应用训练任务，设计实例，综合测试（全国计算机等级考试二级 C 语言笔试试题和参考答案）；附录（含 C 51 常用编译参考资料）；课外习题，参考答案等。

本书基本遵循 ANSI（美国国家标准协会）制定的 C 99 标准，书中涵盖了 C 语言程序设计课程体系的全部内容，并划分为四个学习引导模块（项目）：模块 1 为程序数据基础知识；模块 2 为程序流程控制基础；模块 3 为实用数据处理方法；模块 4 为 C 语言综合应用（课程实习或课程设计）。前两个模块为基本核心内容，后两个模块为扩展提高内容。每个模块都包括主要内容、学习要求、学习向导、模块小结、模块训练（可作为应用系统程序设计，自主学习独立检验项目，主要安排在课外实施）。在模块训练中，以"新生报到管理系统"作为应用系统程序设计技能训练独立实战的指导性项目，四个学习引导模块对应四个综合训练子项目，它们可以作为四个学习训练阶段的自主学习独立检验项目。

　　模块 1 是课程的第一个阶段（C 语言基本概念与数据基础阶段）。将"系统数据分析"作为模块 1 的综合训练子项目。

　　模块 2 是课程的第二个阶段（程序结构与模块设计阶段）。将"系统模块设计"作为模块 2 的综合训练子项目。

　　模块 3 是课程的第三个阶段（数据访问、实用数据类型构造与处理阶段）。将"系统编程实施"作为模块 3 的综合训练子项目。

　　模块 4 是课程的第四个阶段（C 语言综合应用阶段）。这是系统实施的继续和最后总调阶段。"系统联调与测试"作为模块 4 的综合训练子项目。

　　本书凝聚了作者多年的一体化教学经验，将自学、教学、实例、实训、实习、设计和系统应用有机结合在一起，既照顾课程体系，又具有结构创新；既是编程工具书，又是实践指导书。书中每个单元都用配套的能力训练任务驱动，每个任务都精心安排了一定的能力操作实例。本书以程序设计的实用技能培养为任务主线组织知识结构，主要教学目标是"掌握基本概念、训练逻辑思维、学会设计调试"。为此，每个环节都有学习要求、能力训练、必备知识、操作小结、课外习题等。本书可实施以模块引导、任务驱动、边讲边做、提高能力的一体化教学方式。具体过程可按阶段、环节或层次等多种形式高效地组织教学。

　　本书的教学目的在于调动读者的学习兴趣，掌握程序设计的基本思想及技巧，学会程序设计的基本方法，提高程序设计的实用能力，达到初步解决程序设计中实际问题的目的。学习方法要先从阅读程序（实例）、模仿编程（任务）、调试程序（实训）入手，再逐步进行独立设计（实习、设计）。四个技术引导模块（项目）相当于四个阶梯（学习阶段），能力的提升和知识的进步可以随着四个阶梯逐步前行。通过学习 C 语言程序设计的基本规范、思路和方法，旨在培养读者的程序调试运行能力、基本设计能力、应用设计能力、综合运用能力、逻辑思维能力。

　　本书特色是结合实例讲解，其内容新颖、简明扼要、图文并茂、结构合理、由易到难、重点突出、概念清晰、深入浅出、通俗易懂、强化实践、实用性强、适应面广、习题丰富、易教易学。本书把 C 语言程序设计的方法融入实践环节中，并且在编排程序设计的内容顺序方面，保持与 C 语言程序设计的课程体系内容相吻合，力求做到循序渐进、系统学习、广泛实践、便于接受。

　　考虑到各校实践环境和区域应用的差异性，在能力训练特别是模块训练中，只给出任务教学的宏观指导要求，部分实例中更具体的内容各校可根据自己的实际情况作二次设计。

　　本书可以作为高职本科和高职高专相关专业的程序设计基础教材，也可以作为各级各类培训班的技能培训教材和全国计算机等级考试（二级 C）用书，还可以作为初学者自学或供广大程序设计爱好者及开发人员参考。

　　本书配有 PPT 课件、课外习题参考答案。本书以标准 C 为框架，可以 Visual C++ 6.0、WinTC、TC 3.0、TC 2.0 等为编程调试运行环境。建议本课程教学时数为 60~80 学时，少学时者可只讲基础核心部分，多学时者可根据各专业的培养目标和后续课程的要求来确定扩展部分的教学内容。能力训练和必备知识教学学时分配可参考下表。

能力训练和必备知识教学学时分配参考表

模块1	学时	模块2	学时	*模块3	学时	*模块4	学时
能力训练	8	能力训练	20	能力训练	14	能力训练	1～2周
必备知识	8	必备知识	20	必备知识	14	必备知识	2～4

  本书由童建中、童华、罗在文担任主编。童华、童建中、罗在文、汪志祥、程明、张国梁、张玮、蔡黎、代妮娜、谭晓玲等共同完成编写工作。童华、童建中、罗在文负责全书内容的组织、修改和最终审查定稿。模块1为程序数据基础知识，内容包括C程序设计基础知识、数据类型与基本操作，由童建中编写。模块2为程序流程控制基础。其中，顺序结构程序设计、选择结构程序设计、循环结构程序设计，由童华编写；数组由汪志祥编写；函数由罗在文编写。模块3为实用数据处理方法。其中，指针由张国梁编写；构造数据类型由程明编写；C语言文件操作由张玮编写。模块4为C语言综合应用，由蔡黎、代妮娜、谭晓玲共同编写。附录由童华编写。

  本书在编写出版过程中，得到了西南交通大学出版社、重庆电子工程职业学院、重庆三峡学院、南昌工程学院、四川化工职业技术学院等院校领导和老师们的大力关心、支持和帮助，在此一并表示诚挚的谢意。同时也感谢在本书编写过程中提供帮助的李宏、魏民、闫孝丽、刘咏梅等老师。

  本书在编写过程中，参考了大量的文献资料，在此一并向原作者表示衷心的感谢。

  由于水平有限，加之C语言程序设计应用的多方向、广泛性和IT技术发展迅速，书中难免有不足和疏漏之处，恳请广大读者批评、指正。联系邮箱：tjz@sccvtc.cn 或 lztjz@tom.com。

编　者
2012年1月

目 录

模块 1 程序数据基础知识

1 C程序设计基础知识 ·· 3

【能力训练】 ··· 3
任务 1 学会 C 程序设计环境的操作方法 ··· 3
【必备知识】 ··· 5
1.1 程序设计语言 ·· 6
   1.1.1 程序设计与程序设计语言 ·· 6
   1.1.2 C 程序的基本结构及特点 ·· 9
1.2 程序设计方法 ·· 14
   1.2.1 程序的构成与其设计的一般过程 ·· 14
   1.2.2 数据结构与算法描述 ·· 16
   1.2.3 结构化程序设计思想 ·· 21
1.3 C 语言程序开发环境 ··· 23
   1.3.1 C 语言程序的开发过程 ··· 23
   1.3.2 C 语言程序的集成开发环境 ·· 25
【操作小结】 ··· 27
【课外习题】 ··· 29

2 数据类型与基本操作 ·· 32

【能力训练】 ··· 32
任务 2 学会基本数据类型的操作方法 ·· 32
【必备知识】 ··· 35
2.1 C 语言的基本语法组成 ·· 36
   2.1.1 基本字符集 ·· 36
   2.1.2 标识符 ·· 36
   2.1.3 关键字 ·· 37
   2.1.4 语句 ··· 37
   2.1.5 标准库函数 ·· 38
2.2 C 语言的数据类型 ·· 38
2.3 常量与变量 ··· 39

    2.3.1 常量及符号常量的定义 ··· 39
    2.3.2 变量及变量的初始化 ··· 44
  2.4 基本数据类型及机内表示 ··· 48
    2.4.1 整型数据及机内表示 ··· 50
    2.4.2 实型数据及机内表示 ··· 52
    2.4.3 字符型数据及机内表示 ·· 54
  2.5 数据处理过程中的基本操作 ·· 55
    2.5.1 数据处理基本操作概述 ·· 56
    2.5.2 算术运算符及算术表达式 ··· 57
    2.5.3 关系、逻辑运算符及表达式 ·· 60
    2.5.4 条件运算符及条件表达式 ··· 62
    2.5.5 赋值运算符、赋值表达式 ··· 63
    2.5.6 特殊运算符及表达式 ··· 64
    2.5.7 位运算符及表达式 ·· 67
    2.5.8 数据输入和输出的基本方法 ·· 70
    2.5.9 数据的文件组织方法 ··· 70
  2.6 基本运算规则 ·· 71
    2.6.1 运算优先级规则 ··· 71
    2.6.2 运算结合性规则 ··· 72
    2.6.3 数据类型转换 ·· 72
  【操作小结】·· 74
  【课外习题】·· 75
  模块 1 总　　结 ·· 80
  【模块 1 小结】··· 80
  【模块 1 训练】系统数据分析 ·· 81

模块 2　程序流程控制基础

3 顺序结构程序设计 ·· 84
【能力训练】·· 84
任务 3 学会顺序结构程序的设计方法 ··· 84
【必备知识】·· 86
3.1 C 语句概述 ·· 87
    3.1.1 控制语句 ·· 87
    3.1.2 函数调用语句 ·· 88
    3.1.3 表达式语句 ··· 88

  3.1.4 复合语句 ……………………………………………………………… 88
  3.1.5 空语句 ………………………………………………………………… 89
 3.2 数据的输出 ……………………………………………………………………… 89
  3.2.1 格式输出函数 printf ………………………………………………… 89
  3.2.2 字符输出函数 putchar ……………………………………………… 92
 3.3 数据的输入 ……………………………………………………………………… 93
  3.3.1 格式输入函数 scanf ………………………………………………… 93
  3.3.2 键盘输入函数 getchar ……………………………………………… 98
 3.4 顺序结构程序设计举例 ………………………………………………………… 99
【操作小结】………………………………………………………………………… 101
【课外习题】………………………………………………………………………… 102

4 选择结构程序设计 …………………………………………………………………… 104
【能力训练】………………………………………………………………………… 104
任务 4 学会选择结构程序的设计方法 ……………………………………………… 104
【必备知识】………………………………………………………………………… 109
 4.1 if 语句 ………………………………………………………………………… 110
  4.1.1 if 基本形式 …………………………………………………………… 110
  4.1.2 if-else 形式 …………………………………………………………… 112
  4.1.3 if-else-if 形式 ………………………………………………………… 114
 4.2 if 语句的嵌套 ………………………………………………………………… 116
 4.3 switch 语句 …………………………………………………………………… 119
 4.4 选择结构程序设计举例 ……………………………………………………… 123
【操作小结】………………………………………………………………………… 129
【课外习题】………………………………………………………………………… 130

5 循环结构程序设计 …………………………………………………………………… 133
【能力训练】………………………………………………………………………… 133
任务 5 学会循环结构程序的设计方法 ……………………………………………… 133
【必备知识】………………………………………………………………………… 137
 5.1 while 语句 …………………………………………………………………… 138
 5.2 do-while 语句 ………………………………………………………………… 139
 5.3 for 语句 ……………………………………………………………………… 141
  5.3.1 for 语句的一般形式 ………………………………………………… 141
  5.3.2 for 语句使用注意事项 ……………………………………………… 143
 5.4 循环的嵌套 …………………………………………………………………… 145
 5.5 break 语句和 continue 语句 ………………………………………………… 146
  5.5.1 break 语句 …………………………………………………………… 147
  5.5.2 continue 语句 ………………………………………………………… 148

5.6 循环结构程序设计举例···149
【操作小结】··155
【课外习题】··156

6 数 组···159

【能力训练】··159
任务 6 学会数组的设计方法···159
【必备知识】··160
6.1 一维数组···161
    6.1.1 一维数组的定义与初始化···161
    6.1.2 一维数组的引用···162
    6.1.3 一维数组的应用···163
6.2 二维数组···166
    6.2.1 二维数组的定义···166
    6.2.2 二维数组的引用···168
    6.2.3 二维数组的应用···169
6.3 字符数组···172
    6.3.1 字符串与字符数组的定义···172
    6.3.2 字符串与字符数组的应用···175
    6.3.3 字符串函数及应用···176
【操作小结】··182
【课外习题】··182

7 函 数···186

【能力训练】··186
任务 7 学会模块化编程的设计方法··186
【必备知识】··187
7.1 函数的定义与调用···188
    7.1.1 模块化程序设计与函数定义···188
    7.1.2 函数调用与参数传递···192
    7.1.3 函数定义与调用常见错误···197
7.2 函数的嵌套调用和递归调用··197
    7.2.1 函数的嵌套调用···197
    7.2.2 函数的递归调用···199
7.3 内部变量与外部变量··200
    7.3.1 内部变量···200
    7.3.2 外部变量···201
7.4 内部函数与外部函数··203
    7.4.1 内部函数···203

7.4.2　外部函数 ·· 203
　　　7.4.3　多个源程序文件的编译和链接 ··· 204
　7.5　编译预处理 ·· 205
　　　7.5.1　宏定义与符号常量 ·· 205
　　　7.5.2　文件包含 ·· 207
　　　7.5.3　条件编译 ·· 208
　7.6　模块化程序设计举例 ·· 209
【操作小结】 ·· 214
【课外习题】 ·· 215
模块2　总　　结 ·· 218
【模块2小结】 ·· 218
【模块2训练】系统模块设计 ··· 219

模块3　实用数据处理方法

8　指　　针 ·· 222
【能力训练】 ·· 222
任务8　学会指针数据类型应用的操作方法 ·· 222
【必备知识】 ·· 223
　8.1　变量的指针 ·· 223
　　　8.1.1　指针变量的定义 ·· 224
　　　8.1.2　指针变量的引用 ·· 226
　　　8.1.3　指针变量作函数参数 ·· 228
　8.2　数组的指针 ·· 229
　　　8.2.1　一维数组的指针 ·· 229
　　　8.2.2　二维数组的指针 ·· 233
　　　8.2.3　数组名和指针变量作函数参数 ·· 235
　8.3　字符串的指针 ·· 238
　8.4　函数的指针 ·· 240
　　　8.4.1　指向函数的指针 ·· 240
　　　8.4.2　返回指针值的函数 ·· 242
　8.5　指针数组和多级指针 ·· 243
　　　8.5.1　指针数组 ·· 243
　　　8.5.2　多级指针 ·· 245
　8.6　指针的应用举例 ·· 247
【操作小结】 ·· 251

【课外习题】……………………………………………………………………………………252

9 构造数据类型……………………………………………………………………………256

【能力训练】……………………………………………………………………………………256
 任务9.1 学会结构体数据类型的使用方法……………………………………………256
 任务9.2 学会链表的基本操作方法…………………………………………………257
 任务9.3 学会枚举数据类型的基本操作方法………………………………………259
【必备知识】……………………………………………………………………………………261
 9.1 结构体类型……………………………………………………………………………261
  9.1.1 结构体类型的声明……………………………………………………………262
  9.1.2 结构体变量的定义……………………………………………………………262
  9.1.3 结构体变量的引用……………………………………………………………264
  9.1.4 结构体变量的初始化…………………………………………………………265
 9.2 结构体数组与结构体指针……………………………………………………………266
  9.2.1 结构体数组……………………………………………………………………266
  9.2.2 结构体指针……………………………………………………………………269
 9.3 用结构体指针处理链表………………………………………………………………276
  9.3.1 链表的概念……………………………………………………………………277
  9.3.2 动态内存分配…………………………………………………………………280
  9.3.3 链表的基本操作………………………………………………………………280
 9.4 枚举类型………………………………………………………………………………295
  9.4.1 枚举类型的概念………………………………………………………………296
  9.4.2 枚举类型应用举例……………………………………………………………297
【操作小结】……………………………………………………………………………………298
【课外习题】……………………………………………………………………………………299

10 C语言文件操作……………………………………………………………………………303

【能力训练】……………………………………………………………………………………303
 任务10 学会C语言文件操作的基本方法……………………………………………303
【必备知识】……………………………………………………………………………………305
 10.1 C语言文件概述………………………………………………………………………306
  10.1.1 C语言文件及其分类…………………………………………………………306
  10.1.2 C语言文件的操作步骤………………………………………………………307
  10.1.3 C语言文件的操作控制………………………………………………………308
 10.2 缓冲文件的打开与关闭………………………………………………………………310
  10.2.1 缓冲文件的打开………………………………………………………………310
  10.2.2 缓冲文件的关闭………………………………………………………………311
 10.3 缓冲文件的读写操作…………………………………………………………………311
  10.3.1 字符读写函数…………………………………………………………………311

10.3.2	数据块读写函数	313
10.3.3	格式化读写函数	316
10.3.4	字符串读写函数	317

10.4 缓冲文件的定位 318
  10.4.1 文件开头定位函数 318
  10.4.2 文件随机读写定位函数 318
  10.4.3 返回文件指针当前读写位置函数 319
  10.4.4 缓冲文件出错的检测 321
10.5 C语言文件操作应用实例 322
【操作小结】 326
【课外习题】 327
模块3 总 结 328
【模块3小结】 328
【模块3训练】系统编程实施 328

模块4 C语言综合应用

11 C语言综合应用实例 330
【能力训练】 330
任务11 学会C语言综合应用程序的设计方法 330
【必备知识】 332
11.1 C语言综合应用概述 333
  11.1.1 任务描述 333
  11.1.2 问题分析 334
  11.1.3 系统设计 334
  11.1.4 系统实施 335
11.2 C语言综合应用设计实例 336
  11.2.1 综合应用设计实例1 336
  11.2.2 综合应用设计实例2 338
  11.2.3 综合应用设计实例3 339
  11.2.4 综合应用设计实例4 342
  11.2.5 综合应用设计实例5 345
【操作小结】 346
【课外习题】 346

12 综合测试 348

全国计算机二级 C 语言笔试试题 ·· 348
全国计算机二级 C 语言笔试试题参考答案 ···································· 360
全国计算机二级 C 语言机试试题（1）·· 361
全国计算机二级 C 语言机试试题（1）参考答案 ··························· 363
全国计算机二级 C 语言机试试题（2）·· 363
全国计算机二级 C 语言机试试题（2）参考答案 ··························· 366
  模块 4　总　结 ··· 367
【模块 4 小结】·· 367
【模块 4 训练】系统联调与测试 ··· 367

参考文献·· 368

模块 1　程序数据基础知识

👉 主要内容

本模块主要内容有程序设计基础知识、基本数据类型与操作方法。其模块训练为"新生报到管理系统"的"系统数据分析"部分，可作为系统程序设计技能训练独立实战的指导性项目之一。它是第一学习训练阶段的自主学习独立检验项目。

✎ 学习要求

能力要求	1. 具备 C 语言程序设计的一般基础知识 2. 初步具备 C 语言开发环境的使用能力 3. 具备 C 语言基本数据类型的操作能力
知识要求	1. 掌握程序设计语言的基本概念 2. 了解程序设计的一般方法 3. 熟悉 C 语言开发环境 4. 了解 C 语言的基本语法组成和数据类型 5. 掌握 C 语言的常量与变量 6. 熟悉基本类型数据 7. 掌握运算符及表达式 8. 掌握基本运算规则
素质要求	1. 培养学生良好的工作纪律观和责任心 2. 培养学生的自律和严谨性

学习向导

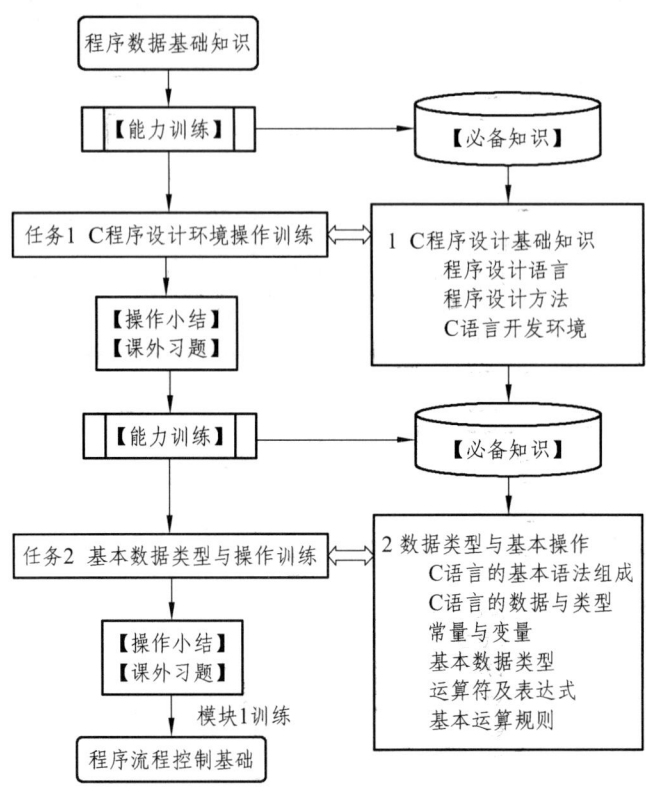

1 C 程序设计基础知识

【能力训练】

简单趣味程序演示：猴子吃桃问题

演示题目内容见例 1-6。
趣味程序演示代码见本课程 PPT。

任务 1 学会 C 程序设计环境的操作方法

一、任务要求

1. 知识要求

（1）掌握 C 语言程序设计的基础知识。
（2）学会 C 语言编译运行环境软件的安装方法，熟悉 C 语言编译运行环境的使用方法，了解所用的计算机系统软、硬件配置。
（3）初步了解在 C 语言集成环境下建立、编辑、编译、连接和运行一个 C 程序的方法，即运行一个 C 程序的全过程（参见本模块必备知识部分）。
（4）通过修改、调试和运行简单的 C 程序，初步了解 C 程序的基本结构及特点。

2. 技能要求

初步具备使用 C 语言集成环境的能力。

3. 考核标准

会在 D 盘或其他逻辑盘上建立子目录（如 C_EX）用于存放 C 文件；会使用 C 语言集成环境；会建立、编辑、编译、连接和正确运行 C 程序；会修改、调试源程序并记录出错情况和运行结果。会撰写高质量的技能训练总结报告。

4. 素质要求

在 C 程序设计环境操作的讲解过程中，向学生提出代码整洁的重要性。一段整洁的代码可以提高其可读性、可维护性和可扩展性，这与我们培养良好的思想修养也是一脉相承的。一段整洁的代码应该遵循一定的编码规范，如适当的缩进、注释清晰、变量名有意义等。通过写出整洁的代码，培养学生良好的工作纪律观和责任心。

二、训练内容

（1）开机进行操作，熟悉一些常用的 DOS 命令，包括如何建立子目录、文件拷贝、文件删除等。熟悉 Windows 的常规文件管理操作。在 D 盘或其他逻辑盘上建立自己的子目录（如 C_EX），以备存放 C 文件。

（2）学习 C 语言编译运行环境软件的安装方法，熟悉机器中 C 语言集成环境的界面。

（3）进入 C 语言集成环境，熟悉 C 语言集成环境主菜单下各选项的功能及功能键的使用方法。

（4）在 C 语言集成环境下，录入本章必备知识部分例题 1-1、1-2、1-3 中的程序，进一步了解 C 程序运行的全过程。

（5）参考例题 1-1，编写用 printf 语句将几个字符串"Hello.""This is a C program.""Computer C Programming Language"在同一行显示的程序。

运行结果：Hello. This is a C program. Computer C Programming Language

（6）若要把上面的程序改为显示三行字符串，预期的运行显示结果如下：

Hello.
This is a C program.
Computer C Programming Language

应如何修改程序？并运行之。

（7）编写一程序，用键盘输入语句输入两个整数，然后分别求它们的和、积及余。主要语句提示如下：

scanf("%d,%d",&a,&b);   /*输入两个整数时用","号分隔*/
printf("%d,%d,%d\n",a+b,a*b,a%b);

（8）为了便于观察和理解运行结果，在上面输出的和、积及余数值前分别显示一个代表各自运算的提示字符串，预期的运行显示结果如下：

a+b=和,a*b=积,a%b=余数

其中"和""积""余数"分别代表计算机做 a+b,a*b,a%b 运算后的结果数值。应如何修改程序，并运行之。

三、考核检查

（1）检查课堂现场上机使用 C 语言集成环境的熟练程度；检查在 D 盘或其他逻辑盘上建立子目录（如 C_EX）中存放的 C 文件；检查建立、编辑、编译、连接和正确运行 C 程序的过程；检查修改、调试和运行 C 程序过程中的出错信息和结果记录情况。

（2）检查课后撰写并提交的技能训练总结报告；检查对任务要求、训练设备（包括软件）、训练内容、操作步骤、出错信息、运行结果等进行系统分析的能力；检查在技能训练中独立归纳整理收获和体会的能力。

四、注意事项

（1）每次上机前，认真预习本次上机训练的内容；按上机训练指导的要求，进行数据分析；拟订具体算法；画出程序框图；预先编写程序；制订运行结果测试计划；应整齐地书写在纸上。

（2）上机输入和调试程序，调试通过后，打印出程序清单，并把调试过程中的出错信息、运行结果记录下来。

（3）上机结束后，按照上机指导的具体要求，分析整理并写出高质量的上机总结报告，下次课前上机交给指导教师。

（4）上机总结报告应包括以下内容：

① 问题描述。

② 数据分析。

③ 算法说明（复杂的要用流程图表示）。

④ 程序清单。

⑤ 测试运行。

⑥ 收获总结。

对运行情况作综合分析，总结本次训练所取得的收获。如程序未能通过编译，应分析错误原因。

注意：第三项"考核检查"和第四项"注意事项"对以后的每一个训练任务都基本相同，后面的任务中将不再提示。

【必备知识】

阶段性子系统（子程序）引例：学生成绩管理系统基本程序功能

引例见 7.6 模块化程序设计举例程序。对应的系统模块结构如图 1.1 所示。该程序为学生成绩管理系统基本程序，主要完成的基本功能是：学生成绩的录入、排序、显示、修改、查询和统计等。

程序运行代码见本课程 PPT。

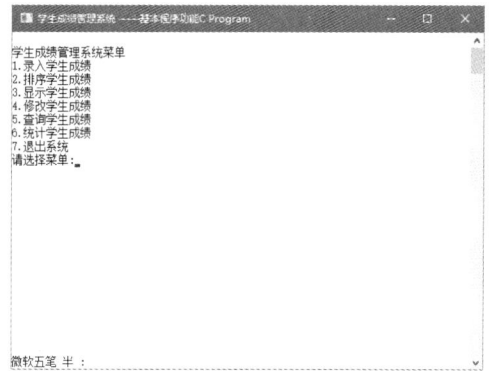

图 1.1 学生成绩管理系统模块结构

1.1 程序设计语言

1.1.1 程序设计与程序设计语言

1. 程序设计

计算机的本质是"程序的机器",程序和指令的思想是计算机系统中最基本的概念。程序设计是软件开发人员的基本功。

软件(Software)是一系列按照特定顺序组织的计算机数据和指令的集合。一般地,软件被划分为系统软件、应用软件和介于系统软件与应用软件之间的中间件。软件并不只是包括可以在计算机上运行的计算机程序,还包括与这些计算机程序相关的文档。简单地说,软件就是程序加文档的集合体。

程序(Program)是为实现特定目标或解决特定问题而用计算机语言编写的命令(指令)序列的集合。

程序设计(Programming)是指组织和编写为解决特定问题的有序指令集的过程,是软件构造活动中的重要组成部分。程序设计往往以某种程序设计语言为工具,组织和编写出在这种语言下实现特定目标的源程序或目标程序。程序设计过程应当包括分析、设计、编码、测试、排错等不同阶段。专业的程序设计人员常被称为程序员。

2. 程序设计语言

要进行程序设计,必须要用一种计算机语言作为工具。

程序设计语言(Programming Language),通常简称为编程语言,是一组用来定义计算机程序的语法规则。它是一种被标准化的交流技巧,用来向计算机发出指令。一种计算机语言能够让程序员准确地定义计算机所需要使用的数据,并精确定义在不同情况下所应采取的行动。

程序设计语言按照语言级别可以分为低级语言和高级语言。低级语言有机器语言和汇编语言。低级语言与特定的机器硬件有关,功效高,但使用复杂、烦琐、费时、易出差错。机器语言是表示成二进制数码形式的机器基本指令集,或者是操作码经过符号数字化的基本指令集。机器语言程序又称为目标程序,计算机可直接执行。汇编语言是机器语言中的地址部分符号化的结果,或进一步包括宏构造,计算机不能直接执行汇编语言程序,必须经过汇编程序翻译成机器语言程序方可执行。高级语言的表示方法要比低级语言更接近于待解问题的表示方法,其特点是在一定程度上与具体机器硬件无关、接近自然语言和数学语言,易学、易用、易维护。用高级语言编写的程序常称为源程序,计算机同样不能直接执行,而必须经过翻译程序将其转换成机器语言构成的目标程序方可执行。翻译程序有解释程序(如 BASIC 解释程序)和编译程序(如 C 编译程序)。

程序设计语言是软件的重要方面,其发展趋势是模块化、简明化、形式化、并行化和可视化。

C 程序设计语言(C Programming Language)即 C 语言,是目前国际上广泛流行的计算机程序设计语言。面向过程的 C 语言诞生于美国贝尔实验室,是最基础的高级程序设计语言,后来又推出了面向对象的 C++和 C#。C 语言既具有高级语言的特点，又具有汇编语言的特点。它可以作为工作系统设计语言，编写系统应用程序，也可以作为应用程序设计语言，编写不依赖计算机硬件的应用程序。因此，它的应用范围广泛，不仅在软件开发上，而且在各类科研和工程中都需要用到 C 语言，比如，单片机以及嵌入式系统开发。

2011 年 12 月，ANSI 采纳了 ISO/IEC 9899:2011 标准即 C11，它是 C 程序设计语言的最新标准。C11 标准化了许多当前主流编译器已经实现了的特性，同时定义了更加适合多线程的内存模型。C11 修订了 C99 版本，提高了对 C++的兼容性，并将新的特性增加到 C 语言中。新功能包括支持多线程，支持改进的 Unicode，提供更多用于查询浮点数类型特性的宏定义和静态声明功能。C11 与 C99 有 99.5%是相同的，C99 中只有 gets()函数用更安全的版本 gets_s()函数取代。C11 的新特性只有在一些特定情形下才需要用到（比如安全计算、并行计算、科学计算等）。

C11 试图修复 C99 中令人沮丧的特性。它使 C99 的一些强制特性（如变长数组，复合类型等等）变成了可选项，引入了在不同的实现中已经可用的新特性。C11 的设计者们和 C++标准委员会紧密合作，以尽可能确保两种语言的兼容性。用 C11 编写的软件将在安全漏洞和恶意软件的攻击面前更加健壮。

C11 相对于 C99 的变化如下：

（1）对齐处理操作符 alignof，函数 aligned_alloc()，以及头文件<stdalign.h>。

（2）Noreturn 函数标记，类似于 gcc 的 __attribute__((noreturn))。例子：

_Noreturn void thrd_exit(int res);

（3）_Generic 关键词，有点儿类似于 gcc 的 typeof。例子：

#define cbrt(X) _Generic((X), long double: cbrtl, \
 default: cbrt, \
 float: cbrtf)(X)

（4）静态断言（static assertions），_Static_assert()，在解释 #if 和 #error 之后被处理。例子：

_Static_assert(FOO > 0, "FOO has a wrong value");

（5）删除了 gets() 函数，C99 中已经将此函数被标记为过时，推荐新的替代函数 gets_s()。

（6）新 fopen()新增一个创建打开模式 ("...x")，这个行为类似于 POSIX 中的 O_CREAT|O_EXCL，通常用来锁定文件。

（7）匿名结构体/联合体，这个早已经在 gcc 中了，我们并不陌生。

（8）多线程支持，包括：_Thread_local，头文件 <threads.h>，里面包含线程的创建和管理函数（比如 thrd_create()，thrd_exit()），mutex（比如 mtx_lock()，mtx_unlock()）等。

（9）_Atomic 类型修饰符和头文件 <stdatomic.h>。

（10）带边界检查（Bounds-checking）的函数接口，定义了新的安全的函数，例如 fopen_s()，strcat_s() 等等。更多参考 Annex K。

（11）改进的 Unicode 支持，新的头文件 <uchar.h> 等。

（12）新增 quick_exit() 函数，作为第三种终止程序的方式，当 exit() 失败时可以做最少的清理工作（deinitilizition）。

（13）创建复数的宏，CMPLX()。

（14）更多浮点数处理的宏 （More macros for querying the characteristics of floating point types, concerning subnormal floating point numbers and the number of decimal digits the type is able to store）。

（15）struct timespec 成为 time.h 的一部分，以及宏 TIME_UTC，函数 timespec_get()。

C11 是继 C 89、C 99 之后最新的兼容标准，程序形式基本上是一致的。下面是 C/C++和 C 99、C11 标准的程序形式。

（1）C 程序形式。

```
main()                                      /* C 程序例*/
{
    printf("Hello, world!\n");
}
```

（2）C++程序形式。

```
#include <stdio.h>                          // C++程序例
void main()
{
    printf("Hello, world!\n");
}
```

（3）C 99、C11 标准的程序形式。

```
#include <stdio.h>                          // C99、C11 程序例
int main(void)                              // 或 int main()
{
    printf("Hello, world!\n");
    return 0;
}
```

C 语言是当前程序员共同的语言。C（面向过程的小型程序语言）是 C++（面向对象的大型程序语言）的基础，C++语言和 C 语言在很多方面是兼容的。因此，掌握了 C 语言，再进一步学习 C++，就能以一种熟悉的语法来学习面向对象的语言，从而达到事半功倍的效果。

3. C 语言的主要特征

（1）C 语言是结构化语言，具有结构化的控制语句。

C 语言支持结构化程序设计的三种基本结构：顺序、选择和循环结构。三种基本结构的"算法"可用流程图、N-S 图以及 PDA 图表示。

结构化语言的显著特点是代码及数据的分隔化，即程序的各个部分除了必要的信息交流外彼此独立。这种结构化方式可使程序层次清晰，便于使用、维护以及调试。C 语言是以函数形式提供给用户的，这些函数可方便地调用，并具有多种循环、条件语句控制程序流向，从而使程序完全结构化、模块化。

（2）C 语言简洁、紧凑，使用方便、灵活。

C 语言一般有 32 个关键字，34 种运算符，9 种控制语句，程序书写自由，区分大小写，

主要用小写字母表示。

（3）C语言运算符丰富。

C语言的运算符包含的范围很广泛，一般有34种运算符。C语言把括号、赋值、强制类型转换等都作为运算符处理，从而使C语言的运算类型极其丰富，表达式类型多样化。灵活使用各种运算符，可以实现在其他高级语言中难以实现的运算。

（4）C语言具有各种各样的数据类型。

C语言的数据类型有：整型、实型、字符型、数组类型、指针类型、结构体类型、共用体类型等。能用来实现各种复杂的数据类型的运算，并引入了指针概念，使程序效率更高。另外，C语言具有强大的图形功能，支持多种显示器和驱动器，且计算功能、逻辑判断功能强大，可实现决策目的。

（5）C语言具备高级语言和低级语言的特征。

C语言把高级语言的基本结构、语句与低级语言的实用性结合起来。C语言通常称为中级计算机语言。中级语言并没有贬义，不意味着它功能差、难以使用或者比BASIC、Pascal那样的高级语言原始，也不意味着它与汇编语言相似，会给使用者带来类似的麻烦。C语言之所以被称为中级语言，是因为它把高级语言的成分同汇编语言的功能结合起来了。

（6）C语言表达能力强。

C语言允许直接访问物理地址，可以直接对硬件进行操作。因此既具有高级语言的功能，又具有低级语言的许多功能，能够像汇编语言一样对位、字节和地址进行操作，而这三者是计算机最基本的工作单元，C语言可以用来编写系统软件，又可以用来编写应用软件。

（7）C语言适用范围大，可移植性好。

一般的高级语言语法检查比较严，能够检查出几乎所有的语法错误，而C语言允许程序编写者有较大的自由度。C语言有一个突出的优点就是适合于多种操作系统，如DOS、UNIX，也适用于多种机型。对操作系统和系统控制程序以及需要对硬件进行操作的场合，用C语言明显优于其他高级语言，许多大型应用软件都是用C语言编写的。

C语言有预处理功能、可移植性好、数据处理能力强、绘图能力强。因此，特别适合于编写系统软件，也是数值计算的高级语言，可作二维、三维图形和动画。

（8）C语言生成目标代码质量高，程序执行效率高。

C语言生成的目标代码质量高，程序执行效率高。一般只比汇编程序生成的目标代码效率低10%~20%。

用C语言编写的计算机源程序简称C程序。

1.1.2　C程序的基本结构及特点

1. C程序的基本结构

任何一种程序设计语言都具有特定的语法规则和规定的表达方法。一个程序只有严格按照语言规定的语法和表达方式编写，才能保证编写的程序在计算机中能正确地执行，同时也便于阅读、理解和通用。图1.2所示是标准的C程序结构要素。图1.3所示是C程序的结构形式，其中图1.3（a）所示为平面结构形式，图1.3（b）所示为模块化结构形式。

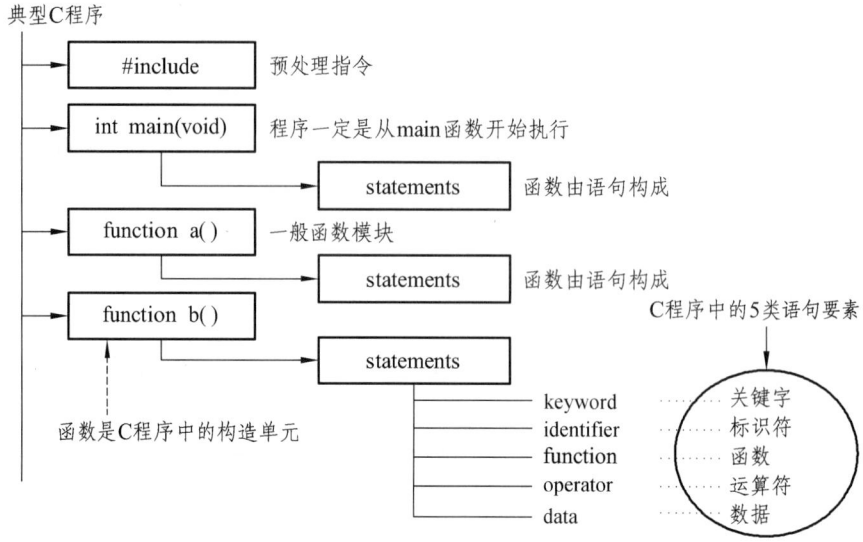

图 1.2 标准的 C 程序结构要素

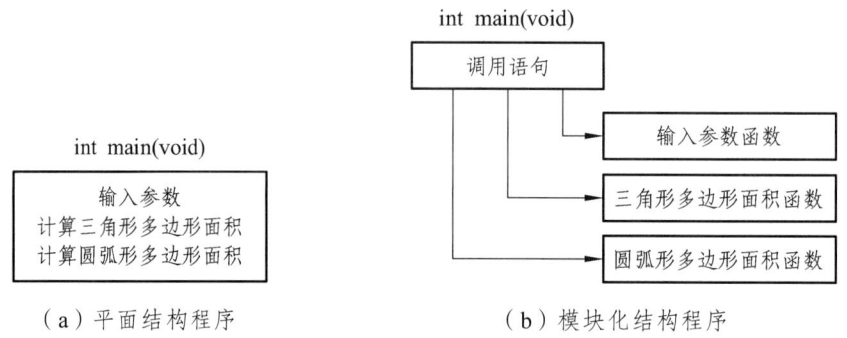

（a）平面结构程序　　　　　　　（b）模块化结构程序

图 1.3 C 程序的结构形式

为了解 C 程序的基本程序结构，先介绍几个简单的 C 程序。

例 1-1　在屏幕上显示一行信息 "This is a sample of C program." 的最简单的 C 程序。

#include <stdio.h>
int main(void)   /*主函数，或用 int main()*/
{
　　printf("This is a sample of C program.\n"); /*调用标准函数 printf，显示引号中的内容*/
　　return 0;
}

这是一个最简单的 C 程序，其执行结果是在屏幕上显示一行信息：

This is a sample of C program.

例 1-2　用函数调用方式在屏幕显示三行信息的 C 程序。

#include <stdio.h>
int main(void)   /*主函数*/
{

```
        void proc( );          /*函数声明*/
        int func( );
        int a=3;                /*指定 a 为整数,初始值为 3*/
        proc( );                /*调用函数 proc,无返回值*/
        a=func( );              /*调用函数 func,结果返回给 a*/
        printf("a=%d\n",a);     /*调用标准函数 printf,显示 a=变量 a 的整数值*/
        printf("Let's learn C program.\n");
        return 0;
    }

    void proc( )                /*定义函数 proc,void 指定该函数不返回结果*/
    {
        printf("Hello.\n");
    }

    int func( )                 /*定义函数 func,int 指定该函数返回一个整数*/
    {
        return(2);              /*返回整数 2*/
    }
```

本程序的执行过程是:

程序从 main( )处开始。

变量 a 代表一个整数,并且初始值为 3。

执行程序(函数)proc( );屏幕上显示 "Hello.",\n 为转义字符,代表换行的意思。

执行程序(函数)func( );并将结果赋予 a,此时,a 的值为 2。

屏幕上显示 a=2。

屏幕上显示 "Let's learn C program."。

程序执行的结果是在屏幕显示三行信息:

Hello.

a=2

Let's learn C program.

程序中/*…*/表示对程序的说明,称为注释,不参与程序的运行。注释文字可以是任意字符,如汉字、拼音、英文等。

例 1-3 对从键盘输入的长方体的长、宽、高三个整型量求其体积的值。

```
#include <stdio.h>
int main(void)
{
        int volume(int, int, int);          /*函数声明*/
        int x,y,z,v;                         /*定义整型变量*/
        scanf( "%d,%d,%d",&x,&y,&z);         /*调用标准函数,从键盘输入 x,y,z 的值*/
```

```
        v=volume(x,y,z);              /*调用 volume 函数，计算体积*/
        printf("v=%d\n",v);           /*调用标准函数 printf，显示 v=变量 v 的整数值*/
        return 0;
    }
    int volume(int a, int b, int c)   /*定义 volume 为整型函数，同时定义形式参数 a,b,c 为整型
变量*/
    {
        int p;                        /* 定义函数内部使用的变量 p*/
        p=a*b*c;                      /* 计算体积 p 的值*/
        return(p);                    /* 将 p 值返回调用处*/
    }
```

本程序的功能是对从键盘输入的长方体的长、宽、高三个整型量求其体积的值。程序运行的情况如下：

5,8,6
v=240

在本例中，main 函数在调用 volume 函数时，将实际参数 x、y、z 的值分别传送给 volume 函数中的形式参数 a、b、c。经过执行 volume 函数得到一个计算结果（即 volume 函数中变量 p 的值）并把这个值赋给变量 v。

2. C 程序的主要特点

从上面的程序例子，可以看出 C 程序的基本结构及主要特点如下：

（1）一个 C 语言源程序可以由一个或多个源文件组成。

（2）每个源文件可由一个或多个函数组成。

C 程序的函数有两类：库函数和用户自定义函数。如由编译系统提供的标准函数 printf、scanf 等即为库函数；如 proc、func、volume 等是由用户自己定义的函数。函数的基本结构由函数说明部分和函数体两部分组成，函数的现代风格基本形式如下：

```
函数类型 函数名（形式参数类型 形式参数名 …）
{
    数据说明部分；
    语句部分；
}
```

其中，函数头部为函数说明部分，包括函数类型说明、函数名和圆括号中的形式参数类型说明、形式参数名。例如，int volume(int a, int b, int c)。假如，函数调用无参数传递，则圆括号中形式参数为空，例如，void proc()。

在函数的传统风格中，函数类型定义与形式参数类型定义可分开写为：

函数类型 函数名(形式参数名)
形式参数类型说明；

例如，在例 1-3 中函数说明部分 int volume(int a, int b, int c) 可分开写为：

int volume(a,b,c)

　　int a,b,c;

　函数体包括函数体内使用的数据变量说明和执行函数功能的语句，花括号"{"和"}"表示函数体的开始和结束。

　一个函数体如果既没有使用的数据变量说明，又无执行部分，则为空函数。例如，

　　delay( )

　　{ }

虽然不执行任何操作，但可以起到延时的作用。

　（3）一个源程序不论由多少个文件组成，都有且只能有一个main函数，即主函数，该函数在程序中的位置不限。

　综上所述，C程序是以函数为单元的模块结构，所有的C程序都是由一个或多个函数构成的，其中必须且只能有一个主函数main。程序从主函数开始执行，当执行到调用函数的语句时，程序将控制转移到调用函数中执行，执行结束后，再返回主函数中继续运行，直至程序执行结束。虽然从技术上讲，主函数不是C语言的一个成分，但它仍被看作是其中的一部分，因此，"main"不能用作变量名。

　（4）一个C语言函数是由若干语句组成的，C语句是完成某种程序功能的最小单位。每一个变量说明，每一个语句都必须以分号结尾。但预处理命令，函数头和花括号"}"之后不能加分号。

　（5）源程序中可以有预处理命令（include命令仅为其中的一种），预处理命令通常应放在源文件或源程序的最前面。

　（6）标识符、关键字之间必须至少加一个空格以示间隔。若已有明显的间隔符，也可不再加空格来间隔。

　（7）符号"/*…*/"表示对程序的注释（块式注释），是为了增强程序中语句的可读性而加入的说明，不参与程序的运行。注释文字可以是任意字符，如汉字、拼音、英文等。C 99还支持用"//"开始的单行注释（C++风格）。

3. C程序的书写风格

　从程序清晰、便于阅读、理解和维护的角度出发，用C语言书写程序时应遵循的规则主要有以下几点：

　（1）采用结构化的程序设计思想，即模块化设计和结构化编码。

　（2）每个函数模块在程序中的位置任意。主函数不一定出现在程序的开头，但程序总是从主函数开始执行。

　（3）用{ }括起来的部分，通常表示了程序的某一层次结构。{ }一般与该结构语句的第一个字母对齐，并单独占一行。

　（4）低一层次的语句或说明可比高一层次的语句或说明缩进若干格后书写。以便看起来更加清晰，增加程序的可读性。

　（5）程序中每个逻辑段落之间应该用一个空行分隔开。

　（6）C语言程序书写比较自由，但为了保证程序结构清晰明了，一般建议一个说明或一

个语句占一行。

（7）C语言区分大小写，但为了避免出错，一般建议使用小写英文字母。

在编程时应力求遵循这些规则，以养成良好的编程风格。任何一种程序设计语言都具有特定的语法规则和规定的表达方法。一个程序只有严格按照语言规定的语法和表达方式编写，才能保证编写的程序在计算机中能正确地执行，同时也便于阅读和理解。

1.2　程序设计方法

1.2.1　程序的构成与其设计的一般过程

人类大脑的思维能力是通过后天学习获得的，而计算机的思维与运算处理能力是通过我们编制的程序赋予的。

什么是程序？计算机科学家 Wirth 提出了一个著名的公式：

程序=数据结构+算法

1. 数据结构

数据是指由有限的符号（比如，"0"和"1"，具有其自己的结构、操作和相应的语义）组成的元素的集合。结构是元素之间的关系的集合。

数据结构是在整个计算机科学与技术领域中被广泛使用的术语。它反映一个数据的内部构成，即一个数据由哪些成分数据构成，以什么方式构成，呈现什么结构。数据结构主要有三个方面的内容：数据的逻辑结构、数据的物理存储结构和对数据的操作（算法）。通常，算法的设计取决于数据的逻辑结构，算法的实现取决于数据的物理存储结构。

2. 算法

算法就是解决问题的方法和步骤。算法被定义为一个运算序列，这个运算序列中的所有运算定义在一类特定的数据模型上，并以解决一类特定问题为目标。

作为运算序列的算法，有三个要素：作为运算序列中各种运算的对象和结果的数据、运算序列中的各种运算和运算序列中的控制转移。这三种要素依序分别简称为数据、运算和控制。

因此，程序就是认真分析问题的数据结构，针对具体的数据结构设计的解决相应问题的算法。

3. 程序设计的一般过程

软件设计的现代风格是模块化、结构化。程序设计方法的主要技术是自顶向下、逐步求精。具体地说，就是在接受一个任务之后，纵观全局，先设想好整个任务，再分为几个子任务（子模块），每一个子任务又可以进行细分，直到不需要细分为止。这种方法就叫作"自顶向下、逐步求精"。采用这种方法考虑问题比较周全，结构清晰，层次分明。用这种方法也便于验证算法的正确性。在向下一层细分之前应检查本层设计是否正确，只有上一层是正确的才可以继续细分。如果每一层设计都没有问题，则整个算法就是正确的。由于每一层向下细分时都不太复杂，因此容易保证整个算法的正确性。检查时也是由上而下逐层检查，这样做思路清晰，可以有条不紊地一步一步进行，既严谨又方便，使各层次模块的程序代码的实现容易用三种基本控制结构来构造。

一个层次模块的程序从平面结构上来看应包括数据的输入（I）、数据加工处理（P）、数据的输出（O）三大部分。

程序设计的一般过程如图1.4所示。

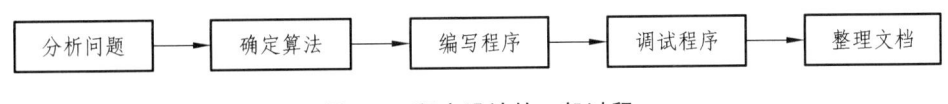

图1.4 程序设计的一般过程

在接到任务之后，不可能马上就动手编程解决问题，需要经历一个思考、编程、调试的过程。对于一般的问题，我们可以进行简单处理，按照下面给出的五步进行求解：

（1）分析问题。

这是程序设计的第一步，其目的是理解题目的数据加工处理要求，明确程序的运行环境和方式，以及相关的限制条件。

问题分析的基本内容包括确定程序的功能和性能、程序输入输出数据的来源、内容、范围及其格式、加工、去向，程序的使用者、调用方式、人机交互要求，与其他程序的关系和交互方式，对通用性的要求和扩展的可能，以及对性能和其他程序的特殊要求和限制，如程序所占用系统资源的数量、对输入命令的响应速度等。

在进行问题分析时需要注意的是：不但要理解题目字面的意思，更要深入分析题目中隐含的内容，要准确、完整、全面地理解题目的要求。

我们一般可以将问题简单地分为数值型问题和非数值型问题。对不同类型的问题，可以有针对性地采用不同的数据组织形式（数据结构）、加工方法与步骤（算法）进行处理。

（2）确定算法。

建立问题的描述模型、设计和确定算法，在算法确定之后，我们就可使用算法描述方法对算法进行描述。

对于数值型问题，我们可以建立数学模型，通过数学模型来描述问题，并采用数值分析的方法进行处理。在数值分析中，有许多现成的固定算法，我们可以直接使用，当然也可以根据问题的实际情况设计算法。

对于非数值型问题，我们一般可以建立一个过程模型，通过过程模型来描述问题。我们可以通过数据结构或算法分析与设计进行处理，也可以选择一些成熟的方法进行处理，例如，穷举法、递推法、递归法、分治法、回溯法等。

（3）编写程序。

在完成包括数据结构和算法在内的方案设计并经过认真的检查之后，就可以进入编码阶段，把设计方案付诸实施了。编码是使用编程语言对程序的解题步骤、数据结构和算法进行操作性描述的过程。编码工作依据的是程序的设计方案，但又并不仅仅是对解题步骤和算法的简单翻译。在编码过程中，有其特别需要注意的要点和方法，以保证编码的结果既能完整正确地体现设计方案的思想，又能充分利用编程语言的描述能力，简洁有效地实现程序。

(4）调试程序。

编程调试是根据数据结构和算法，采用一种编程语言编程实现，并选择合适的运行环境，然后上机调试，最终得到程序预期的运行结果的过程。

（5）整理文档。

程序调试通过后，应当及时整理资料，编写程序使用说明书及程序所要求的软、硬件环境等技术性文件。

1.2.2 数据结构与算法描述

在求解一个问题时，首先应当分析考虑问题的数据结构与算法，而不是马上动手写程序。程序处理的对象是数据，数据与数据之间会存在某种形式的联系，这就是数据结构。对于不同的数据结构，要用不同的算法去处理。在进行程序设计时，除了要考虑算法以外，还要考虑并选择适当的数据结构。这就要求我们一开始就要养成一个良好的编程逻辑思维习惯，从问题的数据结构与算法入手。

1. C语言的数据结构描述

计算机用变量来描述客观事物的属性，数据就是变量的取值。早期计算机只是用来做科学计算。它要处理的数据就是数学上的实数、整数、字符等。随着计算机应用的普及，它处理的数据已拓展到声音、图像、文字、表格等，包罗万象。一个客观事物具有多种属性，每一个属性可以用一个变量来描述。

例如，学生是客观存在的实体。他（她）有学号、姓名、性别、出生日期等多种属性。学号是一个整数，相应的变量就是整数类型；姓名由多个汉字组成，于是变量就是一个字符串；性别、出生日期也可以用字符串描述。因此，我们用表1.1所示的属性集合作为学生这个客观实体的特征描述。将表1.1编制到程序中，表1.1所列变量集合的取值，即通过键盘输入到计算机中的学生信息，就是一个特定学生的数据信息，也称之为一条纪录。计算机因此能清晰地刻画一个学生个体。这就是所谓学生信息数字化，或者说是把学生信息存储到计算机中的过程。

表1.1 学生属性

属性	学号	姓名	性别	出生日期	民族	家庭住址	系别
变量	number	name	sex	birthday	nation	address	department

比如，信息工程系学生张小莉的数据记录在计算机上信息见表1.2，通过对张小莉数据记录的检索，就可以得知该学生的基本情况。

表1.2 一条学生记录属性集合的取值

number	name	sex	birthday	nation	address	department
091005	张小莉	女	1992年11月	汉	江苏南京	信息工程系

注：表格中人名、性别、生日等信息为虚构，后同。

C 语言的数据结构是用数据类型来表示的。所谓数据类型是按被说明量的性质、表示形式、占据存储空间的多少、构造特点来划分的。在 C 语言中，数据类型可分为：基本数据类型、构造数据类型、指针类型、无值（空）类型四大类。C 语言的详细数据类型可参见图 2.2。

C 语言数据类型关键字及 32 位系统上存储单元长度见表 1.3。

表 1.3 C 语言数据类型关键字

K&R 关键字	C 90 关键字	C 99 关键字	数据类型	存储单元（字节数）
int			整型变量	4
long			长整型变量	4
short			短整型变量	2
unsigned			无符号数	2
char			字符型变量	1
float			浮点型变量	4
double			双精度浮点数	8
	signed			
	void			
		bool	布尔型变量	1
		_complex	复数	视具体情况而定
		_imaginary	虚数	视具体情况而定

例 1-4 用 sizeof() 运算符测定所用的 Turbo C 编译系统中各种类型数据的长度。

```
#include <stdio.h>
int main(void)
{
    printf("char:%d bytes\n",sizeof(char));
    printf("short:%d bytes\n",sizeof(short));
    printf("int:%d bytes\n",sizeof(int));
    printf("long:%d bytes\n",sizeof(long));
    printf("float:%d bytes\n",sizeof(float));
    printf("double:%d bytes\n",sizeof(double));
    return 0;
}
```

运行结果：

char:1 bytes

short:2 bytes

int:2 bytes

long:4 bytes

float:4 bytes
double:8 bytes

C 语言有五种基本数据类型：字符、整型、单精度实型、双精度实型和空类型。基本数据类型最主要的特点是，其值不可以再分解为其他类型。也就是说，基本数据类型是自我说明的。基本数据类型就是 C 语言支持的基本数据定义能力，除此以外，C 语言不再支持其他类型数据变量的定义，比如，学生的出生年月日，我们不能直接定义一个日期型数据变量进行描述，只能通过定义一个字符类型数组的变量来描述它。

C 语言提供了几种构造类型，包括数组、指针、结构体、共用（联合）体、位域和枚举类型。构造数据类型是根据已定义的一个或多个基本数据类型用组合（聚合）的方法来自定义的。也就是说，一个构造类型的值可以分解成若干个"成员"或"元素"。每个"成员"都是一个基本数据类型或又是一个构造类型。构造数据类型是通过 C 语言支持的数据结构定义能力，将所需要的基本型数据汇集到一起，成为一个新的数据类型。这个新数据类型定义之后，可以直接在设计的程序中如同使用基本数据类型一样进行引用。为什么需要构造类型变量呢？比如，表 1.2 所示的学生实体是由多个基本类型的数据变量描述的，假定现在要在程序中描述一个学生的数据，你不能直接将学生看成一个变量，因为程序语言不支持这种形式的变量。所以，我们需要在程序中将学生的各个属性变量分别写出来，非常麻烦。可是，根据 C 语言的结构体定义形式，我们可以构造一个结构体数据类型：

```
struct student
{
int number;
char name[20];
char sex;
char birthday[8];
char nation;
char address[40];
char department[20];
};
```

struct 说明了一个新的结构体数据类型 student，它就是学生数据类型，由花括弧里的基本类型变量组成。于是，下面就可以直接在程序中使用我们自己定义的新的学生数据类型，比如，

struct student record;

定义了一个学生结构体数据类型（student 类型）的学生变量 record。

C 语言构造结构体的能力，也称之为数据结构的节点定义方法。它和指针类型变量结合，是我们在数据结构设计中使用 C 语言的根本原因，因此，几乎所有的关系数据库以及操作系统的内核都用 C 语言编写。

2. C 语言的算法描述

对于面向对象程序设计语言，强调的是数据结构，而对于面向过程的程序设计语言如 C、PASCAL、FORTRAN 等语言，主要关注的是算法。针对某一个问题求解，必须设计出解决

该问题的正确算法，才能编制出优秀的程序。把握算法，也是为程序设计打下一个扎实的基础。综上所述，算法就是我们解决现实问题的步骤和方法，程序就是算法在计算机上的实现。

下面通过例子，用自然语言描述的方法来介绍如何设计一个算法。

例 1-5 输入三个数，然后输出其中最大的数。

首先，得有个地方装这三个数，我们定义三个变量 a、b、c，将三个数依次输入到 a、b、c 中；另外，再预备一个 max 装最大数。由于计算机一次只能比较两个数，我们首先比较 a 与 b，大的数放入 max 中；再比较 max 与 c，又把大的数放入 max 中。最后，把 max 输出，此时 max 中装的就是 a、b、c 三个数中最大的一个数。算法可以表示如下：

（1）输入 a、b、c。
（2）a 与 b 中大的一个放入 max 中。
（3）把 c 与 max 中大的一个放入 max 中。
（4）输出 max，max 即为最大数。

其中的（2）、（3）两步仍不明确，无法直接转化为程序语句，可以继续细化：

（2）把 a 与 b 中大的一个放入 max 中，若 a>b，则 max←a；否则 max←b。
（3）把 c 与 max 中大的一个放入 max 中，若 c>max，则 max←c。

于是算法最后可以写成：

（1）输入 a、b、c。
（2）若 a>b，则 max←a；否则 max←b。
（3）若 c>max，则 max←c。
（4）输出 max，max 即为最大数。

这样的算法已经可以很方便地转化为相应的程序语句了。

例 1-6 猴子吃桃问题：有一堆桃子不知数目，猴子第一天吃掉一半，觉得不过瘾，又多吃了一个；第二天照此办理，吃掉剩下桃子的一半另加一个；天天如此，到第十天早上，猴子发现只剩一个桃子了，问这堆桃子原来有多少个？

此题粗看起来有些无从下手的感觉，那么怎样开始呢？假设第 1 天开始时有 a_1 个桃子，第 2 天有 a_2 个……第 9 天有 a_9 个，第 10 天是 a_{10} 个。在 a_1，a_2，…，a_{10} 中，只有 $a_{10}=1$ 是知道的，现要求 a_1，而我们可以看出，a_1，a_2，…，a_{10} 之间存在一个简单的关系：

$a_9=2*(a_{10}+1)$

$a_8=2*(a_9+1)$

⋮

$a_1=2*(a_2+1)$

也就是：$a_i=2*(a_{i+1}+1)$　　$i=9，8，…，1$

这就是此题的数学模型。

再考察上面从 a_9、a_8 直至 a_1 的计算过程，这其实是一个递推过程，这种递推的方法在计算机解题中经常用到。另一方面，这九步运算从形式上完全一样，不同的只是 a_i 的下标而已。由此，我们引入循环的处理方法，并统一用 a_0 表示前一天的桃子数，a_1 表示后一天的桃子数，将算法改写如下：

（1）a_1=1；{第 10 天的桃子数，a_1 的初值}
　　i=9。{计数器初值为 9}

(2) $a_0=2*(a_1+1)$。{计算第 i 天的桃子数}

(3) $a_1 \leftarrow a_0$。{将当天的桃子数作为下一次计算的初值}

(4) i=i−1。

(5) 若 i>=1，转（2）。

(6) 输出 a_0 的值。

其中（2）~（5）步为循环体。

这就是一个从具体到抽象的过程，具体方法是：

(1) 弄清假如由人来做，应该采取哪些步骤。

(2) 对这些步骤进行归纳整理，抽象出数学模型。

(3) 对其中的重复步骤，通过使用相同变量等方式求得形式的统一，然后简练地用循环解决。

算法的描述方法有自然语言描述、伪代码、流程图、N-S 图、PAD 图等。以上介绍的算法例子是用自然语言描述的，若用图形就比较直观，本书仅讨论流程图与算法的结构化描述，其他的描述方法请读者参考有关资料。

流程图是一种传统的算法表示法，它利用几何图形的框来代表各种不同性质的操作，用流程线来指示算法的执行方向，见表 1.4。由于它简单直观，因此应用广泛，在早期语言阶段，只有通过流程图才能简明地表述算法，流程图成为程序员们交流的重要手段，直到结构化的程序设计语言出现，对流程图的依赖才有所降低。

表 1.4　常用的流程图符号

流程图符号	含　义
平行四边形	数据输入/输出框，用于表示数据的输入和输出
矩形	处理框，描述基本的操作功能，如"赋值"操作、数学运算等
菱形	两分支判断框，判断框中给定的条件是否满足，选择执行两条路径中的一条
圆角矩形	开始/结束框，用于表示算法的开始与结束
圆形	连接符，用于连接流程图中不同地方的流程线
箭头	流程线，表示流程的路径和方向
条件菱形（1 2 … n）	多分支判断框，根据框中的"条件"值，选择执行多条路径中的一条
虚线框	注释框，框中内容是对某部分流程图做的解释说明
双边矩形	预定义过程框，一个定义过的过程，如函数

下面介绍常见的流程图符号及流程图的例子。

例1-5的算法的流程图如图1.5所示。例1-6的算法的流程图如图1.6所示。

在流程图中，判定框左边的流程线表示判定条件为真时的流程，右边的流程线表示判定条件为假时的流程，有时就在其左、右流程线的上方分别标注"真""假"或"T""F"或"是""否"或"Y""N"。

用流程图描述算法时，一般要注意以下几点：

（1）应根据解决问题的步骤从上至下顺序地画出流程图，各图框中的文字要尽量简洁。

（2）为避免流程图的图形显得过长，图中的流程线要尽量短。

（3）用流程图描述算法时，流程图的描述可粗可细，总的原则是：根据实际问题的复杂性，流程图达到的最终效果应该是，依据此图就能用某种程序设计语言实现相应的算法，即完成编程。

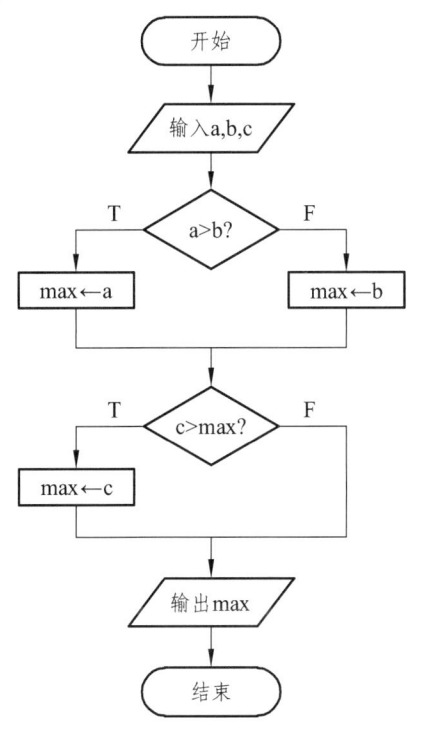
图1.5 例1-5算法的流程图

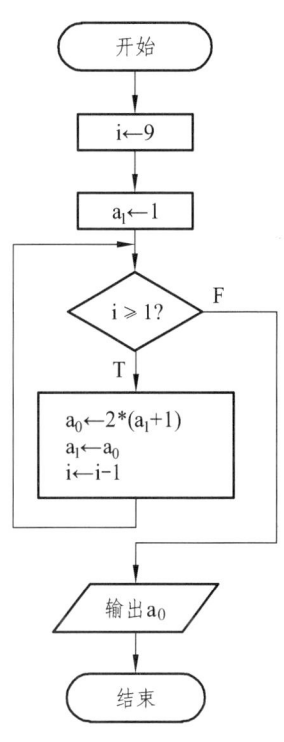
图1.6 例1-6算法的流程图

1.2.3 结构化程序设计思想

早期的非结构化语言中都有 goto 语句，它允许程序从一个地方直接跳转到另一个地方去。这样做的好处是程序设计十分方便灵活，减少了人工复杂度，但其缺点也是十分突出的。一大堆跳转语句使得程序的流程十分复杂紊乱，难以看懂也难以验证程序的正确性，假如有错，排查起错来更是十分困难。这种转来转去的流程图所表达的混乱与复杂，正是软件危机中程序人员身处的一个生动写照。而结构化程序设计，就是要把这团乱麻理清。

经过研究，人们发现，任何复杂的算法，都可以由顺序结构、选择（分支）结构和循环结构这三种基本结构组成。因此，我们构造一个算法的时候，也仅以这三种基本结构作为"建筑单元",遵守三种基本结构的规范,基本结构之间可以并列、可以相互包含,但不允许交叉,不允许从一个结构直接转到另一个结构的内部去。正因为整个算法都是由三种基本结构组成的,就像用模块构建的一样,所以结构清楚,易于正确性的验证,易于纠错。这种方法,就是结构化方法。遵循这种方法的程序设计,就是结构化程序设计。

相应地,只要规定好三种基本结构的流程图的画法,就可以画出任何算法的流程图。

1. 顺序结构

顺序结构是简单的线性结构,各框按顺序执行。其流程图的基本形态如图 1.7 所示,语句的执行顺序为:→A→B→。

2. 选择(分支)结构

这种结构是对某个给定条件进行判定,条件为真或假时分别执行不同的框的内容。其基本外形有两种,如图 1.8(a)和(b)所示。图 1.8(a)的执行序列为:当条件为真时执行 A,否则执行 B;图 1.8(b)的执行序列为:当条件为真时执行 A,否则什么也不做。

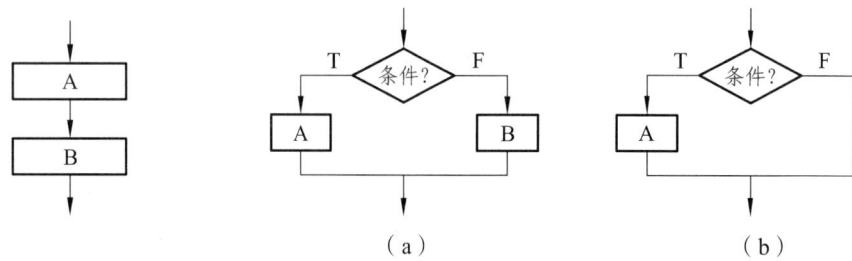

图 1.7　顺序结构流程图　　　图 1.8　选择(分支)结构流程图

3. 循环结构

循环结构有两种基本形态:while 型循环和 do-while 型循环。

(1)while 型循环。

while 型循环(即当型循环)如图 1.9 所示。其执行序列为:当条件为真时,反复执行 A;一旦条件为假,跳出循环,执行循环体后的语句。

(2)do-while 型循环。

do-while 型循环(即直到型循环)如图 1.10 所示。执行序列为:首先执行 A,再判定条件,条件为真时,一直循环执行 A;一旦条件为假,结束循环,转而执行循环之后的语句。

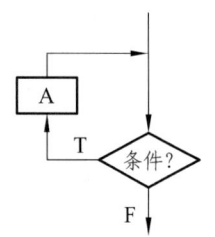 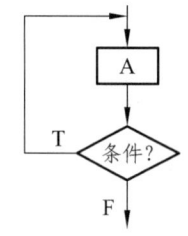 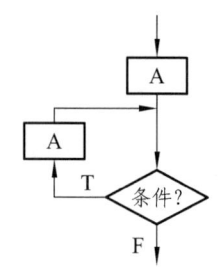

图 1.9　while 型循环　　　图 1.10　do-while 型循环　　　图 1.11　直到型循环可以
　　　　结构流程图　　　　　　　　　结构流程图　　　　　　　　很方便地转换为当型循环

在图 1.9 和图 1.10 中，A 被称为循环体，条件被称为循环控制条件。需要注意的是：

（1）在循环体中，必须对条件要判定的值进行修改，使得经过有限次循环后，循环一定能结束，如图 1.6 中的 i=i－1。

（2）当型循环中循环体可能一次都不执行，而直到型循环则至少执行一次循环体。

（3）直到型循环可以很方便地转换为当型循环，而当型循环不一定能转换为直到型循环。例如，图 1.10 可以转换为图 1.11。

通常的计算机程序总是由若干条语句组成，从执行方式上看，从第一条语句到最后一条语句完全按顺序执行，是简单的顺序结构；若在程序执行过程中，根据用户的输入或中间结果去执行若干不同的任务则为选择结构；如果在程序的某处，需要根据某项条件重复地执行某项任务若干次或直到满足或不满足某条件为止，这就构成循环结构。大多数情况下，程序都不会是简单的顺序结构，而是顺序、选择、循环三种结构的复杂组合。三种基本结构的"算法"均可用流程图、N-S 图以及 PAD 图表示。

N-S 图也是结构化程序设计中表示算法的常用图形工具之一。N-S 图的基本单元是矩形框，它只有一个入口和一个出口。长方形框内用不同形状的线条来分割，可表示顺序结构、选择结构和循环结构，如图 1.12 所示。在 N-S 图中，完全去掉了带有方向的流程线，程序的三种基本结构分别用三种矩形框表示，将这种矩形框进行组装就可表示全部算法。这种算法描述工具，从表达形式上就排除了随意使用控制转移对程序流程的影响，限制了不良程序结构的产生。

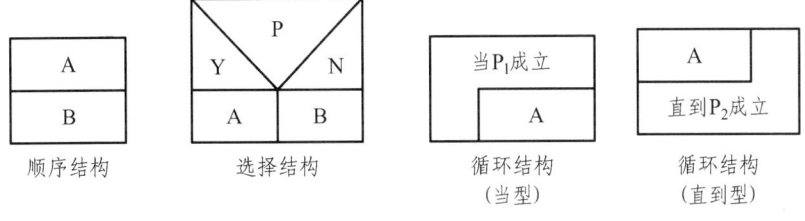

图 1.12　N-S 图

C 语言中，用一组相关的控制语句，用以实现选择结构与循环结构。

选择控制语句：if、switch、case。

循环控制语句：while、do-while、for。

转移控制语句：break、continue、goto。

我们将在后续单元中做详细介绍。

1.3　C 语言程序开发环境

1.3.1　C 语言程序的开发过程

C 语言程序设计的能力是通过动脑、动手和上机实践获得的。在学习任务的目标驱动下，通过上机实践，针对问题进行数据结构分析，构建数学模型，拟出算法，编写程序并上机调试，以养成良好的编程习惯。同时，培养我们的思维能力和动手能力，勇于探索、研究和创新,提高利用计算机这个智能工具分析问题和解决问题的能力。

如图1.13所示,开发一个C程序的过程,主要包括程序编辑、编译、连接、运行四个步骤。

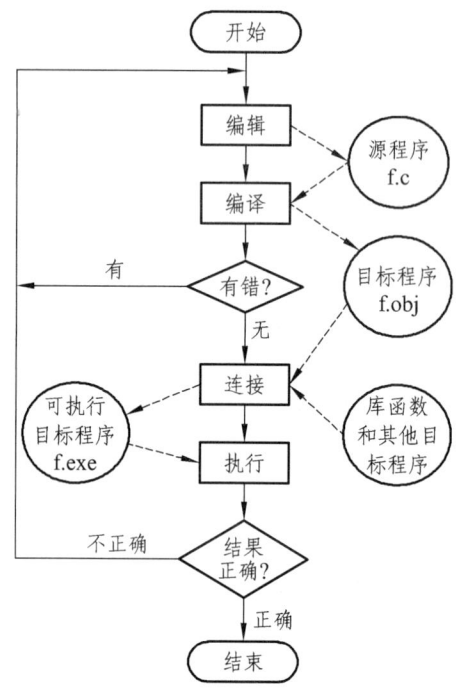

图1.13 C语言程序的开发过程

1. 程序设计

程序设计亦称程序编辑。程序员用任一编辑软件(编辑器)将编写好的C程序输入计算机,并以文本文件的形式保存在计算机的磁盘上。编辑的结果是建立C源程序文件(*.c 或 *.cpp)。

需要注意的是:C程序习惯上使用小写英文字母,常量和其他用途的符号可用大写字母。C语言对大、小写字母是有区别的。关键字必须小写。

2. 程序编译

编译是指将编辑好的源文件翻译成二进制目标代码的过程。编译过程是使用C语言提供的编译程序(编译器)完成的。不同操作系统下的各种编译器的使用命令不完全相同,使用时应注意计算机环境。编译时,编译器首先要对源程序中的每一个语句检查语法错误,当发现错误时,就在屏幕上显示错误的位置和错误类型的信息。此时,要再次调用编辑器进行查错修改。然后,再进行编译,直至排除所有语法和语义错误。正确的源程序文件经过编译后在磁盘上生成目标文件(*.obj)。

3. 连接程序

编译后产生的目标文件是可重定位的程序模块,不能直接运行。连接就是把目标文件和其他分别进行编译生成的目标程序模块(假如有的话)及系统提供的标准库函数连接在一起,生成可以运行的可执行文件的过程。连接过程使用 C 语言提供的连接程序（连接器）完成，生成的可执行文件（*.exe）存在磁盘中。

4．程序运行

生成可执行文件后，就可以在操作系统控制下运行。若执行程序后达到预期目的，则 C 程序的开发工作到此完成。否则，要进一步检查修改源程序，重复编辑→编译→连接→运行的过程，直到取得预期结果为止。

1.3.2　C 语言程序的集成开发环境

C 语言一般都提供一个独立的开发集成环境，将编辑、编译、连接、运行四步过程连贯在一个程序之中。用 C 语言进行程序设计，需要选择适当的 C 程序设计编译软件，C 程序设计的编译软件有多种版本。

目前，有许多优秀的 C 语言编程工具可供选用。在 DOS 下一般常用 TC 或 BC（Borland C），在 Windows 下一般可以用 Dev-C++来编程。GCC 4.7 已经支持了 C11 的更多特性。下面就 Turbo C、Turbo C for Windows、Turbo C/C++ for Windows、VC 6.0 和 Keil C 51 软件的界面、功能特点和使用做一些简单介绍。

1．Turbo C for Windows

Turbo C for Windows 是一款视窗界面下的 C 语言程序编译工具，优点是不用切换到 DOS 环境，支持中文显示及中文输入功能，该软件以 TC 2.0 为内核，提供 Windows 平台的开发界面，支持 Windows 平台下的功能，如剪切、复制、粘贴、查找、替换等。另外，在功能上还有它的独特特色，如语法加亮、C 内嵌汇编、自定义扩展库的支持等，并提供一组相关辅助工具。图 1.14 所示为 Turbo C for Windows 集成环境界面。

图 1.14　Turbo C for Windows 集成环境界面

2. Dev-C++

Dev-C++是一个Windows环境下的一个适合于初学者使用的轻量级C/C++集成开发环境（IDE），它是一款自由软件，遵守 GPL 许可协议分发源代码。Dev-C++使用MingW64/TDM-GCC 编译器，遵循 C++ 11 标准，同时兼容 C++98 标准。开发环境包括多页面窗口、工程编辑器以及调试器等，在工程编辑器中集合了编辑器、编译器、连接程序和执行程序，提供高亮度语法显示的，以减少编辑错误，还有完善的调试功能，适合于在教学中供 C/C++语言初学者使用，也适合于非商业级普通开发者使用。Dev-C++5.11 版本界面如图 1.15 所示。

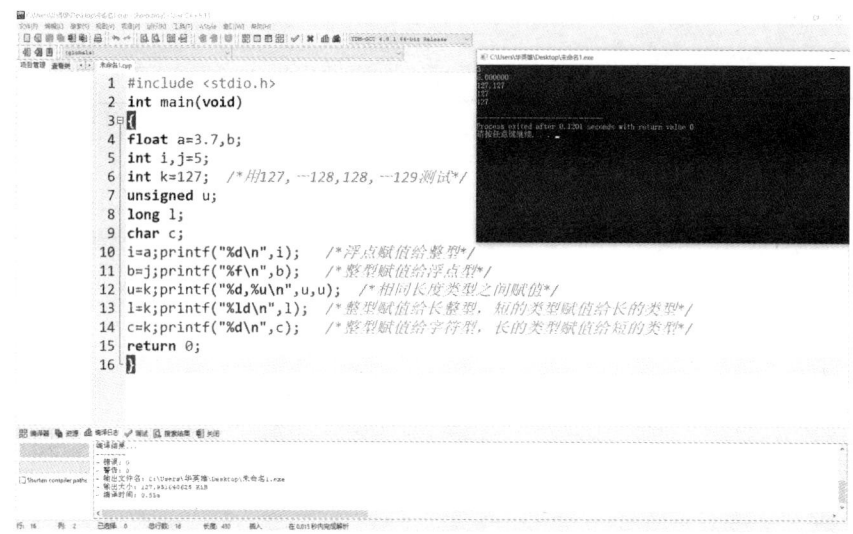

图 1.15　Dev-C++5.15 版本界面

3. Keil C 51

随着单片机技术的不断发展，以单片机 C 语言为主流的高级语言也不断被更多的单片机爱好者和工程师所喜爱。Keil C 51 是德国知名软件公司 Keil（现已并入 ARM 公司）开发的基于 8051 内核的微控制器软件开发平台，是目前开发 8051 内核单片机的主流工具。其集成开发环境 Keil μVISION 是众多单片机应用开发软件中优秀的软件之一，它支持众多公司的 MCS51 架构的芯片，并集编辑、编译、仿真等于一体，同时还支持 PLM、汇编和 C 语言的程序设计。它的界面（见图 1.16）和常用的 Dev-C++（见图 1.15）的界面相似，界面友好、易学易用，在单片机调试程序、软件仿真方面有很强大的功能。

下面简单介绍一下 Keil C 51 软件的使用操作。Keil C 51 软件的使用也与 Dev-C++类似。

（1）如图 1.16 所示，点击"工程→新建工程"，新建一个工程文件。

（2）选择芯片类型，如选用"Atemel89c51"。

（3）在目标 1 的源程序组 1 上点击鼠标右键，加入已编辑好的源程序文件。未编辑好源程序文件时应该新建后再加入。

（4）在菜单"工程→目标 1 属性"中选中输出标签，在"生成 HEX 文件"上打钩，然后再选中调试标签；在"使用 keil monitor-51 driver"上打钩；并在"加载代码到仿真器上"打钩；在"运行到 main()"上打钩；在"断点"上打钩；并且选中"设置"按钮，选 38400 波特率。

(5）选中菜单"工程→重新构造所有目标"，当编译出现 0 个错误 0 个警告时，就表示编译成功并产生了可以烧录的 HEX 文件。

(6）选中菜单"调试→开始/停止调试"，加载成功后，点击"调试→运行"，即可看到程序运行结果。

如果加载不成功，可尝试按一下仿真器上的复位按键或掉电重新上电后再次加载。

(7）要停止全速运行可以按一下仿真器上的复位按键或掉电重新上电即可。

(8）用"查看"菜单观看结果。

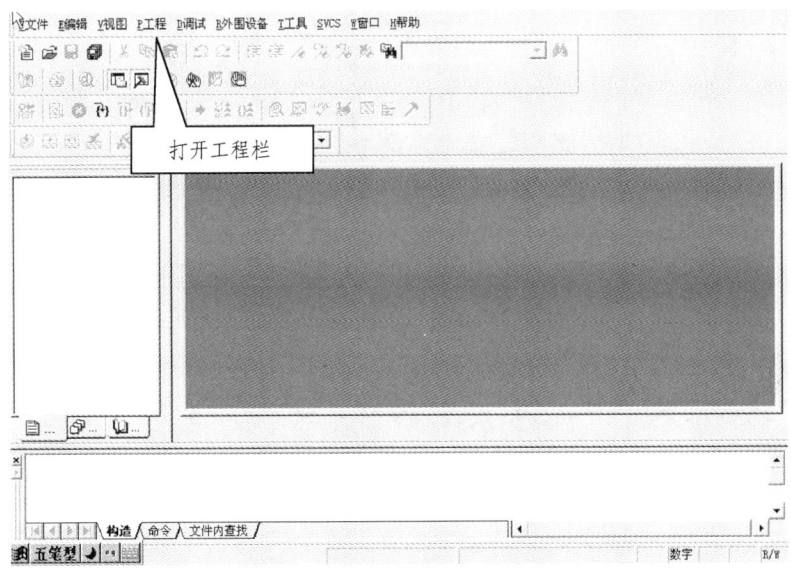

图 1.16　Keil C 51 界面

在学习 C 语言程序设计的过程中，上机训练是十分重要的环节。通过训练，可以加深对 C 语言功能特征、语法规则、程序编译与运行等基本概念和基本方法的理解和运用。通过上机调试程序，能及时发现程序编制中出现的错误并找到修改方法，不断提高独立编程的能力和编程技巧，为 C 语言在后续课程中的应用打下坚实的基础。

【操作小结】

(1）本单元任务要求是掌握 C 程序设计的基本概念和初步操作技能。会使用 C 语言集成环境；会在 D 盘或其他逻辑盘上建立子目录（如 C_EX）用于存放 C 文件；C 程序运行有正确结果；会修改、调试和运行 C 程序并记录出错情况和运行结果。会撰写并提交高质量的技能训练总结报告。

(2）C 语言一般都会提供一个独立的开发集成环境，将编辑、编译、连接、运行四步过程连贯在一个程序之中。用 C 语言进行程序设计时，需要选择适当的 C 程序设计编译软件，C 程序设计的编译软件有多种版本。目前，有许多优秀的 C 语言编程工具可供选用。学习中建议使用 Turbo C for Windows、Turbo C/C++ for Windows 或 VC 6.0；而在单片机应用开发时可选用 Keil C51 软件。

(3）C 语言程序设计的编译与链接过程如图 1.17 所示。

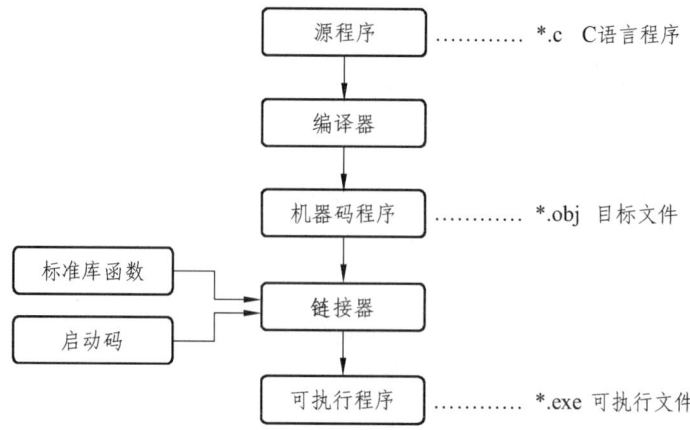

图 1.17 C 语言程序设计的编译与链接过程

（4）C 语言程序文件的特征如表 1.5 所示。

表 1.5 C 语言程序文件的特征

	源程序	目标程序	可执行程序
内容	程序设计语言	机器语言	机器语言
可执行	不可以	不可以	可以
文件名后缀	.c 或 .cpp	.obj	.exe

（5）以例 1-3 的程序作为示范，本书推荐主要采用的 C 语言程序形式如下：

```
#include <stdio.h>
int main(void)                    //定义主函数
{
    int volume(int, int, int);    //函数声明
    …
    v=volume(x,y,z);
    …
    return 0;
}

int volume(int a, int b, int c)   /*定义子函数*/
{
    …
    p=a*b*c;
    return(p);
}
```

（6）算法是程序设计的灵魂，语法是程序设计工具。要进行程序设计，就是要学习和掌握解决问题的思路和方法（算法），学会用计算机语言工具编写程序，达到用计算机解决问题的目的。编写程序的过程重点就是设计算法的过程，然而掌握基本的语法规则又是编程的基

础。我们要以程序设计为中心，把算法和语法紧密地结合起来，让语法学习服务于编程应用。对于给出的实际任务，我们要养成先考虑算法、后编写程序、再运行调试的习惯。C语言程序设计的能力是通过动脑、动手和上机实践获得的。在学习任务的目标驱动下，通过上机实践，针对问题进行数据结构分析、构建数学模型、拟出算法、编写程序并上机调试，以养成良好的编程习惯。同时，培养我们的思维能力和动手能力，勇于探索、研究和创新，不断提高利用计算机这个智能工具分析解决问题的能力、构造算法的能力、编写程序的能力、调试程序的能力、归纳总结和自学的能力。

【课外习题】

一、问答题

1. 简述计算机硬件与软件的关系。
2. 简述计算机程序设计语言的分类和各类语言的特点。
3. 什么是面向过程语言？有什么特点？
4. 何谓算法？算法有什么性质？
5. 简述程序设计的一般步骤。
6. 高级语言解释执行的一般步骤是什么？解释执行有什么缺点？
7. 执行高级语言编写的程序一般要经过怎样的编译过程？
8. 简要介绍面向过程语言中程序设计的三种基本结构。
9. 模块化、结构化程序设计方法的主要技术是什么？
10. 模块化、结构化程序设计的主要特征与风格是什么？

二、单选题

1. 以下叙述中正确的是（　　　）。
A）C语言比其他语言高级
B）C语言可以不用编译就能被计算机识别执行
C）C语言以接近英语国家的自然语言和数学语言作为语言的表达形式
D）C语言出现得最晚，具有其他语言的一切优点

2. 以下叙述中正确的是（　　　）。
A）构成C程序的基本单位是函数
B）可以在一个函数中定义另一个函数
C）main函数必须放在其他函数之前
D）所有被调用的函数一定要在调用之前进行定义

3. 以下说法正确的是（　　　）。
A）C语言程序总是从第一个函数开始执行
B）在C语言程序中，要调用函数必须在main函数中定义
C）C语言程序总是从main函数开始执行
D）C语言程序中的main函数必须放在程序的开始部分

4. C语言规定，在一个源程序中，main函数的位置（　　　）。
A）必须在最开始　　　　　　　　　B）必须在系统调用的库函数后面
C）可以任意　　　　　　　　　　　D）必须在最后

5. 以下叙述不正确的是（　　）。
A）一个 C 源程序可由一个或多个函数组成
B）一个 C 源程序必须包含一个 main 函数
C）C 程序的基本组成单位是函数
D）在 C 程序中，注释说明只能位于一条语句的后面

6. 下列叙述中正确的是（　　）。
A）C 语言编译时不检查语法　　　　B）C 语言的子程序有过程和函数两种
C）C 语言的函数可以嵌套定义　　　D）C 语言的函数可以嵌套调用

7. 以下叙述正确的是（　　）。
A）在 C 程序中，每行中只能写一条语句
B）若 a 是实型变量，C 程序中允许赋值 a=10，因此实型变量中允许存放整型数
C）在 C 程序中，无论是整数还是实数，都能被准确无误地表示
D）在 C 程序中，%是只能用于整数运算的运算符

8. 以下说法错误的是（　　）。
A）一个算法应包含有限个步骤
B）在计算机上实现的算法是用来处理数据对象的
C）算法中指定的操作，不能通过已经实现的基本运算执行有限次后实现
D）算法的目的是求解

9. 算法是指为解决某个特定问题而采取的确定且有限的步骤，下面不属于算法的五个特性的是（　　）。
A）有零个输入或多个输入　　　　　B）高效性
C）有穷性　　　　　　　　　　　　D）确定性

10. 下列关于 C 语言的说法不正确的是（　　）。
A）C 语言既具有高级语言的一切功能，也具有低级语言的一些功能
B）C 语言中的每一条执行语句都必须用分号结束，分号不是 C 语言的一部分，是语句之间的分隔符号
C）注释可以出现在程序中任意合适的地方
D）命令行后面不能加分号，命令行不是 C 语言的语句

11. 以下说法错误的是（　　）。
A）高级语言都是用接近人们习惯的自然语言和数学语言作为语言的表达形式
B）计算机只能处理由 0 和 1 的代码构成的二进制指令或数据
C）C 语言源程序经过 C 语言编译程序编译之后生成一个后缀为.exe 的二进制文件
D）每一种高级语言都有它对应的编译程序

12. C 语言中用于结构化程序设计的 3 种基本结构是（　　）。
A）顺序结构、选择结构、循环结构　　B）if,switch,break
C）for,while,do-while　　　　　　　　D）if,for,continue

三、判断题

1. C 语言不具有低级语言的特性。（　　）
2. C 语言之所以也被称为中级语言，是因为它比高级语言的功能要少，而比低级语言的

功能多。（　　）

3. C 语言与其他高级语言一样具有结构化的控制语句。（　　）
4. C 语言允许直接访问物理地址。（　　）
5. 每一个 C 程序必须有一个 main 函数。（　　）
6. C 程序的语句最后应有一个分号。（　　）
7. C 程序中的 main 函数必须放在整个程序的最前面。（　　）
8. 计算机高级语言对源程序进行翻译有两种方式：编译和解释。（　　）

四、填空题

1. 计算机语言有 3 种类型，它们是_____、_____和_____。
2. 高级语言源程序的翻译有两种方式：一种是_____，另一种是_____。
3. 微机中常用的高级语言主要有 3 类：它们是_____、_____和_____。
4. 程序设计过程的 3 个阶段是_____、_____和_____。
5. 最基本的程序控制有三种，它们是_____、_____和_____。这三种执行控制的任意组合和重复、嵌套就可以描述任意复杂的程序。
6. 用高级语言编写的程序称为_____程序，它可以通过解释程序翻译一句执行一句的方式执行，也可以通过编译程序一次翻译产生目标程序，然后执行。
7. C 语言程序的注释可以出现在程序中的任何地方，一个注释以_____作为开始和结束。

五、编程题

1. 请参照本章例题，编写一个 C 程序，输出以下信息：

```
***************************************************
   Welcome you to learn C language program design course.
***************************************************
```

2. 用 printf 函数在屏幕上输出如下图案：

```
   *
  ***
 *****
******
```

2 数据类型与基本操作

【能力训练】

简单趣味程序演示：猜数游戏

由计算机生成 1 到 100 的随机数。用户从键盘反复输入数据进行猜测，并会得到是大了还是小了的提示；如果猜中，则输出猜的次数；10 次没猜出来即结束游戏。

趣味程序演示代码见本课程 PPT。

任务 2 学会基本数据类型的操作方法

一、任务要求

1. 知识要求

（1）了解 C 语言的基本语法组成，正确识别 C 语言的字符集、标识符、关键字。

（2）掌握 C 语言的数据类型与基本数据类型的概念、特点、数据及机内表示和使用注意事项。掌握整型、实型、字符型常量和变量的定义操作以及对它们的赋值方法。

（3）初步掌握一般数据输入、输出的基本方法及各种格式转义符的含义和用法。

（4）掌握使用 C 语言的运算符以及用这些运算符组成的表达式，特别是自加（++）和自减（--）运算符的使用。

（5）掌握 C 语言数据计算中的运算优先顺序、运算结合性、数据类型转换等基本运算规则。

2. 技能要求

具备熟练使用 C 语言基本数据类型的操作能力。

3. 考核标准

会熟练操作 C 语言集成环境；熟练掌握运行 C 语言程序的方法、步骤；会熟练使用 C 语言的基本数据类型；对 C 程序中的基本数据类型会正确操作；会准确修改、调试和运用 C 程序中的基本数据类型，并记录出错情况和运行结果；撰写并提交质量高的技能训练总结报告。

4. 素质要求

在 C 语言程序的调试讲解过程中，给学生提出代码的规范性是非常重要的。一个规范的代码可以提高代码的可读性和可维护性。在编写代码时，我们要遵循一定的命名规范，如变量名使用小写字母、函数名使用动词加名词等。同时，我们还要注意代码的缩进和注释的使用，以便他人能够更好地理解和维护我们的代码。通过编写规范的代码，培养学生的自律和严谨性。

二、训练内容

（1）在 D 盘或其他逻辑盘上建立自己的子目录（如 C_EX），以备存放 C 文件。

（2）在 C 语言集成环境，输入本章必备知识部分例题中的程序，进一步了解 C 程序中基本数据类型的使用与操作运行方法。

（3）输入并运行下面程序，分析其运行结果。

```
#include <stdio.h>
int main(void)
{
    char c1,c2;
    c1=65;c2=66;
    printf("%3c%3c\n",c1,c2);
    printf("%3d%3d\n",c1,c2);
    return 0;
}
```

将程序第二行改为：int c1,c2;

再运行程序，分析其结果。

注：本例实际体现出 C 语言的一种灵活特性，整型变量与字符型变量可以相互转换。

（4）输入并运行下面程序。

```
#include <stdio.h>
int main(void)
{
    int a,b;
    float c,d;
    long e,f;
    unsigned int u,v;
    char c1,c2;
    scanf("%d,%d",&a,&b);
    scanf("%f,%f",&c,&d);
    scanf("%ld,%ld",&e,&f);
    scanf("%o,%o",&u,&v);
    scanf("%c,%c",&c1,&c2);
    printf("\n");
    printf("a=%4d,b=%4d\n",a,b);
    printf("c=%8.2f,d=%8.2f\n",c,d);
    printf("e=%16ld,f=%16ld\n",e,f);
    printf("u=%o,v=%o\n",u,v);
    printf("c1=%c,c2=%c\n",c1,c2);
    return 0;
```

}

运行上面程序,分析结果,特别注意输出 c1、c2 的值是什么?为什么?

① 将输入 e 和 f、u 和 v 的语句分别改为:

scanf("%d,%d",&e,&f);

scanf("%d,%d",&u,&v);

运行并分析结果。

② 将程序的第一行增加命令行:

#include <math.h>

运行并分析结果。

③ 将 scanf("%c,%c",&c1,&c2);语句改为:

scanf(" %c,%c",&c1,&c2);

运行并分析结果。

(5)编写一个程序,求表达式 x − z%2*(x+y)%2/2 的值。设 x=8.5, y=2.5, z=4

(6)先分析下面程序的结果,然后再上机运行,看结果是否一致。

#include <stdio.h>

int main(void)

{

  int x,y,z;

  x=y=z=3;

  y=x++−1; printf("%4d%4d",x,y);

  y=++x−1; printf("%4d%4d",x,y);

  y=z−−+1; printf("%4d%4d",z,y);

  y=−−z +1; printf("%4d%4d",z,y);

  return 0;

}

注:这是自增、自减运算符,先赋值后自增(自减)和先自增(自减)后赋值的问题。

(7)编写一个程序,将输入的大写字母改写成小写字母并输出。提示:可采用 getchar 函数输入字符,并利用 for 循环语句。当然也可用其他方法,只要能实现其功能即可。

(8)将下面的语句段补充成一个完整的程序后,上机进行调试运行。

for(i=1;i<=10;i++)

{

 c1=getchar();

 c2=c1−32;

 printf("string %c\n",c2);

}

(9)将 k 分别设置为 127,−128,128,−129,分析下面程序结果,并上机验证。

#include <stdio.h>

int main(void)

{

```
    float a=3.7,b;
    int i,j=5;
    int k=127;                    /*用 127,-128,128,-129 测试*/
    unsigned u;
    long l;
    char c;
    i=a;printf("%d\n",i);         /*浮点赋值给整型*/
    b=j;printf("%f\n",b);         /*整型赋值给浮点型*/
    u=k;printf("%d,%u\n",u,u);    /*相同长度类型之间赋值*/
    l=k;printf("%ld\n",l);        /*整型赋值给长整型，短的类型赋值给长的类型*/
    c=k;printf("%d\n",c);         /*整型赋值给字符型，长的类型赋值给短的类型*/
    return 0;
}
```

【必备知识】

阶段性子系统（子程序）引例：
学生成绩管理系统数据建立

基本程序只考虑成绩数据，所以比较简单，故只用数组保存学生成绩，以方便于用循环语句对多人操作和作函数调用时进行实际参数和形式参数的双向传递。

定义的全局变量有：表示学生成绩的 float 数组 student[10]，表示学生人数的 int n=10，表示菜单项的 int menu=0。

定义的函数的形式参数有：float s[]，int n。

程序运行代码见本课程 PPT。数据建立如图 2.1 所示。

图 2.1　学生成绩管理系统数据建立

2.1 C 语言的基本语法组成

同自然语言一样，任何程序设计语言都具有自己一套对字符、单词及一些特定符号的使用规定，也有语句、语法等的使用规则。在 C 语言中，所涉及的规定很多，其中主要有：基本字符集、标识符、关键字、语句和标准库函数等。这些规定构成了 C 程序的最小的语法单位。例如：a、b、c、x、y、z 是标识符，int、if 是关键字，return(n);是语句，scanf、printf 是标准库函数等，这些都是由 C 语言规定的基本字符组成。

2.1.1 基本字符集

一个 C 程序是由 C 语言基本字符按要求组合而成的一个命令序列。字符是构成语言的最基本的元素。C 语言字符集由字母、数字、空格、标点和特殊字符组成。在字符常量、字符串常量和注释中还可以使用汉字或其他可表示的图形符号。

C 语言的基本字符集包括：

数字字符共 10 个：0、1、2、3、4、5、6、7、8、9。

拉丁字母中小写字母和大写字母共 52 个：A、B、C…Z；a、b、c…z。要注意：字母的大小写是可区分的。如：a、b、c 与 A、B、C 是不同的。

运算符：+、-、*、/、%、=、<、>、<=、>=、!=、==、<<、>>、~、&、^、|、!、&&、||、(、)、[、]、->、.、?、:、,、;。

特殊符号：#、_、\、{、}、"、'、`、´。

不能显示的字符：空（null）字符（以\0 表示）、警告（以\a 表示）、退格（以\b 表示）、回车（以\r 表示）。

空白符：空格符、换行符、制表符等。空白符只在字符常量和字符串常量中起作用。在其他地方出现时，只起间隔作用，编译程序对它们忽略。因此在程序中使用空白符与否，对程序的编译不发生影响，但在程序中适当的地方使用空白符将增加程序的清晰性和可读性。

对初学者来说，书写程序要从一开始就养成良好的习惯，力求使用的字符准确、工整、清晰，尤其要注意区分一些字形上容易混淆的字符，避免给程序的阅读、录入和调试工作带来不必要的麻烦。

2.1.2 标识符

在程序中要描述许多对象，如何区分这些对象，如何表示在一些不同地方使用的同一个对象呢？最基本的方式就是为对象命名，通过名字在程序中建立定义与使用的关系，建立不同使用之间的关系。为此，每种程序语言都规定了在程序里描述名字的规则，这些名字包括：常数名、变量名、数组名、函数名、文件名、类型名等，通常被统称为"标识符"。

C 语言规定，标识符由字母、数字或下划线"_"组成，它的第一个字符必须是字母或下划线。这里要说明的是，为了标识符构造和阅读的方便，C 语言把下划线作为一个特殊使用字符，它可以出现在标识符字符序列里的任何地方，特别是它可以作为标识符的第一个字符出现。C 语言还规定，标识符中同一个字母的大写与小写被看作是不同的字符。这样，a 和 A，

AB、Ab、count、Count、COUNT 是互不相同的标识符。

标识符不能和 C 语言的关键字相同,也不能和用户已编制的函数或 C 语言库函数同名。

例 2-1 合法和不合法的两组 C 语言标识符举例见表 2.1。

表 2.1 合法和不合法的两组 C 语言标识符

合法的 C 语言标识符	不合法的 C 语言标识符	不合法的 C 标识符说明
call_name	call...name	非字母数字或下划线组成的字符序列
test39	39test	非字母或下划线开头的字符序列
_string1	-string1	非字母或下划线开头的字符序列

在 C 程序中,标识符的使用很广,使用时要注意语言规则。在例 1-3 的程序中,x、y、z、v 等就是变量名,main 和 volume 是函数名,它们都是符合 C 语言规定的标识符。ANSI C 标准规定标识符的长度可达 31 个字符,但一般系统使用的标识符,其有效长度不超过 8 个字符。

2.1.3 关键字

C 语言有一些具有特定含义的关键字,为专用的定义符。这些特定的关键字不允许用户作为自定义的标识符使用。C 语言关键字都是由小写字母构成的字符序列,见表 2.2。

表 2.2 C 语言关键字

auto	double	inline	sizeof	volatile
break	else	int	static	while
case	enum	long	struct	_bool
char	extern	register	switch	_complex
const	float	*restrict*	typedef	_imaginary
continue	for	return	union	
default	goto	short	unsigned	
do	if	signed	void	

2.1.4 语句

语句是组成程序的基本单位,它能完成特定操作,语句的有机组合能实现指定的计算和处理功能。所有程序设计语言都提供了满足编写程序要求的一系列语句,它们都有确定的形式和功能。C 语言中的语句有以下 5 大类,分号";"为结束标志。

(1)流程控制语句共 3 类 9 种。

选择语句:if、switch。

循环语句:for、while、do-while。

转移语句:break、continue、return、goto。

（2）函数调用语句。
（3）表达式语句。
（4）复合语句。
（5）空语句。

这些语句的具体形式、功能特点和使用方法将在后续课程中一一介绍。

2.1.5 标准库函数

标准库函数不是 C 语言本身的组成部分，它是由 C 编译系统提供的一些非常有用的功能函数。例如，C 语言没有输入/输出语句，也没有直接处理字符串的语句，而一般的 C 编译系统都提供了完成这些功能的函数，称为标准库函数。常用的有数学函数、字符函数和字符串函数、输入/输出函数、动态分配函数和随机函数等几大类。

在 C 语言处理系统中，标准库函数存放在不同的头文件（也称标题文件）中。例如，输入/输出一个字符的函数 getchar 和 putchar、有格式的输入/输出函数 scanf 和 printf 等就存放在标准输入输出头文件 stdio.h 中；求绝对值函数和三角函数等各种数学函数存放在标准数学头文件 math.h 中。这些头文件中存放了关于这些函数的说明、类型和宏定义，而对应的子程序则存放在运行库（.lib）中。使用时只要把头文件包含在用户程序中，就可以直接调用相应的库函数了。即在程序开始部分用如下形式：

#include <头文件名> 或#include "头文件名"

标准库函数是语言处理系统中一种重要的软件资源，在程序设计中充分利用这些函数，常常会收到事半功倍的效果。所以，读者在学习 C 语言本身的同时，应逐步了解和掌握标准库中各种常用函数的功能和用法，避免自行重复编制这些函数。

需要说明的是，不同 C 编译系统提供的标准库函数在数量、种类、名称及使用上都有一些差异，例如，ANSI C 标准建议的标准库函数有 100 多个，而 Turbo C 2.0 编译系统在此基础上扩充到了 400 多。但就一般系统而言，常用的标准函数基本上是相同的。附录 5 中列出了一些常用的标准库函数。

2.2　C 语言的数据类型

程序处理的对象是数据，编写程序也就是描述如何对数据加工的过程。在写程序的过程中必然要涉及数据本身的描述问题。例如，计算一元二次方程 $ax^2+bx+c=0$ 的根。首先要解决的问题是变量 a、b、c 的数据类型如何表示，如何准备变量的初值；其次是将用这些变量 a、b、c 求解这个方程的根 x1、x2 的算式如何表达给计算机，是否需要中间变量，乘号怎么写，分数如何表示，平方根函数名如何表示；最后是计算结果 x1、x2 输出什么样的数据格式。在程序设计语言中，上述的算式称为表达式，如何准确地给表达式提供数据，这就是当前要解决的主要问题。

下面将首先讨论 C 语言中与数据描述有关的问题。

在 C 语言中，任何数据对用户呈现的形式有两种：常量或变量。而无论常量还是变量，都必须属于各种不同的数据类型。在一个具体的 C 语言系统里，每种数据类型都有固定的表示方式，这个表示方式实际上就确定了可能表示的数据范围和它在内存中的存放形式。例如，一个整数类型就是数学中整数的一个子集合，其中只能包含有限个整数值。超出这个子集合之外的整数在这个类型里是没有办法表示的。

C 语言规定的主要数据类型如图 2.2 所示。

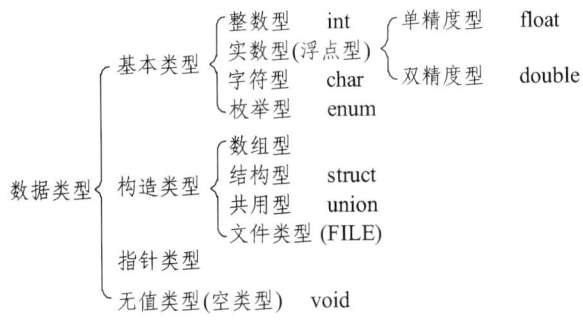

图 2.2　C 语言的数据类型

C 语言为每种数据类型定义了一个标识符，通常把它们称为类型名。例如，整数型用 int 标识，字符型用 char 标识。一个类型名由一个或几个关键字组成，它与前面讲的"名字"不尽相同。类型名仅用于说明数据属于哪一种类型，它并不会在程序的另一处被引用。C 语言数据类型关键字及存储单元长度可参考表 1.3。

基本类型是其他类型的基础，为了尽快顺利进入程序与程序设计的主题学习，本单元主要介绍常用的基本数据类型，其他数据类型将在后续章节中介绍。

2.3　常量与变量

在计算机高级语言中，数据有常量和变量两种表现形式。

2.3.1　常量及符号常量的定义

常量是指程序在运行时其值不能改变的量，它是 C 语言使用的基本数据对象之一。C 语言提供的常量类型如图 2.3 所示。

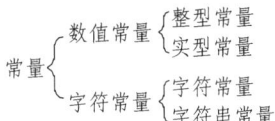

图 2.3　C 语言提供的常量类型

在 C 程序中，常量一般从其字面形式即可判别，也可以用一个大写英文字母序列作标识符（符号常量）来代表。常量直接以自身的存在形式体现其值和类型，在程序运行时作为操作对象直接出现在运算器的各种寄存器中。常量类型决定了各种常量所占存储空间的大小和数值的表示范围。例如，在 32 位系统中，123 是一个整型常量，占 4 个存储字节，数的表示范围是 $-214\ 783\ 648 \sim 214\ 783\ 647$；123.0 是实型常量，占 4 个存储字节，数的表示范围是 $-3.4 \times 10^{-38} \sim 3.4 \times 10^{38}$。

例 2-2 常量的数据类型举例。

数据类型	常量举例
char	'a'、'\n '、'8'
int	21、123、2100、-234
long int	35000、-34
short int	10、-12、90
unsigned int	10000、987、40000
float	123.23、4.34e-3
double	123.23、12312333、-0.9876234

下面分别介绍计算机中常用的常量。

1. 整型常量

如 12、0、-3 均为整型常量。整型常量可以是十进制、八进制、十六进制数字表示的整数值。

（1）十进制整型常量的数据形式是：

  digits

这里 digits 可以是从 0~9 的一位或多位十进制数，第一位不能是 0。

（2）八进制整型常量的数据形式是：

  0digits

这里 digits 可以是从 0~7 的一位或多位八进制数，起始 0 是必需的引导符。

（3）十六进制整型常量如下述数据形式：

  0xhdigits

  0Xhdigits

这里 hdigits 可以是从 0~9 的数字以及 "a"~"f" 或 "A"~"F" 的字母中的一位或多位十六进制数。引导符 0x 是必须有的，但第二个字母可用大写 X。

注意：空白字符不可出现在整数数字之间。

例 2-3 整型常量的数据形式举例。

十进制	八进制	十六进制
10	012	0xa 或 0XA
132	0204	0x84 或 0X84
32179	076663	0x7db3 或 0X7DB3

整型常量在不加特别说明时总是正值。假如需要的是负值，则负号 "-" 必须放置于常数的前面。

在程序中，每个整型常量依其值都要确定一种更具体的数据类型。当整型常量应用于某一表达式或出现有负号时，数据类型自动执行相应的转换，十进制常数可等价于带符号的整型或长整型,这取决于所需常数的大小。八进制和十六进制常数可对应整型、无符号整型、长整型或无符号长整型,具体类型也取决于常数的大小。假如常数可用整型表示,则使用整型。假如一个常数值大于整型所能表示的最大值,但又小于整型位数所能表示的最大数,则使用无符号整型。同理,假如一个常数比无符号整型所表示的值还大,则它为长整型。假如需要,当然也可用无符号长整型。在一个常数后面加一个字母 l 或 L,则认为是长整型。如 10L、79L、012L、0115L、0XAL、0x4fL 等。

2. 实型常量

如 489.6、-3.15、6.1、8.19e7 均为实型常量。实型常量又称浮点常量或实数,在 C 语言中,实型常量只采用十进制。在不加说明的情况下,实型常量为正值。假如表示负值,需要在常量前加负号。所有的实型常量均视为双精度(double)类型。有两种实型常量表示形式:十进制小数形式和指数形式。

(1)小数形式的实型常量直接由数码 0~9 和小数点组成。如 0.0,.25,507.89,0.13,5.0,300.,-267.8230 等均为合法的实型常量。

(2)指数形式的实型常量由十进制数加阶码标志"e"或"E"以及阶码组成,阶码只能为整数,可以带符号。其一般简化形式为 aen 或 aEn,其中 a 为十进制数,n 为十进制整数,其值为 $a \times 10^n$。例如,2e5=2×10^5,3.7e-2=3.7×10^{-2},0.5e7=0.5×10^7,-2.8E-2=-2.8×10^{-2} 等均为合法的实型常量。下述这些写法不是合法的实型常量:345(无小数点),e7(阶码标志 e 之前无数字),-5(无阶码标志),53.-e3(负号位置不对),2.7E(无阶码)。

例 2-4 部分实型常量举例。

下面是一些合法的实型常量的示例:

15.75,1.575E10,1575e-2,-0.0025,-2.5e-3,25E-4。

如下形式的实型常量也是允许的:

.57,.0075e2,-.125,-.175E-2。

以下形式都是不合法的指数形式:

e3、2.1e3.5、.e3、e。

3. 字符常量与转义字符

如'a'、'A'、'3'、\n、\r 均为字符型常量。有两种字符常量表示形式:普通字符和转义字符(特殊形式)。

(1)字符常量。

字符常量是指用一对单撇号(单引号)括起来的一个字符。如'h'、'7'、'!'等。字符常量中的单撇号只起定界作用,并不表示字符本身。单撇号中的字符不能是单撇号(')和反斜杠(\),它们特有的表示法将在转义字符中介绍。

在 C 语言中,字符常量是按其所对应的 ASCII 码值来存储的,一个字符占一个字节。例如,

字符	ASCII 码值(十进制)
!	33
0	48

1	49
9	57
A	65
B	66
a	97
b	98

注意：字符'9'和数字 9 的区别，前者是字符常量，后者是整型常量，它们的含义和在计算机中的存储方式都是截然不同的。

例 2-5 在 ASCII 码值范围内，字符常量可以像整数一样在程序中参与相关的运算。

'a' – 32;   /* 执行结果 97 – 32=65 */
'A'+32;   /* 执行结果 65+32=97 */
'9' – 9;   /* 执行结果 57-9=48 */

（2）转义字符。

转义字符是 C 语言中表示字符常量的一种特殊形式。转义字符用反斜杠"\"后面跟一个字符、一个八进制数或十六进制数表示，反斜杠"\"使其后面的字符转变为另外的意义。

通常使用转义字符表示 ASCII 码字符集中不可打印的控制字符和特定功能的字符，并主要用来控制打印机和屏幕输出。例如，printf("\n sum is %d\n\n",sum);

表 2.3 给出了 C 语言中常用的转义字符。

表 2.3 常用转义字符

转义字符	意义	ASCII 码值(十进制)
\a	响铃(BEL) 或警告（alert）	007
\b	退格(BS)	008
\f	换页(FF)	012
\n	换行(LF)	010
\r	回车(CR)	013
\t	水平制表(HT)	009
\v	垂直制表(VT)	011
\\	反斜杠	092
\?	问号字符	063
\'	单撇号字符	039
\"	双撇号字符	034
\0	空字符(NULL)	000
\ooo	任意字符	3 位八进制
\xhh	任意字符	2 位十六进制

用于表示字符常量的单撇号（'），表示字符串常量的双撇号（"），表示转义字符的反斜杠（\），都必须使用转义字符表示，即在这些字符前加上反斜杠。

在 C 程序中使用转义字符\ooo 或者\xhh 可以方便灵活地表示任意字符。例如，\101 代表三位八进制数 101 对应的 ASCII 字符，即'A'；\x41 代表二位十六进制数 41 对应的 ASCII 字符，也是'A'。

使用转义字符时需要注意以下问题：
① 转义字符中只能使用小写字母，每个转义字符只能看作一个字符。
② \v 垂直制表和 \f 换页符对屏幕没有任何影响，但会影响打印机执行响应操作。
③ 在 C 程序中，使用不可打印字符时，通常用转义字符表示。
④ \t 表示横向跳格，跳到下一个输出区，每一输出区为 8 个字符位置。

4. 字符串常量

C 语言还支持另一种预定义数据类型的常量，这就是字符串常量。字符串常量是指用一对双撇号括起来的一串字符。双撇号只起定界作用，双撇号括起的字符串中不能有双撇号("）和反斜杠（\）。如"China"、"YES&NO"、"646005-10889"、"A"等都是字符串常量。必须注意："China"不要写成'China'；"A"是字符串常量，而'A'则是字符常量。

5. 符号常量

因为经常碰到这样的问题：常量本身是一个较长的字符序列，且在程序中重复出现。例如，取常数的值为 3.1415926，如果在程序中多处出现，直接使用 3.1415926 的表示形式，势必会使编程工作显得烦琐；而且，当需要把值 3.1415926 修改为 3.1415926536 时，就必须逐个查找并修改，这样，会降低程序的可修改性和灵活性。因此，C 语言中提供了一种符号常量，即用指定的标识符来表示某个常量，在程序中需要使用该常量时就可直接引用标识符。

符号常量一般使用大写英文字母表示，以区别于一般用小写字母表示的变量。符号常量在使用前必须先定义，定义的形式是：

#define <标识符> <常量>

其中，#define 是宏定义命令的专用定义符，是 C 语言的预处理命令；宏定义中的标识符就称为符号常量，常量可以是前面介绍的几种常量类型中的任何一种。宏定义的功能是：在编译预处理时，将程序中宏定义命令之后出现的所有符号常量用宏定义命令中对应的常量一一替代，所以符号常量通常也被称为宏替换名。

例如，

#define PI 3.1415926
#define TRUE 1
#define FALSE 0
#define STAR '*'
#define W "Windows XP"

这里定义 PI、TRUE、FALSE、STAR、W 为符号常量，其值分别为 3.1415926、1、0、'*'、"Windows XP"。

定义符号常量的目的是提高程序的可读性，便于程序的调试和修改。因此在定义符号常量名时，应使其尽可能地表达它所代表的常量的含义。例如，前面所定义的符号常量名 PI，表示圆周率 3.1415926。此外，若要对一个程序中多次使用的符号常量值进行修改，只需对预处理命令中定义的常量值进行修改即可。

例 2-6　已知圆半径 r，求圆周长 c 和圆面积 s 的值。

```
#define PI 3.14159
#include <stdio.h>

int main(void)
{
    float r,c,s;
    scanf("%f",&r);
    c=2*PI*r;              //编译时用 3.1416 替换 PI
    s=PI*r*r;              //编译时用 3.1416 替换 PI
    printf("s=%6.2f,s=%6.2f\n",c,s);
    return 0;
}
```

2.3.2　变量及变量的初始化

变量是程序设计语言中的一个重要概念，它是指在程序运行时其值可以改变的量。这里所说的变量与数学中的变量是两个完全不同的概念。在 C 语言以及其他各种常规程序设计语言中，变量是用来表述数据存储的基本概念的。我们知道，在计算机硬件的层次上，程序运行时数据的存储是靠内存储器、存储单元、存储地址等一系列相关机制来实现的，这些机制在程序设计语言中的反映就是变量的概念。

程序里的一个变量可以看成是一个存储数据的容器，它的功能就是存储数据。对变量的基本操作有两个：一是向变量中存入数据值，这个操作被称作给变量"赋值"；二是取得变量当前值，以便在程序运行过程中使用，这个操作称为"取值"。变量具有保持值的性质，也就是说：如果在某个时刻给某变量赋了一个值，此后使用这个变量时，每次得到的将总是这个值。

由于要对变量进行"赋值"和"取值"操作，程序里的每个变量都要有一个变量名，程序是通过变量名来使用变量值的。要注意区分变量名和变量值这两个不同的概念。

在 C 语言中，变量名是作为变量的标识，其命名规则符合标识符的所有规定，一般用小写字母表示。以下是合法的变量名：

f1、total、name_1_sum、ave1、r123、stu_12_1、stu_name、x1、x1_pi、year。

C 语言提供的基本变量类型如图 2.4 所示。

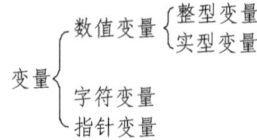

图 2.4　C 语言提供的基本变量类型

C 语言要求，程序里使用的每个变量都必须首先定义，也就是说，首先需要声明一个变量的存在，然后才能够使用它。要定义一个变量需要提供两方面的信息：变量的名字和它的类型，其目的是由变量的类型决定变量的存储结构，以便使 C 语言的编译程序为所定义的变量分配存储空间。

在 C 语言中，用类型说明语句对变量进行定义，其定义形式如下：

类型说明符 变量名表；

其中，类型说明符是 C 语言中的一个有效的数据类型，如整型类型说明符 int，字符型类型说明符 char 等。变量名表的形式为：变量名 1，变量名 2，…，变量名 n，即用逗号分隔的变量名的集合。最后用一个分号结束定义。定义变量的这种语言结构称为"变量说明"，例如，下面是某程序中的变量说明。

```
int a,b,c;              /* 说明 a,b,c 为整型变量 */
char ch1,ch2;           /* 说明 ch1，ch2 为字符变量 */
double x,y;             /* 说明 x,y 为双精度实型变量 */
```

可见，一个定义中可以说明多个变量。而且，由于 C 语言是自由格式语言，把多个变量说明写在同一行也是允许的。但是为了程序清晰，人们一般不采用这种写法，尤其是对初学者。在 C 程序中，除了不能用关键字做变量名外，可以用任何标识符做变量名。但是，一般提倡用能说明变量用途的有意义的名字作为变量命名，因为这样的名字对读程序的人有一定提示作用，有助于提高程序的可读性，尤其是当程序比较大，程序中的变量比较多时，这一点就显得非常重要。这就是结构化程序设计所强调的编程风格问题。在数学里人们常常采取对变量简单命名的方式，那是因为数学公式里使用的变量通常都很少。在程序中的情况则不同，一个大程序里可能有成百上千的变量，命名问题就显得很重要。

定义变量时还要注意防止数据溢出。

1. 整型变量

前面已提到，C 语言规定在程序中所有用到的变量都必须在程序中指定其类型，即"定义"。这是与 BASIC、FORTRAN 不同的，而与 PASCAL 相似。

例 2-7　在 C 语言程序中的变量都必须"先定义，后使用"。

```
#include <stdio.h>
int main(void)
{
    int a,b,c,d;            /*指定 a ,b ,c ,d 为整型变量*/
    unsigned u;             /*指定 u 为无符号整型变量*/
    a=12; b=-24; u=10;
    c=a+u; d=b+u;
    printf("a+u=%d, b+u=%d\n",c,d);
    return 0;
}
```

运行结果为：

a+u=22, b+u=-14

由此可见，不同类型的整型数据可以进行算术运算。在本例中是 int 型数据与 unsigned int

型数据进行相加减运算。

2. 实型变量

实型变量分为单精度（float 型）和双精度（double 型）。对每一个实型变量都应在使用前加以定义。如：

  float x,y;   /*指定 x，y 为单精度实数*/
  double z;   /*指定 z 为双精度实数*/

在一般系统中，一个 float 型数据在内存中占 4 个字节（32 位）；一个 double 型数据占 8 个字节（64 位）。单精度实数提供 7 位有效数字，双精度提供 15~16 位有效数字，数值的范围随机器系统而异。

值得注意的是，实型常量是 double 型，当把一个实型常量赋给一个 float 型变量时，系统会截取相应的有效位数。例如，

  float a;
  a=123456.789;

由于 float 型变量只能接收 7 位有效数字，因此最后两位小数不起作用。假如将 a 改为 double 型，则能全部接收上述 9 位数字并存储在变量 a 中。

3. 字符变量

字符变量用来存放字符常量，但只能存放一个字符，不要以为在一个字符变量中可以放字符串。C 语言中没有字符串变量，字符串的存放可用字符数组。

字符变量的定义形式如下：

  char c1,c2;

它表示 c1 和 c2 为字符变量，各放一个字符。因此可以用下面的语句对 c1、c2 赋值：

  c1='a'; c2='b';

例 2-8 字符变量的定义与赋值。

```
#include <stdio.h>
int main(void)
{
    char c1,c2;
    c1=97; c2=98;
    printf("%c %c",c1,c2);
    return 0;
}
```

c1、c2 被指定为字符变量。但在第 5 行中，将整数 97 和 98 分别赋给 c1 和 c2，它的作用相当于以下两个赋值语句：

  c1='a'; c2='b';

因为'a'和'b'的 ASCII 码为 97 和 98。第 6 行将输出两个字符。"%c"是输出字符的格式。程序输出：

  a b

例 2-9 将两个小写字母转换为大写字母。

```
#include <stdio.h>
int main(void)
{
    char c1,c2;
    c1='a';c2='b';
    c1=c1-32; c2=c2-32;
    printf( "%c  %c",c1,c2);
    return 0;
}
```

运行结果为：

A B

它的作用是将两个小写字母转换为大写字母。因为'a'的 ASCII 码为 97，而'A'为 65，'b'为 98，'B'为 66。从 ASCII 代码表中可以看到每一个小写字母比大写字母的 ASCII 码大 32。即'a'='A'+32。

注意：在 C 语言中，要求对所有用到的变量作强制定义，也就是"先定义、后使用"。好的习惯是在函数体开始就声明所有要用的变量，并同时初始化。表 2.4 列出了常量与变量的基本概念小结。

表 2.4 常量与变量基本概念小结

常 量	
定义	在程序运行过程中，其值不能被改变的量，它不占用内存单元
习惯	习惯上，符号常量名用大写，变量名用小写
好处	① 含义清晰，见名知意； ② 需要改变一个常量时能做到一改全改，程序中所有引用的地方全部根据定义而改变
注意	符号常量不同于变量，它的值在其作用域内不能改变，也不能被赋值
正确例子	#define PRICE 30　　定义 PRICE 为常量，其值为 30
错误例子	PRICE=40;
变 量	
定义	可以改变的量
组成	变量名（实际上是一个地址）和变量值（变量的数值），它需要存储单元存放数值
原理	在程序编译过程中，系统给每个变量名分配一个内存地址。在程序运行过程中，从变量中取值，实际上是通过变量名找到相应的内存地址，从其存储单元中读取数据
格式	只能用字母、数字、下划线组成，必须以字母或下划线开头
注意	在 C 中，要求对所用的变量作强制定义，也就是"先定义、后使用"； 在 C 中，名称是区分大小写的，即大写字母和小写字母被认为是两个不同的字符

4. 变量的初始化

通常一个变量是先说明，然后再赋值给它。例如，

　　int x,y;
　　x=10,b=20;
　　…

在 C 语言中，也可以在变量定义时进行初始化，即允许在说明变量的同时对变量赋初值。因此上例可改为：

　　int x=10,y=20;
　　…

因此变量赋值具有两种形式：一种是先说明后赋值，另一种是在说明变量的同时对变量赋初值，这就是变量的初始化。

所有类型的变量都可以在定义时初始化。例如，

　　float x=123.45;　　　　/* 说明 x 为实型量，且赋初值为 123.45 */
　　int a,b,c=10;　　　　　/* 类型说明句中给部分变量赋初值，即仅给 c 赋初值 10 */
　　int a=10,b=6,c=10;　　 /* 说明变量 a、b、c 为整型量，并分别赋不同的初值 */
　　double pai=3.14;　　　 /* 说明 pai 为双精度实型变量，且赋初值为 3.14 */
　　char ch='a';　　　　　 /* 说明变量 ch 为字符量，并赋初值为'a' */
　　int x,*pa=&x;　　　　　/* 说明整型变量 x 和指向整型变量 x 的指针变量 pa，且给 pa 赋
　　　　　　　　　　　　　　　　初值为变量 x 的地址 */

以上为 x、c、a、b、c、pai、ch 和 pa 都赋了初值，它与用赋值语句赋值有同样的效果。例如，上面最后一行的"int x,*pa=&x;"相当于：

　　int x,*pa;
　　pa=&x;

但是，变量初始化不是在程序编译时完成的（除后面介绍的外部变量和静态变量外），而是在程序运行时进行变量赋初值，这和一般的赋值语句是不同的。

2.4　基本数据类型及机内表示

计算机中要表示一个数值型数据通常包含三个方面的因素：采用什么进位计数方法（采用二进制），如何表示一个有符号数（符号数字化）和如何确定小数点的位置（采用浮点数）。

数值型数据在计算机中的表示形式称作机器数，一般是采用某种编码形式来表示的带符号的二进制数。机器数是把符号"数字化"的数，是数字在计算机中的二进制表示形式。在计算机中，数的符号（+ 或 –）和数的值一样都采用二进制 0、1 编码，正号用 0 表示，负号用 1 表示。机器数所对应的实际数值称作真值。

对数值数据的编码表示常用的有原码、反码、补码（complement），这几种表示法都将数据的符号数字化。数据在计算机内存中是以二进制补码的形式存放的。一个正数的反

码、补码和其原码的形式相同。求负数的补码的方法是：将该数的绝对值的二进制形式，按位取反码再加 1。有符号数最左面的一位表示符号，该位为 0，表示数值为正；为 1 则数值为负。

计算机中的任何一种数据类型都有它的取值范围，也就是它所能表示的数值大小，超出这个范围，我们称之为溢出。一旦数据发生溢出，就会产生运算错误。为此，我们必须根据具体任务的要求来选择不同类型的变量。选择的标准是：变量的精度和取值范围能满足程序要求；在满足要求的前提下，选择存储长度短的变量类型。

例如，能用整型表达的就不要用长整型变量；单精度浮点数能满足要求的就不要选择双精度浮点数，因为那样既占用内存又增加运算时间。

因此，C 语言有短整型数、整型数和长整型数、浮点数等多种数据格式供我们选择。

一般地，C 语言有五种基本数据类型：字符型、整型、单精度实型、双精度实型和空类型。尽管这几种类型数据的长度和范围随处理器的类型和 C 语言编译程序的实现而异，但以 bit 为例，整型数与 CPU 字长相等，一个字符通常为一个字节，浮点数的确切格式则根据实际的机器而定。对于多数计算机，表 2.5 给出了假定 CPU 的字长为 32 bit 时，五种基本数据类型的长度和范围。

表 2.5 五种基本数据类型的长度和范围

类 型	长度(bit)	范 围
char（字符型）	8	0～255
int（整型）	32	－214 783 648～214 783 647
float（单精度型）	32	提供 7 位有效数字
double（双精度型）	64	提供 15～16 位有效数字
void （空值型）	0	无值

除了 void 类型外，基本数据类型的前面可以有各种修饰符。修饰符用来改变基本数据类型的意义，以便更准确地适应各种情况的需求。修饰符如下：

① signed（有符号）。
② unsigned（无符号）。
③ long（长型符）。
④ short（短型符）。

修饰符 signed、unsigned、short 和 long 适用于字符和整数两种基本类型，而 long 还可用于 double(注意：由于 long float 与 double 意思相同，所以 ANSIC 标准删除了多余的 long float）。

某些 C 编译程序允许将 unsigned 用于浮点型，如 unsigned double。但这一用法降低了程序的可移植性，故建议一般不要采用。

表 2.6 给出所有根据 ANSIC 标准而组合的基本数据类型、字宽和范围。但要注意，在计算机字长大于 16 位的系统中，short int 与 signed char 可能不等。

表 2.6 ANSI 标准中的基本数据类型、字宽和范围

类型	长度(bit)	范围
char(字符型)	8	ASCII 字符
unsigned char(无符号字符型)	8	0～255
signed char(有符号字符型)	8	−128～127
int(整型)	16	−32 768～32 767
unsigned int(无符号整型)	16	0～65 535
signed int(有符号整型)	16	−32 768～32 767
short(短整型)	8	−128～127
unsigned short int(无符号短整型)	8	0～255
signed short int(有符号短整型)	8	−128～127
long int(长整型)	32	−2 147 483 648～2 147 483 647
signed long int(有符号长整型)	32	−2 147 483 648～2 147 483 647
unsigned long int(无符号长整型)	32	0～4 294 967 295
float(单精度型)	32	提供 7 位有效数字
double(双精度型)	64	提供 15～16 位有效数字

2.4.1 整型数据及机内表示

因为整型数据的缺省定义是有符号数，所以 signed 这一用法是多余的，但仍允许使用。为了使用方便，C 编译程序允许使用整型的简写形式，即 int 可缺省。例如，

① short int 简写为 short。
② long int 简写为 long。
③ unsigned short int 简写为 unsigned short。
④ unsigned int 简写为 unsigned。
⑤ unsigned long int 简写为 unsigned long。

理解 int 类型变量的实质，是要清楚它在计算机中的存储形式。整数以二进制形式、以字节为单位存储在计算机的存储器中。它有正负之分，但它没有小数，比如 2、−23、2456 都是整数，但是 2.0、−23.0、2456.00 就不是整数。int 类型变量所能表达的范围是多少？为此，我们来看一下在图 2.5 中，计算机是如何描述和存储一个 unsigned int 类型变量的。

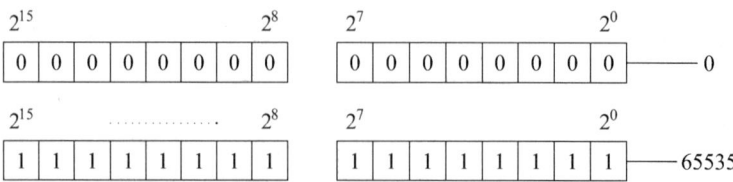

（a）2 字节二进制数的表示范围

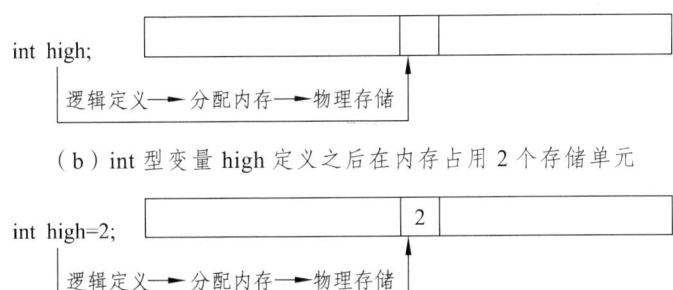

（b）int 型变量 high 定义之后在内存占用 2 个存储单元

（c）int 型变量 high 定义并且初始化之后在内存占用 2 个存储单元，存储初值为 2

图 2.5　整型数据在内存中的存储形式

图 2.4（a）实际上是一个无符号的整型数，它的取值范围在 $0 \sim 2^{16} - 1$（0～65 535），超出这个范围，就是溢出。例如，

unsigned int i = 65536;

因为 65536 的二进制形式是 1 0000 0000 0000 0000，而 i 被定义成 2 字节的无符号整型数，根本没有第 16 位，在第 16 位上的 1 就是溢出的。因此，如初始化的整型量 i，它在内存的值实际上就是 0000 0000 0000 0000。

有符号的整数是以补码形式存储在计算机中的，因为（0 表示正号，1 表示负号）符号占用了一个二进制位（最高位），所以它所表达的数值范围与同字节长度的无符号数有所不同。

综上所述，下面将整型数据及机内表示方法、特点总结于表 2.7、表 2.8 和表 2.9 中，以便学习时查阅和参考。

表 2.7　整型常量

十进制整数	无前缀	如 123
八进制整数	以 0 开头	如 0123
十六进制整数	以 0x 开头	如 0x123

特点：整型常量值在 -32 768～32 767 内时，编译器认为是 int 类型。如 123。

整型常量的值超过上述范围，而在 -2 147 483 648～2 147 483 647 内时，编译器认为是 long 类型。

在整型常量的值后面加字母 L（大写 L 或小写 l），则告诉编译器，把该整型常量作为 long 类型处理。如 123L、0L。

常量无 unsigned 型。

表 2.8　整型变量

数据在内存中的存放形式	数据在内存中是以二进制补码形式表示的，每个整型变量在内存中占 2 个字节
整型变量的分类	按数字的范围定义：基本整型（int）、短整型（short）、长整型（long） 按符号：有符号（signed）、无符号（unsigned）
整型变量的定义	数据类型　变量名（如　int a,b; //定义 a,b 两个整型）

表 2.9　ANSIC 标准定义的整数类型

类型	bit 数	范围	取值范围
int	16	$-2^{15} \sim 2^{15}-1$	$-32\,768 \sim 32\,767$
unsigned int	16	$0 \sim 2^{16}-1$	$0 \sim 65\,535$
short	16	$-2^{15} \sim 2^{15}-1$	$-32\,768 \sim 32\,767$
unsigned short	16	$0 \sim 2^{16}-1$	$0 \sim 65\,535$
long	32	$-2^{31} \sim 2^{31}-1$	$-2\,147\,483\,648 \sim 2\,147\,483\,647$
unsigned long	32	$0 \sim 2^{32}-1$	$0 \sim 4\,294\,967\,295$

注：C 标准没有具体定义各类数据所占的字节数，只要求 long 不短于 int，short 不长于 int。

2.4.2　实型数据及机内表示

实型数据变量说明的格式和书写规则与整型相同。标准 C 允许实型数据使用后缀。后缀为 "f" 或 "F"，即表示该数为实型数据。例如 356f 和 356.是等价的。

实型数据主要用于数学计算和财务统计。float 类型实型数据占用 4 个字节内存，当 float 类型精度不够时，进而可以采用双精度类型 double，它占用了 8 个字节。图 2.6 所示是 float 类型实型数据在内存中的存储形式。

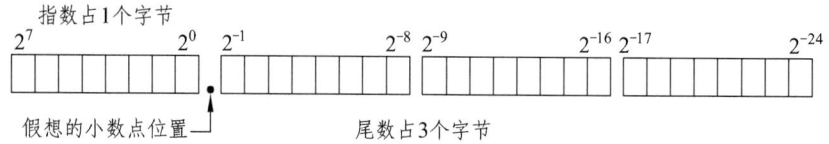

图 2.6　实型数据（float）在内存中的存储形式

在计算机中，"标准化的指数形式"用于存储，"规范化的指数形式"用于输出。实型数据是按照标准化指数形式存储的浮点数据。系统把一个实型数据分成小数部分和指数部分，分别存放，并采用标准化的指数形式，即在字母 e 或 E 之前的小数部分中，小数点左边为 0，小数点右边第一位为非零的数字。如 56.4159 的标准化指数形式为 0.5641590e+002。在程序中，一个实数数据在用指数形式输出时，是按规范化的指数形式输出的。即在字母 e 或 E 之前的小数部分中，小数点左边应有且只能有一位非零的数字。如 56.4159 的规范化指数形式为 5.641590e+001。

注意：在 4 个字节（32 位）的系统中，用多少位来表示小数部分，多少位来表示指数部分，标准并无规定，而是由 C 语言编译系统自定的。不少 C 语言编译系统以 24 位来表示小数部分（包括符号），以 8 位表示指数部分（包括指数的符号）。小数部分占的位（bit）数越多，数的有效数字越多，精度也就越高。指数部分占的位数越多，则能表示的数值范围越大。

实型常数不分单、双精度，都按双精度 double 型处理。在程序处理上，实数数据类型要特别注意精度造成的四舍五入问题。表 2.10 所示是实数数据类型的有效位数和取值范围说明。表 2.10 说明了 float、double 类型的不同之处。

表 2.10 实数数据类型

实型常量	两种表示方式：十进制小数形式，如.123； 指数形式，如：1.23e-1 注意：字母 e 前必须有数字，后面的指数必须是整数如 1.234e123，被称为"规范化的指数形式"				
实型变量	在内存中的表示：小数部分采用标准化的指数形式。在实际的计算机中是用二进制来表示小数部分以及用 2 的幂次来表示指数部分的				
实型变量分类	类型	字节数/比特数	小数部分/指数部分	有效数字	取值范围
	float	4/32	24/8	6~7	$10^{-37} \sim 10^{+38}$
	double	8/64	48/16	15~16	$10^{-307} \sim 10^{+308}$
	long double	16/128	96/32	18~19	$10^{-4931} \sim 10^{+4932}$

例 2-10 float、double 类型的不同之处。

```
#include <stdio.h>
int main(void)
{
    float a;
    double b;
    a=3333333.333;
    b=3333333333333333.333;
    printf("a=%f\nb=%f\n",a,b);
    return 0;
}
```

运行结果是：

a=3333333.250000

b=3333333333333333.50000

若改动 a 和 b 数值为：

a=33333.33333;

b=33333.33333333333333;

则运行结果是：

a=33333.332031

b=33333.333333

由本例可以看出，由于 a 是单精度浮点型，有效位数只有 7 位；b 是双精度浮点型，有效位数是 16 位。它们都是只保留小数点后 6 位数，其余部分四舍五入。

使用浮点类型数据有一个上下溢出问题。在 C 语言中单精度型其数值范围为 3.4E-38 ~ 3.4E+38，双精度型其数值范围为 1.7E-308 ~ 1.7E+308。超出这个范围就是溢出，比如：

```
float a=3.4E+38*100.0f;
```
会产生上溢。那么下溢是什么？下溢是数据小于它能表示的最小数值的现象。对单精度数来说，比如用 0.1234E－38 除以 10，所得结果是 0.0123E－38，损失一个有效位，我们称之为下溢。

因为浮点类型数只是数据的近似值表示，它必然存在截断误差，程序中如果不注意，经常会造成错误的结果出现。

例 2-11　浮点类型数据的截断误差。

```
#include <stdio.h>
int main(void)
{
    float a,b;
    a=123456.789e5;
    b=a+20;
    printf("a=%f\nb=%f\n",a,b);
    return(0);
}
```

在 TC 中运行结果是：

a=12345678848.000000

b=12345678848.000000

在 VC 6.0 中运行结果是：

a=12345678848.000000

b=12345678868.000000

从理论来讲，应得到 b=12345678920 的值，但是使用浮点数计算，a、b 都是单精度浮点型，a 很大，b 很小，有效位数又只有 7 位，后面的数字是无意义的，在考虑不周的时候就可能产生例题所得的结果。

复数和虚数类型用于数学计算。它是 C 99 以后支持的标准。一般来说，有 3 种复数类型，即分别是 float_complex、double_complex 和 long double_complex。float_complex 包含两个 float 值，一个表示虚部，一个表示实部。与之相同，虚数也有 3 种类型：float_imaginary、double_imaginary 和 long double_imaginary。

如果引用了复数和虚数类型的头部文件 complex.h，则可以用 complex 代替_complex，用 imaginary 代替_imaginary，而符号 i 表示－1 的平方根。

2.4.3　字符型数据及机内表示

char 类型数据用于存储字符和标点符号一类的符号，在内存中字符以 ASCII 码存储，其存储方式与整数类似。对 unsigned char 类型，其取值范围是 0～255；对于 char，其取值范围是－128～+127。所以，C 语言允许字符和整数之间在 ASCII 码取值范围内进行相互混合运算。表 2.11 列出了字符类型的特点，表 2.12 为字符串常量的特点。

表 2.11　字符类型的特点

字符常量	C 的字符常量是用单引号（' '）括起一个字符，如'a'； C 中还用一种特殊形式的字符常量，就是以（\）开头的字符序列

字符变量	定义变量 char a,b; //定义 a,b 两个字符型变量
	输出格式 char a='y';printf("%c,a");//用%c 格式输出一个字符型的变量

注意：在 C 语言中，字符型数据和整型数据之间可以通用，它们在内存的存储形式一样。但字符数据只占一个字节，只能放 0～255 内的整数，同时也可以定义 signed char 型，它的取值范围是-128～127，并用%d 格式输出（把字符型变量当作整型变量时采用这种格式）。

表 2.12　字符串常量

定义：字符串常量是一对双引号（" "）括起来的字符序列
规定：在 C 中规定，在每个字符串的结尾加一个"字符串结束标志"，以便系统判断字符串是否结束。C 规定以字符'\0'作为字符串结束标志。书写的时候不必加上'\0'，它是系统自动加上的，所以字符串"China"的实际长度是 6 个字符

注意：在 C 中没有专门的字符串变量，如果有需要可以用数组来存放字符串。

bool 类型由 C 99 以后标准引入，用于表示逻辑变量值，即逻辑值 true（真）与 false（假）。因为 C 语言用值 1 表示 true，用值 0 表示 false，所以 bool 类型其实仍是整型类型。bool 类型在程序中用来选择执行流向。

C 语言中，字符串常量在内存中存储时，系统自动在末尾加一个"串结束标志"，即 ASCII 码值为 0 的字符 null，常用'\0'表示。因此在程序中，长度为 n 个字符的字符串常量，在内存中占有 n+1 个字节的存储空间。例如，字符串 China 有 5 个字符，作为字符串常量"China"存储于内存中时，共占 6 个字节，系统自动在后面加上'\0'字符，其存储形式为：

C	h	i	n	a	\0

单个字符常量是由单撇号括起来的，如'A'；而"A"为字符串常量。要特别注意字符常量与字符串常量的区别，切记不要混淆。除了表示形式不同外，其存储性质也不相同，字符'A'只占 1 个字节，而字符串常量"A"占 2 个字节。

2.5　数据处理过程中的基本操作

在计算机程序中，所有的数据运算都是按照语句序列事先规定的步骤进行的。前面介绍的数据类型、常量和变量等都是数据运算操作中的基本元素。这里我们将主要介绍数据运算的操作规则，包括运算符、表达式和运算规律。具体内容有 C 语言的各种运算符的形式和意义，如何用这些运算符构造表达式，与运算符、表达式和表达式所描述的计算有关的重要问题。

2.5.1 数据处理基本操作概述

1. 运算符

运算符是 C 语言里用于描述对数据进行运算的特殊操作符号。有了基本数据对象和运算符，就可以写出描述数据计算的表达式了。C 语言具有丰富而繁多的运算符，由它们可以构成各种表达式，这是其他任何程序设计语言所不能相比的。其中有些运算符已超出了一般"运算符"的概念，这为编写程序带来了很大的方便性和灵活性，使程序简洁而高效。但另一方面，由于运算符丰富也会产生不便于记忆、应用难度较高等问题。初学者一定要注意运算符、表达式及其在数据运算操作中的使用规则，这是编程的基本条件。

C 语言的运算符种类多、功能强，除了通常的程序设计语言提供的算术、关系及逻辑等运算符以外，还有一些完成特殊任务的特殊运算符。

C 语言的运算符按其在表达式中与运算对象的关系（连接运算对象的个数）可以分为

单目运算：一个运算符连接一个运算对象；

双目运算：一个运算符连接两个运算对象；

三目运算：一个运算符连接三个运算对象。

若按它们在表达式中所起的作用又可以分为

算术运算符： + - * / %

自增自减运算符： ++ --

赋值与赋值复合运算符： = += -= *= /= %= <<= >>= |= &= ^=

关系运算符： < <= > >= == !=

逻辑运算符： && || !

位运算符： | ^ & << >> ~

条件运算符： ? :

逗号运算符： ,

其他： * & (type) () [] . -> sizeof

2. 表达式

表达式就是用运算符将运算对象连接而成的符合 C 语言规则的算式。C 语言是一种表达式语言，它的多数语句都与表达式有关，且表达式基本遵循一般代数规则。正是由于 C 语言具有丰富的多种类型的表达式，才得以体现出 C 语言所具有的表达能力强，使用灵活，适应性好的特点。

如果按照运算符在表达式中的作用，C 的表达式可分为

算术表达式：例如，a+b d-c

自增、自减表达式：例如，i++ --i

关系表达式：例如，a!=b (a+b)>(a-b)

逻辑表达式：例如，!a a&&(b==c)

字位表达式：例如，a<<2 a&b

赋值表达式：例如，a=3 a*=2 a=b=6

逗号表达式：例如，(a+b,a-b)

如果按照运算符与运算对象的关系，则可以分成

单目表达式：例如，++a　y=!a

双目表达式：例如，a+b　c=a^b

三目表达式：例如，max = (a>b) ? a : b

表达式中的运算对象可为常量、变量、函数调用等。表达式是程序和语句中最为活跃的成分，C语言的多数执行语句中都包含有表达式。有些表达式加上一个分号";"在程序中就可以作为一个独立的语句来使用，如赋值表达式，复合赋值表达式，自增、自减表达式等，程序中常将这些可作为独立语句使用的语句形式称为表达式语句。

3. 规律性

对C语言表达式的理解和掌握，除了要严格遵循表达式构成的规则外，最重要的有以下两方面：一是对表达式含义的理解，也就是对各种运算符运算功能的理解；二是掌握运算符的优先级和结合性规律。在此基础上，才能灵活地用表达式有效地对实际问题进行描述。

C语言中的运算具有一般数学运算的概念，即有优先级和结合性（也称为结合方向）。

优先级是指同一个表达式中不同运算符进行计算时的先后次序。

结合性是针对同一优先级的多个运算符而言的，它是指同一个表达式中相同优先级的多个运算应遵循的运算顺序。

如数学中的四则运算，乘、除的优先级高于加、减；而乘、除之间是同级运算，其运算顺序是从左向右。C语言的运算符也同样具有运算的优先级和结合性。通常所有单目运算的优先级高于双目运算。C语言规定，单目运算符是自右向左结合，双目运算符是自左向右结合。

综上所述，运算符是通过表达式告诉编译程序执行数据特定算法操作的符号。C语言主要有算术、关系、逻辑、位操作等几大类运算符，下面就分别具体讨论这些运算符及其表达式在数据运算操作中的使用规则。

2.5.2 算术运算符及算术表达式

1. 算术运算符

表2.13列出了C语言中允许的算术运算符。

表2.13　算术运算符

运算符	含义	运算对象个数	结合方向	简例
+	加法运算或取正值运算	双目、单目运算符	自左至右	a+b, +5
-	减法运算或取负值运算	双目、单目运算符	自左至右	a-b, -5
*	乘法运算	双目运算符	自左至右	a*b
/	除法运算	双目运算符	自左至右	a/b
%	模运算（求余运算）	双目运算符	自左至右	5%7
++	自增（增1）	单目运算符	自右向左	++a, a++
--	自减（减1）	单目运算符	自右向左	--a, a--

在 C 语言中，基本算术运算符"+""-""*"和"/"的用法与大多数计算机语言的相同，几乎可用于所有 C 语言内定义的数据类型。当"/"被用于整数或字符时，结果取整。例如，在整数除法中，10/3=3。

一元减法的实际效果等于用–1 乘单个操作数，即任何数值前放置减号将改变其符号。模运算符"%"在 C 语言中也同它在其他语言中的用法相同。切记，模运算取整数除法的余数，所以"%"不能用于 float 和 double 类型的运算。

例 2-12　说明%用法的程序段。

```
int x,y;
x=10;
y=3;
printf("%d",x/y);           /* 显示 3 */
printf("%d",x%y) ;          /* 显示 1,整数除法的余数*/
x=1;
y=2;
printf("%d,%d",x/y,x%y) ;   /* 显示 0,1 */
```

最后一行输出一个 0 和一个 1，因为 1/2 整除时商为 0，余数为 1，故 1%2 取余数 1。

C 语言中有两个特别的很有用的算术运算符:自增和自减运算符"++"和"--"。运算符"++"是操作数加 1，而"--"是操作数减 1，即：

++x 等效于 x=x+1

--x 等效于 x=x-1

自增和自减运算符可用在操作数之前，也可放在其后，例如，"x=x+1"可写成"++x"或"x++"。但在表达式中这两种用法是有区别的：自增或自减运算符在操作数之前，C 语言在引用操作数之前就先执行加 1 或减 1 操作；运算符在操作数之后，C 语言就先引用操作数的值，而后再进行加 1 或减 1 操作。

例 2-13　自增和自减运算符的使用。

```
x=10;
y=++x;
```

此时，y=11。假如程序改为：

```
x=10 ;
y=x++ ;
```

此时，y=10。

在这两种情况下，x 都被置为 11，但区别在于设置的时刻，这种对自增和自减发生时刻的控制是非常有用的。

在大多数 C 编译程序中，为自增和自减操作生成的程序代码比等价的赋值语句生成的代码要快得多，所以尽可能采用加 1 或减 1 运算符是一种好的选择。

下面是算术运算符的优先级：

最高	++、--
↓	-（一元减）
	*、/、%
最低	+、-

编译程序对同级运算符按从左到右的顺序进行计算。当然，括号可改变计算顺序。C语言处理括号的方法与几乎所有的计算机语言相同：它可以强迫某个运算或某组运算的优先级升高。

需要说明的是：

（1）"+" "−"运算符既具有单目运算的取正值运算和取负值运算的功能，又具有双目运算功能。作为单目运算符使用时其优先级别高于双目运算符。

（2）除法运算"/"在使用时要特别注意数据类型。因为两个整数（或字符）相除，其结果是整型。如果不能整除时，只取结果的整数部分，小数部分全部舍去。例如，

1/3 = 0

13/4 = 3

只取结果的整数部分 0 和 3，而舍去了 0.333333 和 0.25 小数部分。

若两个实数相除，所得的商也为实数。例如，上述两个整数如果用实数相除，则有：

1.0/3.0 = 0.333333

13.0/4.0 = 3.250000

可见，整数相除时，如果不能整除，将造成很大误差，所以要尽量避免整数直接相除。

（3）模运算"%"也称为求余运算。运算符"%"要求两个运算对象都为整型，其结果是整数除法的余数。例如，

5%10 = 5

10%3 = 1

−10%3 = −1

2. 算术表达式

C语言的算术表达式由算术运算符、常数、变量、函数和圆括号组成，其基本形式与数学上的算术表达式类似。例如，3+5，12.34 − 23.65*2，− 5*(18%4+6)，x/(67 − (12+y)*a)都是合法的算术表达式。

使用基本算术表达式时应注意：

（1）双目运算符两侧运算对象的类型必须一致，所得结果的类型将与运算对象的类型一致。如果类型不一致，系统将自动按转换规律先对操作对象进行转换，然后再进行相应的运算。

（2）用括号可以改变表达式的运算顺序，左右括号必须配对，多层括号都用圆括号"()"表示，运算时先计算内括号中表达式的值，再计算外括号中表达式的值。例如，上述表达式 x/(67 − (12+y)*a)的运算顺序是：

①=(12+y)→②=①*a→③=(67 − ②)→④=x/③

注意：算术表达式中的运算对象可为常量、变量、函数调用等。其中函数调用是指既可以调用系统定义的各类函数库中的函数，也可以调用自己编写的函数。以数学函数的调用为例，C语言把数学计算中常用的计算公式（或算法）抽象定义为一个个的函数，这些函数的集合构成了C语言的数学库，这样在程序中用到相应的函数时只要直接调用即可。例如，要计算 sin(x)+cos(y/2)，通过调用C语言数学函数库中的 sin 和 cos 函数，可直接写出算术表达式如下：

sin(x)+cos(y/2)

另外，C 语言中不含乘方运算符，对于乘方运算也要调用系统提供的函数库中的数学函数。关于系统函数库中常用函数的功能及有关说明在附录中已给出，读者可参照使用。关于函数的一些更全面、深入问题将在后续内容中讲述。

例 2-14 将下列数学表达式写成符合 C 语言规则的表达式。

$$\frac{a+b+c}{\sqrt{a}+b(\sin x+\sin y+\sin z)}$$

其 C 语言表达式如下：

(a+b+c)/(sqrt(a)+b*(sin(x)+sin(y)+sin(z)))

其中 sqrt(a) 和 sin(x)、sin(y)、sin(z) 都是数学函数的引用，表达式中用了三层括号，以保证表达式的运算顺序。

自增 "++"、自减 "--" 运算是单目运算，其优先级高于所有双目运算。使用自增、自减运算时应注意：

（1）++、-- 运算只能作用于变量，不能用于表达式或常量。因为自增、自减运算是对变量进行加 1 或减 1 操作后再对变量赋新的值，而表达式或常量都不能进行赋值操作。所以下列语句形式都是不允许的：

x=(i+j)++; 5++;　(3*8)++;

如果有以下程序段：

int n=6;
printf("%d",-n++);

请思考：输出的是什么？输出后 n 的值是什么？

（2）++、-- 运算的前缀形式和后缀形式意义不同。前缀形式是在使用变量之前先将其值增 1 或减 1；后缀形式是先使用变量原来的值，使用完后再使其值增 1 或减 1。例如，设 x=5，有：

y=x++*x++; 结果：y=25，x=7。

++ 为后缀形式，先取 x 的值进行 "*" 运算，再进行两次 x++。

y=++x*++x; 结果：y=49，x=7。

++ 为前缀形式，先进行两次 x 自增 1，使 x 的值为 7，再进行相乘运算。

（3）用于 ++、-- 运算的变量只能是整型、字符型和指针型变量。

（4）++、-- 的结合性是自右向左的。

2.5.3 关系、逻辑运算符及表达式

1. 关系、逻辑运算符

关系运算符中的"关系"二字指的是一个值与另一个值之间的关系，逻辑运算符中的"逻辑"二字指的是连接关系的方式。因为关系和逻辑运算符常在一起使用，所以将它们放在一起讨论。

关系和逻辑运算符概念中的关键是 true（真）和 false（假）。C 语言中，非 0 为 true，0

为 false。使用关系或逻辑运算符的表达式对 true 和 false 分别返回值 1 或 0。表 2.14 给出了关系和逻辑运算符，表 2.15 用 1 和 0 给出逻辑真值表。

表 2.14 关系和逻辑运算符

关系运算符	含义	关系运算符	含义	逻辑运算符	含义
>	大于	<=	小于或等于	&&	逻辑与
>=	大于等于	==	等于	||	逻辑或
<	小于	!=	不等于	!	逻辑非

表 2.15 用 1 和 0 给出逻辑真值表

p	q	p&&q	p||q	!p
0	0	0	0	1
0	1	0	1	1
1	0	0	1	0
1	1	1	1	0

关系和逻辑运算符的优先级比算术运算符低，如表达式 10>1+12 的计算，可以等效为对表达式 10>(1+12) 的计算，所以，该表达式的结果为 false。

下面给出了关系和逻辑运算符的相对优先级：

```
最高    !
        >  <  >=  <=
        ==  !=
        &&
最低    ||
```

2. 关系、逻辑表达式

用关系运算符将两个表达式连接起来的式子称为关系表达式。

用逻辑运算符将关系表达式或逻辑量连接起来的式子称为逻辑表达式。

同算术表达式一样，在关系或逻辑表达式中也可使用括号来修改原来的计算顺序。

在一个表达式中允许多种运算的组合。例如：10>52&&!(10<9)||3<＝4，这一表达式的结果为 true。

注意，所有关系和逻辑表达式产生的结果不是 0 就是 1，所以下面的程序段不仅正确而且将在屏幕上输出数值 1。

```
int x;
x=100;
printf("%d",x>10);
```

2.5.4 条件运算符及条件表达式

1. 条件运算符

条件运算符是 C 语言中唯一的三目运算符，也就是说它有三个运算对象。条件运算符的形式是"? :"，条件运算符的"?"和":"总是成对出现的，要注意冒号的用法和位置。这是一种简便易用的条件运算操作符。

2. 条件表达式

由条件运算符构成的表达式称为条件表达式。其形式为：

表达式1？表达式2：表达式3（或 exp1? exp2: exp3）

条件表达式的运算功能是：先计算表达式 1 的值，若值为非 0，则计算表达式 2 的值，并将表达式 2 的值作为整个条件表达式的结果；若表达式 1 的值为 0，则计算表达式 3 的值，并将表达式 3 的值作为整个条件表达式的结果。例如，有以下条件表达式：

(a>b)?a+b:a-b

当 a=8,b=4,c=3 时，求解条件表达式的过程如下：

先计算关系式 a>b，结果为 1，因其值为真，则计算 a+b 的结果为 12，这个 12 就是整个条件表达式的结果。特别注意，此时不再计算表达式 a-b 了。如果关系式 a>b 的结果为 0，就不再计算表达式 a+b 了。这一点在应用中很重要。

条件表达式的优先级高于赋值运算，但低于所有关系运算、逻辑运算和算术运算。其结合性是自右向左结合，当多个条件表达式嵌套使用时，每个后续的":"总与前面最近的、没有配对的"?"相联系。例如，在条件表达式"a>0 ? a/b:a<0 ? a+b:a-b"中，出现两个条件表达式的嵌套，求解这个表达式时先计算后面一个条件表达式"a<0 ? a+b:a-b"的值，然后再与前面的"a>0 ? a/b:"组合。

使用条件表达式可以使程序简洁明了。例如，赋值语句"z=(a>b)?a:b"中使用了条件表达式，很简洁地表示了判断变量 a 与 b 的最大值并赋给变量 z 的功能。所以，使用条件表达式可以简化程序。

例 2-15 高等数学中常用的符号函数 sign 的 C 语言函数定义。

高等数学中常用的符号函数 sign 对应的 C 语言函数定义如下：

```
double sign(double x)
{
    return x>0 ? 1:(x==0 ? 0: –1);
}
```

例 2-16 C 语言提供的条件表达式 exp1? exe2: exp3 可以代替某些 if-else 语句。如：

x=10;

y=x>9?100:200;

例中，赋给 y 的数值是 100，假如 x 被赋给比 9 小的值，y 的值将为 200，若用 if-else 语句改写，有下面的等价程序：

x=10;

if(x>9)y=100;

else y=200;

显然，若当表达式为"真"和"假"时，都只执行一个赋值语句给同一个变量赋值，用条件表达式则更简洁。

2.5.5 赋值运算符、赋值表达式

1. 赋值运算符

赋值运算构成了 C 语言最基本、最常用的赋值语句，同时 C 语言还允许赋值运算符"="与 10 种运算符联合使用，形成复合赋值运算，使得 C 程序简明而精练。

赋值运算符用"="表示，其功能是计算赋值运算符"="右边表达式的值，并将计算结果赋给"="左边的变量。例如，

n=12.3 /* 直接将实型数 12.3 赋给变量 n */
c=a*b /* 将 a 和 b 进行乘法运算，所得到的结果赋给变量 c */

注意：赋值运算符"="与数学中的等号意义完全不同，数学中的等号表示在该等号两边的值是相等的；而赋值运算符"="是指要完成"="右边表达式的运算，并将运算结果存放到"="左边指定的内存变量中。可见，赋值运算符完成两类操作功能：一是计算，二是赋值。

赋值过程中的数据类型转换：两侧类型一致时，直接赋值；两侧类型不一致，但都是算术运算时，自动将右侧的类型转换为左侧类型后赋值。

2. 赋值表达式

由赋值运算符将一个变量和一个表达式连接起来的式子称为赋值表达式。它的一般形式为：
    变量名=表达式

对赋值表达式的求解过程：计算赋值运算符右边"表达式"的值，并将计算结果赋值给赋值运算符左边的"变量"。赋值表达式"变量名 = 表达式"的值就是赋值运算符左边"变量"的值。例如，上面曾提到的算术表达式：

(a+b+c)/(sqrt(a)+b*(sin(x)+sin(y)+sin(z)))

写成赋值表达式为

v=(a+b+c)/(sqrt(a)+b*(sin(x)+sin(y)+sin(z)))

其中，v 是变量；赋值号右边是算术表达式；v 的值就是这个算术表达式的值，也就是该赋值表达式的值。以下的赋值表达式：

i=5 表示将常数 5 赋值给变量 i，赋值表达式"i=5"的值就是 5。

a=3.5–b 计算算术表达式 3.5–b 的值并赋值给变量 a。

x=(a+b+c)/12.4*8.5 表示计算算术表达式(a+b+c)/12.4*8.5 的值并赋值给变量 x。

a=(b=5)和 a=b=5 等价。

a=b 和 b=a 含义不同。

C 语言提供了赋值表达式，它使赋值操作不仅可以出现在赋值语句中，而且可以以表达式的形式出现在其他语句中。例如：

printf("i=%d,s=%f\n",i=3*45,s-=3.14*12.5*12.5);

该语句直接输出赋值表达式 i=3*45 和 s-=3.14*12.5*12.5 的值，也就是输出变量 i 和 s 的值，在一个语句中完成了赋值和输出的双重功能，这就是 C 语言使用的灵活性。

2.5.6 特殊运算符及表达式

1. 逗号运算符及表达式

逗号运算使用的运算符是",",其作用是将多个表达式连在一起构成逗号表达式。其形式为:

表达式1,表达式2,…,表达式n

逗号表达式的优先级是所有表达式中最低的,其结合性是自左向右结合。

对逗号表达式的求解过程:将逗号表达式中各表达式按从左至右的顺序依次求值,并将最右面的表达式结果作为整个逗号表达式的最后结果。例如,

y=(x=123,x++,x+=100-x);

括号内表达式是用","运算符连接的三个表达式,执行情况是将123赋给x,然后执行x++得x值为124,最后执行x+=100-x得100,这个100就是该逗号表达式的求解结果,所以y的值是100。

逗号运算符的左侧总是作为void(无值),这意味着其右边表达式的值便为以逗号分开的整个表达式的值。例如,

x=(y=3,y+1);

这里先将3赋给y,然后再将4赋给x,因为逗号操作符的优先级比赋值操作符优先级低,所以必须使用括号。

实际上,逗号表示操作顺序。当它在赋值语句右边使用时,所赋的值是逗号分隔开的表中最后那个表达式的值。例如,

y=10;
x=(y=y-5,25/y);

执行后,x的值是5。因为y的起始值是10,减去5之后的结果再去除25,得到最终结果。

在某种意义上可以认为,逗号操作符和标准英语的and是同义词。

2. 复合赋值运算符和复合赋值表达式

C语言提供了某些赋值语句的简写形式。这一简写形式适用于C语言的所有二元操作符(需两个操作数的操作符)。在C语言中,variable=variable operator expression;与variable operator=expression相同。简写形式广泛应用于专业C语言程序中,希望读者能熟悉它。

C语言规定,在赋值运算符"="之前加上其他运算符可以构成复合运算符,用于完成赋值组合运算操作。C语言规定赋值复合运算符的一般形式为:

运算符=

其中,"运算符"为可与"="形成复合赋值运算的运算符。这些运算符有:

+、-、*、/、%、<<、>>、|、&、^

所构成的复合赋值运算有:

+=、-=、*=、/=、%=、<<=、>>=、|=、&=、^=

由复合赋值运算符将一个变量和一个表达式连接起来的式子称为复合赋值表达式。它的一般形式为:

变量名 复合赋值运算符 表达式

其功能是对"变量名"和"表达式"进行复合赋值运算符所规定的运算,并将运算结果赋值给复合赋值运算符左边的"变量名"。

复合赋值运算的作用等价于:

  变量名=变量名 运算符 表达式

即:先将变量和表达式进行指定的组合运算,然后将运算的结果值赋给变量。例如,

  a*=3 等价于 a=a*3

  a*=b+5 等价于 a=a*(b+5)

  a-=1 等价于 a=a-1 或--x

注意:"a*=b+5"与"a=a*b+5"是不等价的,它实际上等价于"a=a*(b+5)",这里括号是必需的。

例 2-17 复合赋值运算符和复合赋值表达式的应用。

```
#include <stdio.h>
int main(void)
{
    int a=3,b=2,c=4,d=8,x;
    a+=b*c;
    b − =c/b;
    printf("%d,%d,%d,%d\n",a,b,c*=2*(a − c),d%=a);
    printf("x=%d\n",x=a+b+c+d);
    return 0;
}
```

程序的运行结果如下:

11,0,56,8

x=75

除了上述介绍的几种运算外,C 语言还提供了其他一些丰富多样的运算,例如,用于指针操作、地址操作、结构体成员操作、强制类型转换操作等的运算。以下简要介绍这些运算的简单形式及含义,较详细的讨论和应用在本书相关内容的章节中介绍。

3. "." 和 "–>" 运算符

"."和"–>"是运算符,其作用是引用构造数据类型的结构体和共用体中的分量,即表示结构体或共用体中的成员变量。其形式为:

结构体名.结构体成员名 或 结构体名–>结构体成员名

例如,stu.num 或 stu–>num

在 C 语言的所有运算符中,"."和"–>"的优先级最高。并且它们具有相同的作用,用两种运算符仅仅是考虑用户的使用习惯。"."和"–>"的结合性是自右向左结合。关于"."和"–>"的具体应用请参见后续内容。

4. "( )" 和 "[ ]" 运算符

在 C 语言中,"( )"和"[ ]"也作为运算符使用。

"( )"运算符常使用于表达式中,其作用是改变表达式的运算次序;也可在强制类型转换

运算或 sizeof 运算中使用。"( )"还可用于函数的参数表，有关的详细说明请参见本书第 9 章中有关函数说明、定义和调用的内容。

"[ ]"被称为下标运算符，用于数组的说明及数组元素的下标表示。有关数组的内容请参见第 7 章。

"( )"和"[ ]"运算符的优先级与"."和"->"运算符同级，也就是说，在 C 语言的所有运算符中，"( )""[ ]""."" ->"运算符的优先级别最高，其结合性是自左向右结合。

5. "*"和"&"运算符

"*"是指针运算符，其含义是访问指针所指向的内容。"&"是地址运算符，其含义是取指定变量的地址。"*"和"&"运算符使用的一般形式为：

  * 指针变量

  & 内存变量

"* 指针变量"的功能是访问指针变量所指的内容，"& 内存变量"的功能是取出指定内存变量的地址，例如，

  *pc 和 &a

pc 表示访问指针变量 pc 所指的内容；&a 表示要取出内存变量 a 的地址。""和"&"都是单目运算符，其优先级高于所有双目运算符的优先级，结合性是自右向左结合。

注意：这里给出的"*"和"&"运算符都是用于指针型变量的运算符，它们不同于算术运算中的乘"*"和位运算中的位与"&"运算符。关于指针的其他运算及有关的详细内容，请参见指针部分。

6. (type)运算符

(type)是强制类型转换运算符，其作用是进行数据类型的强制转换。(type)是单目运算符，其中 type 泛指某一数据类型名，(type)的一般使用形式为：

  (type) 表达式

其中，type 表示一个强制数据类型名；表达式是任何一种类型的表达式。强制类型转换运算的含义是将右边表达式的值转换成括号中指定的数据类型。这是一种数据类型转换的显式方式。例如，

(double) n 将 n 强制转换成 double 型。

(int)(a*b) 将 a*b 的结果强制转换成整型。注意，不要写成 int (a*b)。

(int) a*b 将 a 强制转换成整型后再与 b 相乘求出结果。

例 2-18 假设希望用一个整数控制循环，但在执行计算时又要有小数部分。

```c
#include <stdio.h>
int main(void)
{
    int i;
    for(i=1;i<=100;++i)
    printf("%d/2 is :%f\n",i,(float)i/2);
```

```
        return 0;
}
```
若没有 (float)，就仅执行一次整数除；有了(float)就可保证在屏幕上显示答案的小数部分。

7. sizeof 运算符

sizeof 是一种运算符，其一般应用形式为：

  sizeof (opr)

其中，opr 表示 sizeof 运算符所要运算的对象，opr 可以是表达式或数据类型名，当 opr 是表达式时括号可省略。sizeof 是单目运算符，其运算的含义是：求出运算对象在计算机的内存中所占用的字节数量。例如，

sizeof(char) 求字符型在内存中所占用的字节数，结果为 1。

sizeof (int)(a*b) 求整型数据在内存中所占用的字节数，结果为 2。

8. 空格与括号

为了增加可读性，可以随意在表达式中插入 tab 和空格符。例如，下面两个表达式语句是相同的。

x=10/y*(127/x);

x = 10/y*(127/x);

冗余的括号并不导致错误或减慢表达式语句的执行速度。我们鼓励使用括号，它可使执行顺序更清楚一些。例如，下面两个表达式语句中哪个更易读一些呢？

x = y/2-34*temp &127;

x = (y/2)-((34*temp) &127);

2.5.7 位运算符及表达式

与其他语言不同，C 语言支持全部的位操作符（Bitwise Operators）。因为 C 语言的设计目的是取代汇编语言，所以它必须支持汇编语言所具有的运算能力。位操作是对字节或字中的位（bit）进行测试、置位或移位处理，这里字节或字是针对 C 标准中的 char 和 int 数据类型而言的。位操作不能用于 float、double、long double、void 或其他复杂类型。表 2.16 给出了位操作的操作符。位操作中的 AND、OR 和 NOT（取反或反码）的真值表与逻辑运算等价，唯一不同的是位操作是逐位进行运算的。表 2.17 为异或的真值表。在该表中，当且仅当一个操作数为 true 时，异或的输出为 true，否则为 false。

表 2.16 位操作符

操作符	含义	操作符	含义
&	按位与(AND)	~	取反或反码(NOT)
|	按位或(OR)	>>	右移
^	按位异或(XOR)	<<	左移

表 2.17 异或的真值表

p	q	p^q
0	0	0
1	0	1
1	1	0
0	1	1

位操作通常用于设备驱动程序。例如，调制解调器程序、磁盘文件管理程序和打印机驱动程序。这是因为位操作可屏蔽掉某些位，如奇偶校验位（奇偶校验位用于确保字节中的其他位不会发生错误，通常奇偶校验位是字节的最高位）。

一般，我们可把位操作 AND 作为关闭位的手段，这就是说两个操作数中任一为 0 的位，其结果中对应位置为 0。

例 2-19 通过调用函数 read_modem，从调制解调器端口读入一个字符，并将奇偶校验位置成 0。

```
char get_char_from_modem()
{
    char ch;
    ch=read_modem(); /*从调制解调器端口中得到一个字符*/
    return(ch&127);
}
```

字节的位 7 是奇偶校验位，将该字节与一个位 0 到位 6 为 1、位 7 为 0 的字节进行与操作，可将该字节的奇偶校验位置成 0。表达式 ch&127 正是将 ch 中每一位同 127 数字的对应位进行与操作，结果 ch 的位 7 被置成了 0。在下面的例子中，假定 ch 接收到字符"A"并且奇偶校验位已经被置位。

```
奇偶校验位
↓
11000001    ch 的内容为'A'，其中奇偶校验位为 1
01111111    127 的二进制
&           与操作
————
=01000001   去掉奇偶校验后的'A'
```

位操作 OR 与 AND 操作相反，可用来置位。任一操作数中为 1 的位将结果的对应位置 1。如下所示，128|3 的情况是：

```
01000000    128 的二进制
00000011    3 的二进制
|           或操作
————
=01000011   结果
```

异或操作通常缩写为 XOR，当且仅当作比较的两位不同时，才将结果的对应位置位。如下所示，异或操作 127∧120 的情况是：

```
01111111    127 的二进制
01111000    120 的二进制
^           异或操作
————
=00000111   结果
```

一般来说，位的 AND、OR 和 XOR 操作通过对操作数运算，直接对结果变量的每一位分别处理。正是因为这一原因（还有其他一些原因），位操作通常不像关系运算和逻辑运算那样用在条件语句中，我们可以用例子说明这一点：假定 x=7，那么 x && 8 为 true(1)，而 x & 8 却为 false(0)。

注意：关系运算和逻辑操作符结果不是 0 就是 1。而相似的位操作通过相应处理，结果可为任意值。换言之，位操作可以有 0 或 1 以外的其他值，而逻辑运算符的计算结果总是 0 或 1。

移位操作符 ">>" 和 "<<" 将变量的各位按要求向右或向左移动。右移语句通常形式是：

  variable >>右移位数

左移语句通常形式是：

  variable <<左移位数

当某位从一端移出时，另一端移入 0（某些计算机是送 1，具体内容请查阅相应 C 编译程序用户手册）。切记：移位不同于循环，从一端移出的位并不送回到另一端去，移去的位永远丢失了，同时在另一端补 0。

移位操作可对外部设备（如 D/A 转换器）的输入和状态信息进行译码，移位操作还可用于整数的快速乘除运算，见表 2.18（假定移位时补 0），左移一位等效于乘 2，而右移一位等效于除以 2。

表 2.18 用移位操作进行乘和除

字符 x	每个语句执行后的 x	x 的值
x=7	00000111	7
x<<1	00001110	14
x<<3	01110000	112
x<<2	11000000	192
x>>1	01100000	96
x>>2	00011000	24

每左移一位乘 2，注意 x<< 2 后，原 x 的信息已经丢失了，因为一位已经从一端移出，每右移一位相当于被 2 除。注意，乘后再除时，除操作并不带回乘法时已经丢掉的高位。

反码操作符为 "~"。"~" 的作用是将特定变量的各位状态取反，即将所有的 1 位置成 0，所有的 0 位置成 1。

位操作符经常用在加密程序中。例如，若想生成一个不可读磁盘文件时，可以在文件上做一些位操作。最简单的方法是用下述方法，通过 1 的反码运算，将每个字节的每一位取反。

  原字节   00101100
  第一次取反码   11010011

第二次取反码　　　　　00101100

注意：对同一行进行连续的两次求反，总是得到原来的数字，所以第一次求反表示了字节的编码，第二次求反进行译码又得到了原来的值。

可以用下面的函数 encode 对字符进行编码。

例 2-20　用函数 encode 对字符进行编码。

```
char encode(ch)
char ch;
{
    return ( ~ ch);
}
```

2.5.8　数据输入和输出的基本方法

输入（Input）和输出（Output）是程序中最基本的操作之一。C 语言中数据的输入和输出，都是以终端为对象，是相对于计算机主机为主体而言的。C 语言本身不提供输入/输出语句，所有数据的输入和输出操作都是由 C 语言函数库中的标准输入/输出库函数"头文件" stdio.h（stdio：standard input & output；h：head）中的函数来实现的。各种 C 语言编译系统提供的系统函数库是各计算机厂商（或软件公司）根据用户的需要编写的，而且已经编译成目标文件（.obj 文件），它们在连接阶段与源程序经编译而得到的目标文件（.obj 文件）相连接，生成一个可执行的目标程序（.exe 文件）。如果在源程序中有 printf 函数，在编译时并不把它翻译成目标指令，而是在连接阶段与系统函数库相连接后，在执行阶段中调用函数库中的 printf 函数。常用的标准 I/O 库函数有：

putchar	输出字符
getchar	输入字符
printf	格式输出
scanf	格式输入
puts	输出字符串
gets	输入字符串（C11 中推荐用新的函数 gets_s()替代 gets()，详见 6.3.3）

在使用 C 语言库函数时，要用预编译命令：

　　　　#include

将有关"头文件"包括到源文件中。使用标准输入/输出库函数时要用到 "stdio.h" 头文件，因此源文件开头应有以下预编译命令：

　　　　#include <stdio.h>或#include "stdio.h"

一般来说，系统提供的头文件用尖括号，自定义的文件用双引号。

关于数据输入和输出更详细的内容将在第 3 章中做深入介绍。

2.5.9　数据的文件组织方法

"文件"是指存储在外部介质上的具有"文件名"的一组相关数据的有序集合。文件通常驻留在外部介质（如磁盘）上，在使用时才调入内存中来，使用文件可以永久地保存大量的数据。操作系统是以文件为单位对数据进行管理的，文件名是能唯一标识某个磁盘文件的字符串。在操作系统中，一个完整的文件标识符由驱动器号、路径、文件名和文件的扩展名组成，形式如下：

  盘符:\路径\文件名.扩展名

  从用户（或操作方式）的角度看，文件可分为磁盘（或普通、一般）文件和设备（或标准）文件两种。

  磁盘文件可以是"程序文件"，如源文件、目标文件、可执行程序、库文件（头文件）；也可以是"数据文件"，如一组待输入处理的原始数据，或者是一组输出的结果。

  设备文件是指与主机相连的各种外部设备，如显示器、打印机、键盘等。在操作系统中，把外部设备也看作是一个文件来进行管理，把它们的输入、输出等同于对磁盘文件的读和写。通常把显示器定义为标准输出文件，一般情况下在屏幕上显示有关信息就是向标准输出文件输出。如 printf、putchar 函数就是这类输出。键盘通常被指定为标准的输入文件，从键盘上输入就意味着从标准输入文件上输入数据。Scanf、getchar 函数就属于这类输入。

  C 的数据文件（.dat）是由一连串的字符（或字节）序列组成。从数据的编码组织方式来看，数据文件可分为 ASCII 文件（也称为文本文件.txt）和二进制文件(.bin)两种。

  ASCII 文件在磁盘中存放时每个字符对应一个字节，用于存放对应的 ASCII 码。例如，数 5678 的存储形式为：

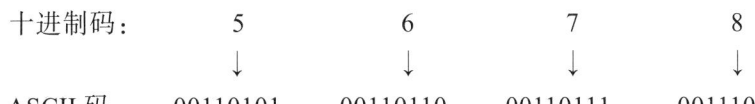

十进制码：	5	6	7	8
	↓	↓	↓	↓
ASCII 码：	00110101	00110110	00110111	00111000

共占用 4 个字节。ASCII 文件可在屏幕上按字符显示，因此能读懂文件内容。例如源程序文件就是 ASCII 文件，用 DOS 中的 type 命令可显示文件的内容。

  二进制文件是按二进制的编码方式来存放的。例如，数 5678 的存储形式为：00010110 00101110，只占用二个字节。二进制文件虽然也可在屏幕上显示，但其内容无法读懂。

  C 系统在处理这些数据文件时，并不区分类型，而把输入输出都看成是逻辑数据流，按字符（或字节）为单位进行处理。输入输出数据流的开始和结束只由程序控制而不受物理符号（如回车符）的控制，因此也把这种文件称作"流式文件"。对流式文件需要进行打开、顺序读写或随机读写、关闭等各种操作。

  目前 C 语言所使用的磁盘文件系统有两大类：一类称为缓冲文件系统，又称为标准文件系统，特点是系统自动地在内存区为每一个正在使用的文件开辟一个缓冲区。另一类称为非缓冲文件系统。ANSI C 标准规定不采用非缓冲文件系统。

  在 C 语言中，文件操作都是由库函数来完成的，文件操作函数将在第 10 章中介绍。

2.6 基本运算规则

2.6.1 运算优先级规则

  优先级是指同一表达式中不同运算符进行计算的先后次序。表 2.19 列出了 C 语言所有操作符的优先级，其中包括将在本书后面讨论的某些操作符。注意：所有操作符（除一元操作符和"？"之外）都是左结合的，一元操作符（*，&和－）和操作符"？"则为右结合。

表2.19 C语言操作符的优先级和结合性

优先级	运算符	含 义	要求运算对象个数	结合性
1	() [] -> .	括号运算符 下标运算符 结构体成员运算符 结构体成员运算符		自左至右
2	! ~ ++ -- （类型） * & sizeof	逻辑非 按位取反 自增 自减 类型转换运算符 指针运算符 取地址运算符 长度运算符	1（单目运算符）	自右到左
3	* / %	乘法 除法 取余	2（双目运算符）	自左至右
4	+ -	加法 减法	2（双目运算符）	自左至右
5	<< >>	左移 右移	2（双目运算符）	自左至右

2.6.2 运算结合性规则

结合性是针对同一优先级的多个运算符而言的，它是指同一个表达式中相同优先级的多个运算应遵循的运算顺序。

如数学中的四则运算，乘、除的优先级高于加、减；而乘、除之间是同级运算，其运算顺序是从左向右。C语言的运算符也同样具有运算的优先级和结合性。通常所有单目运算的优先级高于双目运算。C语言规定，单目运算符是自右向左结合，双目运算符是自左向右结合，见表2.19。

2.6.3 数据类型转换

当操作数的类型不同，而且不属于基本数据类型时，经常需要强制类型转换，将操作数转化为所需要的类型。强制类型转换具有两种形式：隐式强制和显式强制类型转换。

1. 表达式计算中数据类型的自动转换

混合于同一表达式中的不同数据类型常量及变量，应均变换为同一数据类型的量再进行运算。C语言的编译程序将所有操作数变换为与最大类型操作数同类型。隐式数据类型自动转换发生在不同数据类型的变量混合运算时，由编译系统自动完成。数据类型自动转换遵循以下规则：

（1）若参与运算的量的数据类型不同，则先转换成同一数据类型，然后再进行运算。

（2）转换按数据长度增加的方向进行，以保证精度不降低。如 int 型和 long 型运算时，应先把 int 型转成 long 型后再进行运算。

（3）所有 char 型和 short 型参与运算时，必须先转换成 int 型。

（4）所有的浮点运算都是以双精度 double 进行的，即使仅含 float 单精度量运算的表达式，也要先转换成 double 型，再做运算。

一旦运用以上规则，每一对操作数均变为同类型。注意，规则（2）有几种方向必须依次应用的转换条件。

在赋值运算中，赋值号两边量的数据类型不同时，赋值号右边量的类型将转换为左边量的类型。如果赋值号右边量的数据类型长度比左边长时，将丢失一部分数据，这样会降低精度，丢失的部分按四舍五入向前舍入。图 2.7 所示为数据类型自动转换的规则。

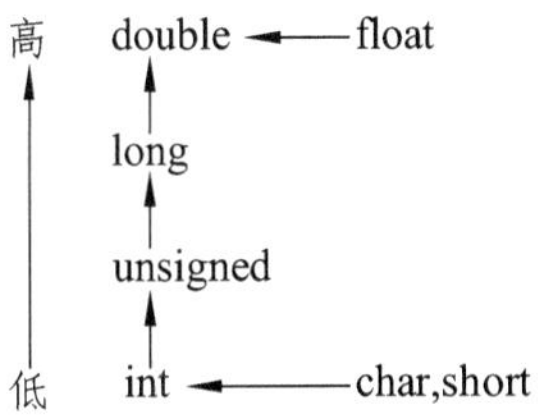

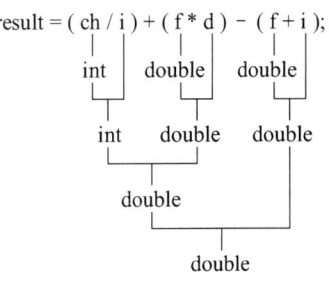

图 2.7 数据类型的自动转换规则

例 2-21 如果赋值号右边量的数据类型长度比左边长时，将丢失一部分数据，这样会降低精度，丢失的部分按四舍五入向前舍入。

```
#include <stdio.h>
int main(void)
{
    float PI=3.14159;
    int s,r=5;
    s=r*r*PI;
    printf("s=%d\n",s);
    return(0);
}
```

显示程序运行结果：

s=78

本例程序中，PI 为实型；s，r 为整型。在执行 s=r*r*PI 语句时，r 和 PI 都转换成 double 型计算，结果也为 double 型。但由于 s 为整型，故赋值结果仍为整型，舍去了小数部分。

例 2-22 已知有如下的变量定义，则表达式 result=(ch/i)+(f*d) - (f+i)的数据类型转换过程如图 2.8 所示。

char ch;

int i;

float f;

double d;

首先，char 转换成 int，且 float 转换成 double；然后，ch/i 的结果转换成 double，因为 f*d 是 double；最后，由于这次有 3 个操作数据都是 double，所以数据结果也是 double。

上述数据类型转换过程是由系统自动完成的，程序员也可以强制进行某种数据转换。

图 2.8 表达式中的数据类型转换过程

2. 表达式计算中数据类型的强制转换

显式强制数据类型转换是通过类型转换运算来实现的。其一般形式为：

(类型说明符)(表达式)；

其功能是把表达式的运算结果强制转换成类型说明符所表示的类型。例如，(float)a 把 a 转换为实型变量，(int)(x+y) 把 x+y 的结果转换为整型。

在使用强制转换时应注意以下问题：

类型说明符和表达式都必须加括号（单个变量可以不加括号），如把(int)(x+y)写成(int)x+y，则成了把 x 转换成 int 型之后再与 y 相加。

无论是数据类型强制转换或是自动转换，都只是为了本次运算的需要而对变量的数据长度进行的临时性转换，而不改变数据说明时对该变量定义的类型。

例 2-18　无论是数据类型强制转换或是自动转换，都只在运算中起作用。

```
#include <stdio.h>
int main(void)
{
    float f=5.75;
    printf("(int)f=%d,f=%f\n",(int)f,f);
    return(0);
}
```

执行后结果是：

(int)f=5，f=5.75

程序将浮点类型的 f 强制转换成整型类型，但是，f 虽强制转为 int 型，但只在运算中起作用，是临时的，f 本身的类型并不改变。因此，(int)f 的值为 5（删去了小数），而 f 的值仍为 5.75。

【操作小结】

（1）任何计算机语言都有一系列语言规定和语法规则。由字母、数字、空格、标点和特殊字符组成的字符集，是 C 语言最基本的语言元素。在字符常量、字符串常量和注释中还可以使用汉字或其他可表示的图形符号。字母中小写字母 a～z 共 26 个，大写字母 A～Z 共 26 个。数字 0～9 共 10 个。空格符、制表符、换行符等统称为空白符。

（2）标识符由字母、数字或下划线"_"组成，它的第一个字符必须是字母或下划线，用来表示变量名、常数名、数组名、函数名、文件名、类型名等。

（3）具有特定含义的关键字，绝大多数由小写字母构成，是 C 语言的专用定义符，不允许用户作为自定义的标识符使用。

（4）在 C 语言中，要求对所有用到的数据变量作强制定义，也就是"先定义、后使用"。好的习惯是在函数体开始就声明所有要用的变量，并同时初始化。

（5）C 语言中关于数据的主要内容有：数据类型，常量与变量，各种类型数据的表示方法、数据的取值范围和数值的有效位。

实型常量实质上是一个十进制表示的符号实数。符号实数的值包括整数部分、尾数部分和指数部分（阶码）。实型常量的统一表示形式归纳如下：

[digits] [.digits] [e/E [+/ −] digits]

这里的 digits 是从 0~9 的一位或多位十进制数字。e 或 E 是指数符号（阶码标志），表示以 10 为底数的指数的底。小数点之前是整数部分，小数点之后是尾数部分，它们是可省略的。例如，实型常量的小数点在后面没有尾数时可省略，在整数部分为 0 时这个整数 0 也可以省略。

必须注意：指数部分必须用 e 或 E 开头，幂指数可以为负，当没有符号时视为正指数，如 1.575e9 表示 1.575×10^9。在实型常量中不得出现任何空白符号。字母 e 或 E 之前必须有数字，且 e 或 E 后面的指数必须为整数。

（6）在计算机中，"标准化的指数形式"用于存储，"规范化的指数形式"用于输出。实型数据是按照标准化指数形式存储的浮点数据。系统把一个实型数据分成小数部分和指数部分分别存放，并采用标准化的指数形式，即在字母 e 或 E 之前的小数部分中，小数点左边为 0，小数点右边第一位为非 0 的数字。在程序中，一个实数数据在用指数形式输出时，是按规范化的指数形式输出的。即在字母 e 或 E 之前的小数部分中，小数点左边应有且只有一位非 0 的数字。

（7）C 语言中有关数据计算的基本规则有：运算符与运算对象、表达式及其表示、运算优先级及结合性，算术运算（包括自加、自减运算）、关系运算、逻辑运算、条件运算、位运算、赋值运算，组合运算，运算及赋值过程中的类型转换等。

各种数据类型及其类型说明，其中涉及的重要概念有：整型、实型、字符型数据的表示、存储、取值范围、数值有效位及各种类型说明形式。例如，实用数据的正号"+"或负号"−"，在机器里用一位二进制的 0 或 1 来区别；数值型数据都是用补码表示；单精度实型数据的有效位只有 7 位；字符常数用单引号括起来，每个字符只占一个字节，而字符串常数用双引号括起来，其存储长度总比字符串多一个字节，用于标识字符串的结束；实型数据表示的是近似值；两个整数相除时有可能造成误差；C 语言中没有逻辑型数据，只用 0 表示逻辑假，非 0 表示逻辑真。

（8）各种运算符与表达式，其中涉及的重要概念有：运算对象的个数、运算优先级、结合性、类型转换等。例如，单目运算符、双目运算符和三目运算符的使用；赋值表达式、逗号表达式、条件表达式和组合运算表达式的值；将一个实型数据赋值给整型变量时将产生误差；关系运算和逻辑运算的结果是数值 1 或 0，表示逻辑真或假；运算时的类型转换是由低级到高级转换。

（9）本单元的难点是：一些特殊运算符的使用，主要是一些基本概念和规则，没有多少灵活性，所以需要在理解的基础上记忆和熟练。例如，−、++、−−、*、&等，求负与减的区别，自增、自减与加 1 减 1 的区别，指针运算符*与乘号的区别，取地址运算符&与按位与运算的区别，&&与&的区别，||与|的区别等。

【课外习题】

一、问答题

1. 试回答以下程序运行的结果。

#include <stdio.h>

```
int main(void)
{
    char c1='a',c2='b',c3='c',c4='\101',c5='\116';
    printf("a%cb%c\tc%c\tabc\n",c1,c2,c3);
    printf("\t\b%c %c",c4,c5);
    return 0;
}
```

2. 下面算术表达式的值各为多少？

（1）x+a%3*(int)(x+y)%2/4
    设 x=2.5,a=7,y=4.7
（2）(float)(a+b)/2+(int)x%(int)y
    设 a=2,b=3,x=3.5,y=2.5

3. 试回答以下程序运行的结果。

```
#include <stdio.h>
int main(void)
{
    int i,j,m,n;
    i=8;
    j=10;
    m=++i;
    n=j++;
    printf("%d,%d,%d,%d",i,j,m,n);
    return 0;
}
```

4. 下面表达式运算后 a 的值各为多少？设原来 a=12，a 和 n 都已定义为整型变量。

（1）a+=a　　（2）a－=2　　（3）a*=2+3　　（4）a/=a+a
（5）a%=(n%=2)，n 的值等于 5
（6）a+=a－=a*=a

二、单选题

1. C 语言中最简单的数据类型包括（　　）。
   A）整型、实型、逻辑型　　　　　　B）整型、实型、字符型
   C）整型、字符型、逻辑型　　　　　D）字符型、实型、逻辑型

2. C 语言中的标识符只能由字母、数字和下划线三种字符组成，且第一个字符（　　）。
   A）必须为字母　　　　　　　　　　B）必须为下划线
   C）必须为字母或下划线　　　　　　D）可以是字母，数字和下划线中任一字符

3. 下列可用于 C 语言用户标识符的一组是（　　）。
   A）void, define, WORD　　　　　　B）a3_b3, _123,Car
   C）For, -abc, IF Case　　　　　　 D）2a, DO, sizeof

4. 下面四个选项中，均是不正确的八进制数或十六进制数的选项是（　　）。

A）016　　0x8f　　018　　　　　　　B）0abc　　017　　0xa
C）010　　-0x11　　0x16　　　　　　D）0a12　　7ff　　-123

5. 下列数据中，不合法的 C 语言实型数据的是（　　）。
A）0.123　　　　B）123e3　　　　C）2.1e3.5　　　　D）789.0

6. 在 16 位 C 编译系统上，若定义"long a;"，则能给 a 赋 40000 的正确语句是（　　）。
A）a=20000+20000;　　　　　　　B）a=4000*10;
C）a=30000+10000;　　　　　　　D）a=4000L*10L;

7. 若有说明语句 "char c='\72';"，则变量 c（　　）。
A）包含 1 个字符　　　　　　　　B）包含 2 个字符
C）包含 3 个字符　　　　　　　　D）说明不合法，c 的值不确定

8. 有字符串如下："\n\\\407as1\"\xabc",则字符串的长度为（　　）。
A）6　　　　　　B）7　　　　　　C）8　　　　　　D）9

9. C 语言中运算对象必须是整型的运算符是（　　）。
A）%=　　　　　B）/　　　　　　C）=　　　　　　D）<=

10. 若变量已正确定义并赋值，以下符合 C 语言语法的表达式是（　　）。
A）a:=b+1　　　　　　　　　　　B）a=b=c+2
C）int 18.5%3　　　　　　　　　D）a=a+7=c+b

11. 若变量 a、i 已正确定义，且 i 已正确赋值，合法的语句是（　　）。
A）a==1　　　　　　　　　　　　B）++i;
C）a=a++=5;　　　　　　　　　　D）a=int（i）;

12. 若有定义"int a=7;float x=2.5,y=4.7;"则表达式 x+a%3*(int)(x+y)%2/4 的值是（　　）。
A）2.500000　　　　　　　　　　B）2.750000
C）3.500000　　　　　　　　　　D）0.000000

13. 若有运算符<<、sizeof、^、&=，则它们按优先级由高至低的正确排列次序是（　　）。
A）sizeof、&=、<<、^　　　　　　B）sizeof、<<、^、&=
C）^、<<、sizeof、&=　　　　　　D）<<、^、&=、sizeof

14. 以下叙述不正确的是（　　）。
A）在 C 程序中，逗号运算符的优先级最低
B）在 C 程序中，APH 和 aph 是两个不同的变量
C）若 a 和 b 类型相同，在计算了赋值表达式 a=b 后 b 中的值将放入 a 中，而 b 中的值不变
D）当从键盘输入数据时，对于整型变量只能输入整型数值，对于实型变量只能输入实型数值

15. 已知"int i,a;"执行语句"i=(a=3, a++, --a, a+4, a+5,++a);"后，变量 i 的值为（　　）。
A）2　　　　　　B）3　　　　　　C）4　　　　　　D）5

16. 设变量 a 是 int 型，f 是 float 型，i 是 double 型，则表达式 10+'a'+i*f 值的数据类型为（　　）。
A）int　　　　　B）float　　　　C）double　　　　D）不确定

17. 在C语言中，char型数据在内存中的存储形式是（   ）。
A）补码   B）反码   C）原码   D）ASCII码
18. 字符型数据在机器中是用ASCII码表示的，字符'5'和'7'在机器中表示为（   ）。
A）10100011和01110111   B）01000101和01100011
C）00110101和00110111   D）01100101和01100111
19. 不能进行++和--运算的数据类型为（   ）。
A）指针   B）整型   C）长整型   D）常量
20. 设有"int x=11;"，则表达式（x++*1/3）的值是（   ）。
A）3   B）4   C）11   D）12
21. 以下程序的输出结果是（   ）。
main（）
{
    int a=21,b=11;
    printf（"%d\n",--a+b,--b+a）;
}
A）30   B）31   C）32   D）33
22. 假设整型变量a、b、c的值均为5，则表达式a+++b+++c++的值为（   ）。
A）17   B）16   C）15   D）14
23. 已知"int a=6;"则执行"a+=a-=a*a;"语句后，a的值为（   ）。
A）36   B）0   C）-24   D）-60
24. 设变量n为float类型，m为int类型，则以下能实现将n中的数值保留到小数点后两位，第三位进行四舍五入运算的表达式是（   ）。
A）n=（n*100+0.5）/100.0   B）m=n*100+0.5,n=m/100.0
C）n=n*100+0.5/100.0   D）n=（n/100+0.5）*100.0
25. sizeof（float）是（   ）。
A）一个双精度型表达式   B）一个整型表达式
C）一种函数调用   D）一个不合法的表达式
26. 在C语言中，int、char和short三种类型数据在内存中所占用的字节数（   ）。
A）由用户自己定义   B）均为2个字节
C）是任意的   D）由所用机器的机器字长决定
27. 以下变量x、y、z均为double类型且已正确赋值，不能正确表示数学式子x÷y÷z的C语言表达式是（   ）。
A）x/y*z   B）x*（1/（y*z））
C）x/y*1/z   D）x/y/z
28. 下列关于复合语句和空语句的说法错误的是（   ）。
A）复合语句是由"{"开头，由"}"结尾的
B）复合语句在语法上视为一条语句
C）复合语句内，可以有执行语句，但不可以有定义语句
D）C程序中的所有语句都必须由一个分号作为结束

29. 下列关于字符串的说法中错误的是（　　）。
A）在 C 语言中，字符串是借助于字符型一维数组来存放的，并规定以字符'\0'作为字符串结束标志
B）'\0'作为标志占用存储空间，计入字符串的实际长度
C）在表示字符串常量的时候不需要人为在其末尾加'\0'
D）在 C 语言中，字符串常量隐含处理成以'\0'结尾
30. C 语言中，使用变量的要求是（　　）。
A）要先定义后使用　　　　　　　　B）要先使用后定义
C）不需要定义，可以直接使用　　　D）没有明确的要求

三、判断题

1. C 语言中自增运算符有 i++、++i。（　　）
2. 求余数的运算符号的运算对象可以是实数。（　　）
3. C 语言中，字符常量可以用单引号或双引号括起来。（　　）
4. C 语言中，字符常量只能包含一个常量(字符)。（　　）
5. 在 C 语言中，字符串常量隐含处理成以'\0'结尾。（　　）
6. 下面程序段的输出结果是 9。（　　）

int a=9;
printf("%0\n",a);

7. C 语言中，用户所定义的标识符允许使用关键字。（　　）
8. C 语言中，用户所定义的标识符中，大、小字母代表不同标识。（　　）
9. C 语言中，符号常量的值在程序运行过程中可以改变。（　　）
10. C 语言中，不要求对程序中所用到的变量进行强制定义。（　　）
11. C 语言中，一个整数如果其值在 -32768~32767，认为它是 int 型，只能赋值给 int 型变量。（　　）
12. 设一个 C 系统的 float 型有效数字是 7 位，则超过 7 位数的运算是不准确的。（　　）
13. C 语言中，一个字符型数据与整型数据可以互相赋值。（　　）
14. C 语言中，可以用下面的语句定义变量并赋值。（　　）

　　　int a=b=c=3;

四、填空题

1. 以下程序的输出结果是_____。

int a=1234;
printf ("%2d\n", a);

2. 在计算机中，字符的比较是对它们的_____进行比较。
3. 在内存中，存储字符'x'要占用 1 个字节，存储字符串"X"要占用_____个字节。
4. 在 C 语言中（以 16 位 PC 机为例），一个 float 型数据在内存中所占的字节数为 4；一个 double 型数据在内存中所占的字节数为_____。
5. 以下程序段的输出结果是_____。

#include <stdio.h>
int main(void)

```
{
    int a=2,b = 3,c=4;
    a*=16+(b++) – (++c);
    printf("%d",a);
    return 0;
}
```

6. 以下程序段的输出结果是_____。

```
int x=17,y=26;
printf ("%d",y/=(x%=6));
```

7. 下列 y 的值是_____。

```
int y; y=sizeof(2.25*4);
```

8. 以下程序的输出结果是_____。

```
#include <stdio.h>
int main(void)
{
    int i=010,j=10;
    printf ("%d,%d\n",i,j);
    return 0;
}
```

9. 已知字母 a 的 ASCII 码为十进制数 97，且设 ch 为字符型变量，则表达式 ch='a'+'8' – '3'的值为_____。

10. 如下语句 printf（"%c\n",'B'+40）;在执行后的输出结果是_____。

11. 定义 "int a=5,b=20;" 若执行语句 "printf ("%d\n",++a* – – b/5%13);" 后，输出的结果为_____。

五、编程题

1. 编写一个程序，输入 a、b、c 三个值，输出其中最大值。

2. 编写程序。小明有五本新书，要借给 A、B、C 三位小朋友，若每人每次只能借一本，则可有多少种不同的借法？

3. 要将"China"译成密码，译码规律是：用原来字母后面的第四个字母代替原来的字母. 例如，字母 A 后面第 4 个字母是 E，则用 E 代替 A。因此，"China"应译为"Glmre"。请编一程序，用赋初值的方法使 c1、c2、c3、c4、c5 五个变量的值分别为，'C'、'h'、'i'、'n'、'a'，经过运算，使 c1、c2、c3、c4、c5 分别变为'G'、'l'、'm'、'r'、'e'，并输出。

模块 1 总 结

【模块 1 小结】

模块 1 是 C 语言程序设计课程的第一个阶段 ——C 语言基本概念与数据基础阶段。

模块 1 的重点内容是 C 语言程序设计的基本概念与开发环境，基本数据类型及操作方法。

在能力方面，学完模块 1 后要求达到具备 C 语言程序设计的一般基础知识，初步具备 C 语言开发环境的使用能力，具备 C 语言基本数据类型的操作能力。

在知识方面，学完模块 1 后要求达到掌握程序设计语言的基本概念，了解程序设计的一般方法，熟悉 C 语言开发环境，了解 C 语言的基本语法组成和数据类型，掌握 C 语言的常量与变量，熟悉基本数据类型，掌握运算符及表达式，掌握基本运算规则。

在素质方面，学完模块 1 后要求培养学生的工作纪律和责任心，培养学生的自律和严谨性。

【模块 1 训练】系统数据分析

由于这是系统程序设计技能训练独立实战的指导性项目之一，是第一学习训练阶段的自主学习独立检验项目，所以这里仅给出指导性建议。

将系统数据分析作为模块 1 的综合训练子项目。划分子项目训练小组，先拟订计划，对新生报到管理系统进行系统数据调查、统计，再进行分析、规划、列表，搞清所有新生报到管理流程中所用的数据源情况，数据加工处理要求及最终数据格式，为系统设计做准备。最后按训练小组进行汇报、答辩和考核，老师作点评和总结。

模块 2　程序流程控制基础

👉 主要内容

本模块主要内容有 C 语言程序的顺序、选择、循环三种基本结构的程序设计方法，用数组处理批量数据的方法；函数及模块化程序设计的方法。其模块训练为"新生报到管理系统"的"系统模块设计"部分，可作为系统程序设计技能训练独立实战的指导性项目之一，它是第二学习训练阶段的自主学习独立检验项目。

✍ 学习要求

能力要求	1. 具备 C 语言程序三种基本结构设计的能力 2. 具备利用数组处理批量数据的能力 3. 具备用函数实现模块化程序设计的能力
知识要求	1. 掌握 C 语言程序三种基本结构的概念和原理 2. 掌握 C 语言程序三种基本结构的设计方法 3. 掌握 C 语言数组的基本概念 4. 掌握批量数据处理的一般方法 5. 掌握 C 语言函数的基本概念 6. 掌握模块化程序设计的一般方法
素质要求	1. 培养学生的分析问题和解决问题的能力 2. 培养学生的团队合作和沟通能力 3. 培养学生的细心和耐心 4. 培养学生的集体主义精神 5. 培养学生的责任心和保护他人利益的意识

学习向导

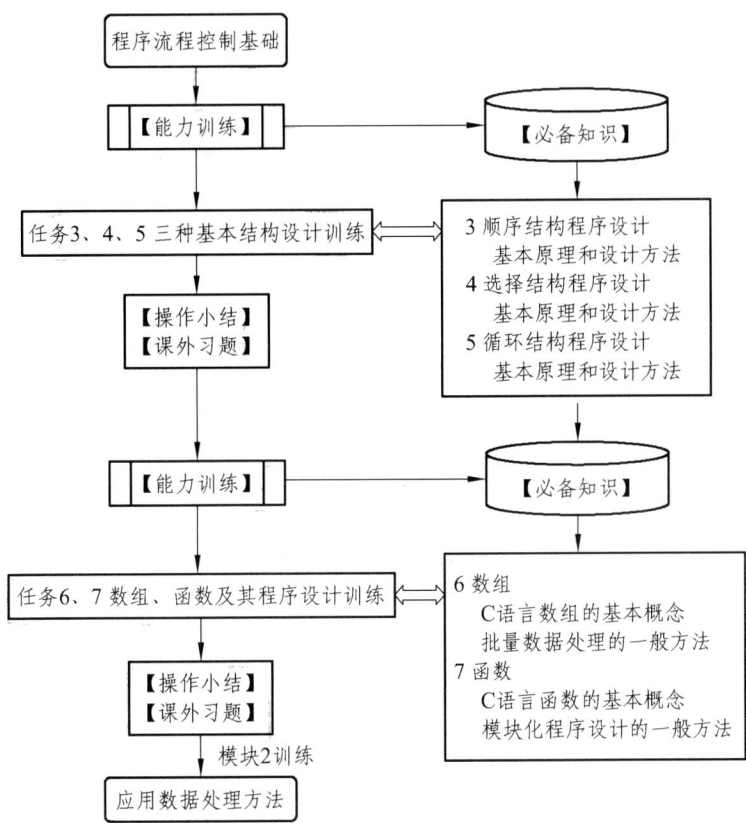

3 顺序结构程序设计

【能力训练】

简单趣味程序演示：简单计算器

一个具有两个数加、减、乘、除功能的简单计算器。
趣味程序演示代码见本课程 PPT。

任务 3 学会顺序结构程序的设计方法

一、任务要求

1. 知识要求

（1）掌握 C 语言中使用最多的一种语句——赋值语句的使用方法。
（2）掌握格式输入/输出函数中各种格式转换控制符的正确使用方法。
（3）熟悉文件包含预处理命令#include 的运用。
（4）熟悉顺序结构程序设计过程中常用的基本算法，掌握顺序结构程序的设计方法。

2. 技能要求

具备熟练使用 C 语言进行顺序结构编程的能力。

3. 考核标准

会在 C 语言集成环境下熟练编写和调试一般顺序结构程序；会熟练使用输入/输出函数及 C 系统提供的几种格式控制字符，进行各种类型数据、各种格式数据的输入/输出；会熟练使用输入语句、赋值语句、输出语句实现各种实用顺序结构设计的算法，并记录调试过程中的出错情况和运行结果，撰写提交高质量的技能训练总结报告。

4. 素质要求

在 C 语言顺序结构程序设计的讲解过程中，提出程序设计的合理性也是非常重要的。一个合理的程序设计应该符合实际需求，能够解决问题并提高效率。而这种合理性也要求我们在思考问题时要全面、准确地分析和把握问题的本质，并在写代码时要注重算法的优化和程序的结构化设计。通过这样的编程思想，培养学生自己分析问题和解决问题的能力。

二、训练内容

（1）在 C 语言集成环境下，录入本章必备知识部分例题中的程序，进一步掌握顺序结构程序的基本组成原理和设计、调试、运行方法。

（2）格式输入/输出函数中各种格式转换控制符的正确使用。

① 程序录入。

```
#include <stdio.h>
int main(void)
{
    int a,b;
    float d,e;
    char c1,c2;
    double f,g;
    long    h,i;
    unsigned int j,k;
    a=56; b=57;
    c1='A'; c2='B';
    d=2.34; e= - 7.58;
    f=1234.891232; g=0.123456789;
    h=48000;   i= - 58000;
    j=32768;   k=50000;
    printf("a=%d,b=%d\nc1=%c,c2=%c\nd=%6.2f,e=%6.2f\n",a,b,c1,c2,d,e);
        printf("f=%15.6f,g=%15.12f\nh=%ld,i=%ld\nj=%u,k=%u\n",f,g,h,i,j,k);
    return 0;
}
```

② 运行此程序并分析运行结果。

③ 改用 scanf 函数输入数据而不用赋值语句，调用 scanf 函数的形式如下：

scanf("%d, %d, %c, %c, %f, %f, %lf, %lf, %ld, %ld, %u, %u", &a, &b, &c1, &c2, &d, &e, &f, &g, &h, &i, &j, &k);

输入的数据如下：

56,57,A,B,1234.891232,0.123456789,48000, - 58000,32768,50000\<CR\>

（说明：lf 和 ld 格式符分别用于输入 double 型和 long 型数据；\<CR\>表示回车键）运行并分析结果。

④ 将 scanf 函数中的%lf 和%ld 改为%f 和%d，运行程序并观察分析结果。

（3）文件包含预处理命令#include 的运用。

观察并分析以下程序（输入三角形的三边长，求三角形的面积）：

设输入的三边长 a、b、c 能构成三角形。根据数学知识可知，三角形面积的公式为：

$$area = \sqrt{s(s-a)(s-b)(s-c)}$$

其中，s=(a+b+c)/2。

程序如下：

```
#include<math.h>
#include <stdio.h>
int main(void)
{
    float a,b,c,s,area;
```

```
    scanf("%f,%f,%f ",&a,&b,&c);
    s=1.0/2*(a+b+c);
    area=sqrt(s*(s – a)*(s – b)*(s – c));
    printf("a=%7.2f,b=%7.2f,c=%7.2f,s=%7.2f\n",a,b,c,s);
    printf("area=%7.2f\n",area);
    return 0;
}
```

注意，程序中第 8 行的 sqrt 是求平方根的函数。调用数学函数库中的函数，须在程序开头加一条包含预处理命令#include <math.h>，把头文件"math.h"包含到程序中来。

（4）了解顺序结构程序设计过程中常用的基本算法，掌握顺序结构程序设计的方法。

下面程序用于交换两个数 x 和 y 的值，按照要求，在空白处填上相应的语句完成程序。

```
#include <stdio.h>
int main(void)
{
    int x,y,t;
    printf("请输入两个整数:");
    scanf("%d,%d",&x,&y);
    printf("交换前:x=%d,y=%d\n",x,y);
    /*交换 x 和 y 的值*/
         _____;
         _____;
         _____;
    printf("交换后:x=%d,y=%d\n",x,y);
    return 0;
}
```

编译并运行该程序，观察程序运行结果。如果结果与要求不一致，请修正程序并重新编译运行程序，直至程序输出结果满足题目的要求。

（5）编写程序，以完成以下任务：

用 getchar 和 scanf 函数分别读入两个字符给 c1、c2，然后分别用 putchar 函数和 printf 函数输出这两个字符。

上机运行程序，比较用 getchar 和 scanf 函数输入字符的不同，以及 putchar 和 printf 函数输出字符的特点。

【必备知识】

阶段性子系统（子程序）引例：
学生成绩管理系统菜单显示

这是一个主要用 printf 语句构成的顺序结构程序，输出显示一个简单的学生成绩管理系统菜单，如图 3.1 所示。

程序运行代码见本课程 PPT。

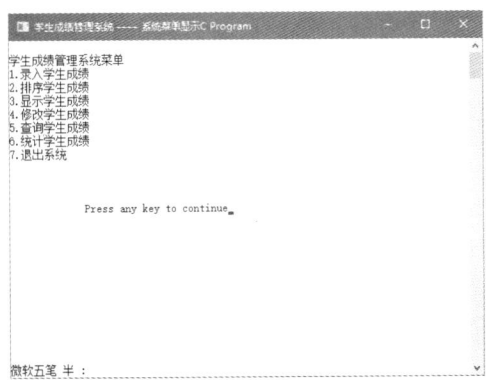

图 3.1　学生成绩管理系统菜单显示

3.1　C 语句概述

一个 C 程序可以由若干个源程序文件组成，一个源程序文件可以由若干个函数和预处理命令以及全局变量声明部分组成，一个函数又由函数首部和函数体组成，函数体由数据声明和执行语句组成。C 程序的组成结构如图 3.2 所示。

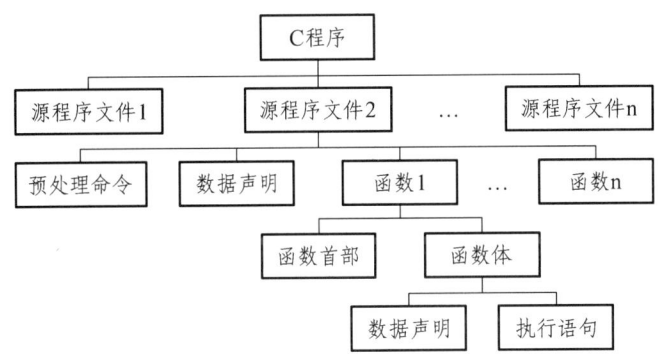

图 3.2　C 程序的组成结构

函数中的语句以分号";"作为结束标志，具有执行功能，是组成程序的基本单位。C 语言中的语句分为控制、函数调用、表达式、复合和空语句 5 大类。

3.1.1　控制语句

控制语句具有按一定的条件控制程序流程方向的功能，共 3 类 9 种形式。其中 if、switch 为选择类语句；for、while、do-while 为循环类语句；break、continue、goto、return 为转移类语句。9 种形式分别如下：

（1）条件语句　if() … else …

（2）多分支选择语句（开关语句） switch()
（3）循环语句 for() …
（4）循环语句 while() …
（5）循环语句 do … while()
（6）中止执行 switch 或循环的语句 break
（7）结束本次循环语句 continue
（8）无条件转向语句 goto（在结构化程序设计中基本不用）
（9）从函数返回语句 return

以上形式中的"()"表示括号中是一个判别条件，"…"表示内嵌的语句。例如，条件语句 if() … else … 的具体语句可以写成：

if (x>y) z=x; else z=y;

其中，"(x>y)"括号中的 x>y 是一个判别条件；"z=x;"和"z=y;"是两个内嵌在 if() … else … 中的语句。

3.1.2 函数调用语句

函数调用语句由一个函数调用加一个分号构成。如：

printf("This is a C statement.");

其中，printf("This is a C statement.")为一个函数调用。一个函数调用语句一般完成一个特定的功能。

3.1.3 表达式语句

表达式语句由一个表达式加一个分号构成。最典型的就是由赋值表达式构成的一个赋值语句。例如，"a=100"为赋值表达式，"a=100;"为赋值语句。

赋值表达式的末尾没有分号，而赋值语句末尾有分号。一个表达式可以包含赋值表达式，但决不能包含赋值语句。

任何表达式都可以加上一个分号构成语句。如：

i++;
x+y;
sin(x); (函数调用语句)

3.1.4 复合语句

复合语句是用一对{}把一些声明和语句括起来的语句，复合语句又称为语句块。如：

{
　　float x=93.0,y=56.8,z,t;　　//C 99 允许
　　z=x+y;
　　t=z/100;
　　printf("%f ",t);

}
注意：复合语句中最后一个语句中最后的一个分号不能忽略不写。

3.1.5 空语句

只有一个分号的语句。如：

;

空语句什么也不做，用来做流程的转向点或用来作为循环语句中的循环体，在循环体中起延时的效果。

在 C 程序中，最常用的语句是赋值语句和输入/输出语句，其中最基本的是赋值语句。

在程序的运行过程中，往往需要由用户输入一些数据，而程序运算所得到的计算结果等又需要输出给用户，由此实现人与计算机之间的交互。所以在程序设计中，输入/输出语句是一类必不可少的重要语句。

在 C 语言中，没有专门的输入/输出语句，所有的输入/输出操作都是通过对标准 I/O 库函数的调用来实现。最常用的输入/输出函数有：

字符输入函数: getchar   字符输出函数:putchar
格式输入函数: scanf   格式输出函数: printf
字符串输入函数: gets   字符串输出函数:puts

在使用 C 语言标准 I/O 库函数时，要用预编译命令：#include<stdio.h>或#include"stdio.h"将头文件"stdio.h"包括到源文件中。考虑到 printf 和 scanf 函数使用频繁，系统允许在使用这两个函数时可不加预编译命令。不过，为了程序规范化，我们还是建议都统一加上预编译命令。

3.2 数据的输出

输出是指从计算机向外部输出设备（显示器、打印机）输出数据。

输出数据的函数主要有 putchar、printf。putchar 函数的作用是向终端输出一个字符，printf 函数的作用是向终端输出任意类型的多个数据。

3.2.1 格式输出函数 printf

printf 函数称为格式输出函数，其关键字最末一个字母 f 即为"格式"（format）之意。其功能是按用户指定的格式，把指定的数据显示到显示器屏幕上。在前面的例题中我们已多次使用过这个函数。

1. printf 函数调用的一般形式

printf 函数是一个标准库函数，它的函数原型在头文件"stdio.h"中。但作为一个特例，不要求在使用 printf 函数之前必须包含 stdio.h 文件。

printf 函数调用的一般形式为：

  printf("格式控制字符串"，输出表列)；

其中，格式控制字符串用于指定输出格式。格式控制字符串可由格式字符串和非格式字符串两种组成。格式字符串是以%开头的字符串，在%后面跟有各种格式字符，以说明输出数据的类型、形式、长度、小数位数等。例如，

"%d"表示按十进制整型输出；

"%ld"表示按十进制长整型输出；

"%c"表示按字符型输出等。

非格式字符串在输出时原样照印，在显示中起提示作用。

输出表列中给出了各个输出项，要求格式字符串和各输出项在数量和类型上应该一一对应。

例 3-1 printf 函数的使用。

```
#include <stdio.h>
int main(void)
{
    int a=88,b=89;
    printf("%d %d\n",a,b);
    printf("%d,%d\n",a,b);
    printf("%c,%c\n",a,b);
    printf("a=%d,b=%d",a,b);
    return 0;
}
```

程序执行结果如下：

88 89

88,89

X,Y

a=88,b=89

本例中四次输出了 a,b 的值，但由于格式控制字符串不同，输出的结果也不相同。第一个 printf 语句格式控制串中，两格式串%d 之间加了一个空格（非格式字符），所以输出的 a,b 值之间有一个空格。第二个 printf 语句格式控制串中加入的是非格式字符逗号，因此输出的 a,b 值之间加了一个逗号。第三个 printf 语句格式控制串中要求按字符型输出 a,b 值。第四个 printf 语句格式控制串中为了提示输出结果又增加了非格式字符串。

2. 格式字符串

格式字符串的一般形式为：

  [标志][输出最小宽度][.精度][长度]类型

其中，方括号[]中的项为可选项。

各项的意义介绍如下：

（1）类型：类型字符用以表示输出数据的类型，其意义见表 3.1。

表 3.1 类型格式符及意义

格式字符	意义	格式字符	意义
c	按字符型输出	o	按八进制整数输出
d	按十进制整数输出	x	按十六进制整数输出
u	按无符号整数输出	s	按字符串输出
f	按浮点型小数输出	g	按 e 和 f 格式中较短的一种输出
e	按科学记数法输出		

（2）标志：标志字符为 –、+、#、空格四种，其意义见表 3.2。

表 3.2 标志字符及意义

标 志	意 义
–	结果左对齐，右边补空格
+	输出符号（正号或负号）
空 格	输出值为正时冠以空格，为负时冠以负号
#	对 c,s,d,u 类无影响；对 o 类，在输出时加前缀 o；对 x 类，在输出时加前缀 0x；对 e,g,f 类当结果有小数时才给出小数点

（3）输出最小宽度：用十进制整数来表示输出的最少位数。若实际位数多于定义的宽度，则按实际位数输出，若实际位数少于定义的宽度则补以空格或 0。

（4）精度：精度格式符以"."开头，后跟十进制整数。本项的意义是：如果输出数字，则表示小数的位数；如果输出的是字符，则表示输出字符的个数；若实际位数大于所定义的精度数，则截去超过的部分。

（5）长度：长度格式符为 h，l 两种，h 用于将输出整型的格式字符修正为 short 型，l 对输出整型指 long 型，对输出实型指 double 型。

例 3-2 输出格式控制符的使用。

```
#include <stdio.h>
int main(void)
{
    int a=15;
    float b=123.1234567;
    double c=12345678.1234567;
    char d='p';
    printf("a=%d,%5d,%o,%x\n",a,a,a,a);
    printf("b=%f,%lf,%5.4lf,%e\n",b,b,b,b);
    printf("c=%lf,%f,%8.4lf\n",c,c,c);
    printf("d=%c,%8c\n",d,d);
    return 0;
}
```

执行情况如下：
a=15,   15,17,f
b=123.123459,123.123459,123.1235,1.231235e+002
c=12345678.123457,12345678.123457,12345678.1235
d=p,   p

本例中第一个 printf 以四种格式输出整型变量 a 的值，其中"%5d"要求输出宽度为 5，而 a 值为 15，只有两位故补三个空格。第二个 printf 中以四种格式输出实型量 b 的值。其中"%f"和"%lf"格式的输出相同，说明"l"符对"f"类型无影响。"%5.4lf"指定输出宽度为 5 精度为 4，由于实际长度超过 5，故应该按实际位数输出，小数位数超过 4 位部分被截去。第三个 printf 输出双精度实数变量 c 的值，"%8.4lf"中，由于指定精度为 4 位，故截去了超过 4 位的部分。第四个 printf 输出字符量 d 的值，其中"%8c"指定输出宽度为 8，故在输出字符 p 之前补加 7 个空格。

3.2.2 字符输出函数 putchar

putchar 函数是字符输出函数，其功能与 printf 函数中的%c 相当，在显示器上输出单个字符。其一般形式为：

putchar(字符变量)

putchar 函数必须带输出项，输出项可以是字符型常量、变量、表达式，但只能是单个字符而不能是字符串。

对控制字符则执行控制功能，不在屏幕上显示。

例如，

putchar('A');   （输出大写字母 A）
putchar(x);   （输出字符变量 x 的值）
putchar('\101');   （也是输出字符 A）
putchar('\n');   （换行）

使用本函数前必须要用文件包含命令：
#include<stdio.h>或#include "stdio.h"

例 3-3 输出单个字符。

```c
#include <stdio.h>
int main(void)
{
    char a='B',b='o',c='k';
    putchar(a);putchar(b);putchar(b);putchar(c);putchar('\t');
    putchar(a);putchar(b);
    putchar('\n');
    putchar(b);putchar(c);
    return 0;
}
```

执行情况如下：
Book　Bo
ok

3.3　数据的输入

输入是指从输入设备（键盘、鼠标、扫描仪）向计算机内部输入数据。

输入数据的函数主要有两个：getchar 和 scanf。前者的作用是从终端输入一个字符，后者的作用是从终端输入任何类型的多个数据。

3.3.1　格式输入函数 scanf

scanf 函数称为格式输入函数，即按用户指定的格式从键盘上把数据输入到指定的变量之中。

1. scanf 函数调用的一般形式

scanf 函数是一个标准库函数，它的函数原型在头文件"stdio.h"中，与 printf 函数相同，C 语言也允许在使用 scanf 函数之前不必包含 stdio.h 文件。

scanf 函数调用的一般形式为：

　　scanf("格式控制字符串"，地址表列);

其中，格式控制字符串的作用与 printf 函数相同，但不能显示非格式字符串，也就是不能显示提示字符串。例如，

"%d"表示输入十进制整数；

"%ld"表示输入十进制长整型数据；

"%c"表示输入单个字符等。

地址表列中给出各变量的地址。地址是由地址运算符"&"后跟变量名组成的。这个地址就是编译系统在内存中给变量分配的地址。在 C 语言中，使用了地址这个概念，这是与其他语言不同的。应该把变量的值和变量的地址这两个不同的概念区别开来。变量的地址是 C 编译系统分配的，用户不必关心具体的地址是多少。

例如，

&a, &b 分别表示变量 a 和变量 b 的地址。

这个地址就是编译系统在内存中给 a,b 变量分配的地址。

变量的地址和变量值的关系如下：

在赋值表达式中给变量赋值，如

a=567

则，a 为变量名，567 是变量的值，&a 是变量 a 的地址。

但在赋值号左边是变量名，不能写地址，而 scanf 函数在本质上也是给变量赋值，但要求写变量的地址，如&a。这两者在形式上是不同的。&是一个取地址运算符，&a 是一个表达

式,其功能是求变量的地址。

例 3-4 scanf 函数的使用。

```
#include <stdio.h>
int main(void)
{
    int a,b,c;
    printf("Input a,b,c:\n");
    scanf("%d%d%d",&a,&b,&c);
    printf("a=%d,b=%d,c=%d",a,b,c);
    return 0;
}
```

执行情况如下:

Input a,b,c:

7　8　9

a=7,b=8,c=9

在本例中,由于 scanf 函数本身不能显示提示串,故先用 printf 语句在屏幕上输出提示,请用户输入 a、b、c 的值。执行 scanf 语句,则退出 C 语言集成环境屏幕进入用户屏幕等待用户输入。用户输入 7　8　9 后按下回车键,此时,系统又将返回 C 语言集成环境屏幕。在 scanf 语句的格式串中由于没有非格式字符在"%d%d%d"之间作输入时的间隔,因此在输入时要用一个以上的空格或回车键作为每两个输入数之间的间隔。

2. 格式字符串

格式字符串的一般形式为:

　　%[*][输入数据宽度][长度]类型

其中有方括号[]的项为任选项。各项的意义如下:

(1)类型:表示输入数据的类型,其格式符和意义见表 3.3。

表 3.3　类型格式符及意义

格式符	意　义
d	输入一个十进制整数
o	输入一个八进制整数
x	输入一个十六进制整数
f	输入一个小数形式的浮点数
e	输入一个指数形式的浮点数
c	输入一个字符
s	输入一个字符串

(2)"*"符:表示按规定格式输入但不赋予相应变量,作用是跳过相应的数据。

例如,

scanf("%4d%*d%4d",&x,&y,&z)

执行该语句,若输入为"1 2 3",结果为 x=1,z=3,y 未赋值,2 被跳过。

(3)宽度:用十进制整数指定输入的宽度(即字符数)。

例如,

scanf("%4d",&a);

输入:12345678

只把 1234 赋予变量 a,其余部分被截去。

又如:

scanf("%5d%5d",&a,&b);

输入:0123456789

将把 01234 赋予 a,而把 56789 赋予 b。

(4)长度:长度格式符为 l 和 h,l 和 h 可以和 d、o、x 一起使用,加 l 表示输入数据为长整数,加 h 表示输入数据为短整数,例如:

scanf("%10ld%hd",&x,&i);

则 x 按宽度为 10 的长整型读入,而 i 按短整型读入。

使用 scanf 函数还必须注意以下几点:

(1)scanf 函数中没有精度控制,如"scanf("%5.2f",&a);"是非法的。不能企图用此语句输入小数为 2 位的实数。

(2)scanf 函数中地址表列要求给出变量地址"&变量名",而不仅仅是变量名。如给出变量名则会出错。如"scanf("%d",a);"是非法的,应改为"scanf("%d",&a);"才是合法的。

(3)在输入多个数值数据时,若格式控制串中没有非格式字符作输入数据之间的间隔,则可用空格、TAB 或回车作间隔。C 编译在碰到空格、TAB、回车或非法数据(如对"%d"输入"82A"时,A 即为非法数据)时即认为该数据结束。

(4)在输入字符数据时,若格式控制串中无非格式字符,则认为所有输入的字符均为有效字符。

例如,

scanf("%c%c%c",&a,&b,&c);

输入为:d e f 时,则把'd'赋予 a,' '赋予 b,'e'赋予 c。只有当输入为:def 时,才能把'd'赋予 a,'e'赋予 b,'f'赋予 c。

例 3-5 在输入字符数据时,若格式控制串中无非格式字符,则认为所有输入的字符均为有效字符。

```
#include <stdio.h>
int main(void)
{
    char a,b;
    printf("Input character a,b:\n");
    scanf("%c%c",&a,&b);
    printf("%c%c\n",a,b);
    return 0;
```

}

执行情况如下：

Input character a,b:

5 6

5

由于 scanf 函数 "%c%c" 中没有空格，输入 5 6 时，结果输出只有 5。而输入改为 56 时则可输出 56 两字符。

如果在格式控制中加入空格作为间隔，如：

scanf ("%c %c %c",&a,&b,&c);

则输入时各数据之间也加空格。

例 3-6 在格式控制中加入空格作为间隔，则输入时各数据之间也加空格。

```
#include <stdio.h>
int main(void)
{
    char a,b;
    printf("Input character a,b:\n");
    scanf("%c %c",&a,&b);
    printf("%c%c\n",a,b);
    return 0;
}
```

执行情况如下：

Input character a,b:

5 6

56

（5）如果格式控制串中有非格式字符，则输入时也要输入该非格式字符。

例如，

scanf("%d,%d,%d",&a,&b,&c);

其中，用非格式字符 "," 作间隔符，故输入时应为：5,6,7。

又如：

scanf("a=%d,b=%d,c=%d",&a,&b,&c);

则输入应为：a=5,b=6,c=7。

（6）输入的数据与输出的类型不一致时，虽然编译能够通过，但结果将不正确。

例 3-7 输入的数据与输出的类型不一致时，输出结果和输入数据不符。

```
#include <stdio.h>
int main(void)
{
    int a;
    printf("Input a number:\n");
    scanf("%d",&a);
```

```
        printf("%ld",a);
        return 0;
}
```
由于输入数据类型为整型,而输出语句的格式串中说明为长整型,因此输出结果和输入数据不符。如改动程序如下(例 3-8):

例 3-8 当输入的数据与输出的类型一致时,输入输出数据才相等。

```
#include <stdio.h>
int main(void)
{
        long a;
        printf("Input a long integer:\n");
        scanf("%ld",&a);
        printf("%ld",a);
        return 0;
}
```

执行情况如下:

Input a long integer:

1234567890

1234567890

当输入数据改为长整型后,输入输出数据相等。

例 3-9 输入三个小写字母,输出其 ASCII 代码和对应的大写字母。

```
#include <stdio.h>
int main(void)
{
        char a,b,c;
        printf("Input character a,b,c:\n");
        scanf("%c %c %c",&a,&b,&c);
        printf("%d,%d,%d\n%c,%c,%c\n",a,b,c,a − 32,b − 32,c − 32);
        return 0;
}
```

执行情况如下:

Input character a,b,c:

d e c

100,101,99

D,E,C

例 3-10 求梯形面积,数据由键盘输入。

分析:设梯形上底为 a,下底为 b,高为 h,面积为 s,则

$$s = (a + b) \times h \div 2$$

程序如下:

```
#include <stdio.h>
int main(void)
{
    float a,b,h,s;
    printf("Please input a,b,h:");
    scanf("%f %f %f ",&a,&b,&h);
    s=0.5*(a+b)*h;
    printf("a=%5.2f b=%5.2f h=%5.2f\n",a,b,h);
    printf("s=%7.4f ",s);
    return 0;
}
```
执行情况如下：

Please input a,b,h: 3.5 4.2 2.8
a=3.50 b=4.20 h=2.80
s=10.7800

（7）不能在格式控制串中使用'\n'，例如，
scanf("%d,%d,%d\n",&a,&b,&c);
printf("%d,%d,%d\n ",a,b,c);
在 scanf 格式控制串中使用了'\n'，则 printf 不能正常输出 a,b,c 的值。

3.3.2 键盘输入函数 getchar

getchar 函数的功能是从键盘上输入一个字符。其一般形式为：

getchar();

通常把输入的字符赋予一个字符变量，构成赋值语句，如：

char c;

c=getchar();

使用 getchar 函数还应注意几个问题：

（1）getchar 函数只能接受单个字符，输入数字也按字符处理。输入多于一个字符时，只接收第一个字符。

（2）使用本函数前必须包含文件"stdio.h"。

（3）在 TC 屏幕下运行含本函数的程序时，将退出 TC 屏幕进入用户屏幕等待用户输入字符，输入完毕再返回 TC 屏幕。

例 3-11 getchar 函数的功能。

```
#include <stdio.h>
int main(void)
{
    char c;
    printf("Input a character:\n");
```

```
        c=getchar();
        putchar(c);
        return 0;
}
```
执行情况如下：

Input a character:

c

c

3.4　顺序结构程序设计举例

顺序结构是最简单的程序结构。顺序结构程序流程就是在宏观上遵循 I（Input）→P(Process)→O(Output) 组成原理，在微观上处理各部分程序语句流程也严格按自上而下的顺序执行。C 语言顺序程序的平面结构基本形式如图 3.3 所示。

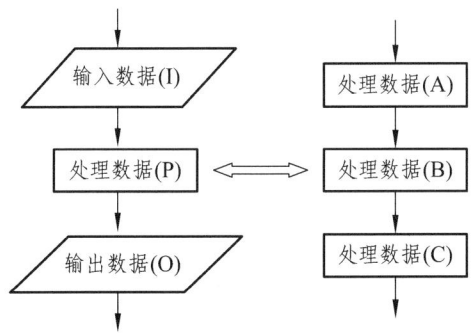

图 3.3　C 语言顺序程序的平面结构基本形式

在 C 程序中，顺序结构程序的设计方法，最基本的就是按任务的处理顺序合理地安排各种执行语句，特别是输入语句、赋值语句和输出语句。程序中的计算功能大部分都是由赋值语句来实现的。下面根据顺序结构程序的基本结构原理，举例说明顺序结构程序的设计方法。

例 3-12　从键盘输入大写字母，用小写字母输出，同时显示对应的 ASCII 代码值。

解题思路：定义 c1、c2 为字符变量。用 getchar 函数从键盘输入（I）一个大写字母到字符变量 c1 中；依据 ASCII 代码表可知，大写字母 c1 和小写字母 c2 之间的转换关系（P）是 c2=c1+32；最后用 printf 函数输出（O）小写字符变量 c2 中的小写字母。图 3.4 所示为程序流程图。

其 I→P→O 的顺序结构程序如下：
```
#include <stdio.h>
int main(void)
{
```

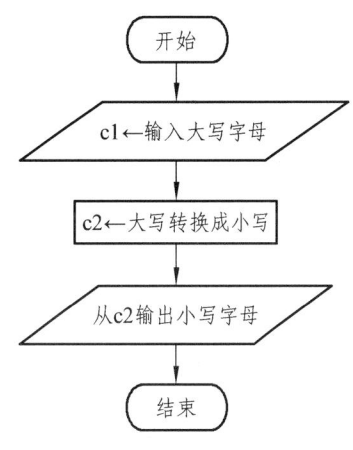

图 3.4　程序流程图

```
    char c1,c2;
    c1=getchar();
    printf("%c,%d\n",c1,c1);
    c2=c1+32;
    printf("%c,%d\n",c2,c2);
    return 0;
}
```
执行情况如下：

输入：

A

输出：

A,65

a,97

例 3-13 从键盘输入用温度计测量出用华氏法表示的温度（如 f），要求把它转换为以摄氏法表示的温度（如 c）。

解题思路：定义 f、c 为实型变量。f 代表华氏温度，从键盘输入；c 代表摄氏温度，经转换后显示出来。二者间的转换公式为：

$$c = \frac{5}{9}(f-32)$$

图 3.5 所示为程序流程图。

其 I→P→O 的顺序结构程序如下：

```
#include <stdio.h>
int main ( )
{
    float f,c;
    scanf("%f",&f);
    c=(5.0/9)*(f-32);
    printf("f=%f \nc=%f \n",f,c);
    return 0;
}
```

输入：

64.0

输出：

f=64.000000

c=17.777779

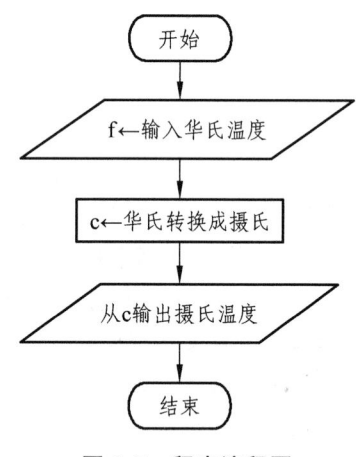

图 3.5　程序流程图

注意：转换公式 c = (5.0/9)*(f-32); 不应输成 c = (5/9)*(f-32);。

例 3-14 求 $ax^2+bx+c=0$ 方程的根，设 $b^2-4ac>0$。

解题思路：定义 a、b、c、disc、p、q、x1、x2 为实型变量。因为，$b^2-4ac>0$，方程有

两个不等实根 x1、x2。已知方程的求根公式为：

$$x_{1,2} = \frac{-b \pm \sqrt{b^2 - 4ac}}{2a}$$

设中间变量 disc=b*b – 4*a*c，p= – b/(2*a)，q=sqrt(disc)/(2*a)，则：
x1=p+q，x2=p-q
因为要用到数学函数 sqrt，所以在程序开头应该加上预编译命令：
#include <math.h>
图 3.6 所示为程序流程图。
故求方程 $ax^2 + bx + c = 0$ 两个不等实根 x1、x2 的 I→P→O 顺序结构程序如下：
#include <math.h>
#include <stdio.h>
int main(void)
{
  float a,b,c,disc,x1,x2,p,q;
  scanf("a=%f,b=%f,c=%f ",&a,&b,&c);
  disc=b*b – 4*a*c;
  p= – b/(2*a); q=sqrt(disc)/(2*a);
  x1=p+q; x2=p – q;
  printf("\n\nx1=%5.2f \nx2=%5.2f \n",x1,x2);
  return 0;
}
执行情况如下：
输入：
a=1 b=3 c=2
输出：
x1=-1.00
x2=-2.00

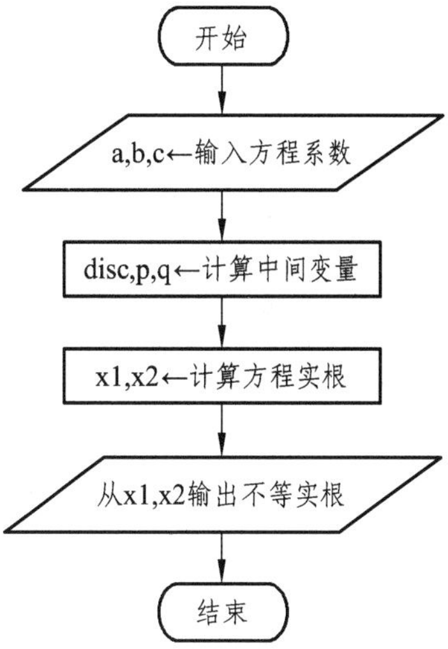

图 3.6 程序流程图

【操作小结】

（1）C 语言中的语句分为控制、函数调用、表达式、复合和空语句 5 大类。在 C 程序中，最常用的语句是赋值语句和输入/输出语句，其中最基本的是赋值语句。

（2）在 C 语言中，没有专门的输入/输出语句，所有的输入/输出操作都是通过对标准 I/O 库函数的调用来实现的。最常用的输入/输出函数有：

字符输入函数:getchar 字符输出函数:putchar
格式输入函数:scanf 格式输出函数: printf
字符串输入函数:gets 字符串输出函数:puts
注意：C11 中推荐用新的函数 gets_s()替代 gets()，详见 6.3.3。
在使用 C 语言标准 I/O 库函数时，为了程序规范化，建议都统一加上预编译命令。

（3）printf 函数调用的一般形式为"printf("格式控制字符串",输出表列)"。其中格式控制字符串用于指定输出格式。格式控制字符串可由格式字符串和非格式字符串两种组成。格式字符串是以%开头的字符串，在%后面跟有各种格式字符，以说明输出数据的类型、形式、长度、小数位数等，分别如下：

"%d"表示按十进制整型输出；

"%ld"表示按十进制长整型输出；

"%c"表示按字符型输出等。

非格式字符串在输出时原样照印，在显示中起提示作用。

输出表列中给出了各个输出项，要求格式字符串和各输出项在数量和类型上应该一一对应。

（4）scanf 函数调用的一般形式为"scanf("格式控制字符串",地址表列)"。使用 scanf 函数还必须注意以下几点：

① scanf 函数中没有精度控制。

② scanf 中地址表列要求给出变量地址"&变量名"，而不仅仅是变量名。

③ 在输入多个数值数据时，若格式控制字符串中没有非格式字符作输入数据之间的间隔，则可用空格、TAB 或回车作间隔。C 编译在碰到空格、TAB、回车或非法数据时即认为该数据结束。

④ 在输入字符数据时，若格式控制字符串中无非格式字符，则认为所有输入的字符均为有效字符。

⑤ 如果格式控制字符串中有非格式字符，则输入时也要输入该非格式字符。

⑥ 输入的数据与输出的类型不一致时，虽然编译能够通过，但结果将不正确。

⑦ 不能在格式控制串中使用'\n'。

（5）顺序结构是最简单的程序结构。顺序结构就是在宏观上遵循 I→P→O 原理的平面线性顺序形式的结构，各部分流程按顺序执行，语句在微观上的严格执行顺序为：A→B→C。在 C 程序中，顺序结构程序的设计方法，最基本的就是按任务的处理顺序合理地安排各种表达式语句，特别是输入语句、赋值语句、输出语句和程序中的计算功能大部分都是由赋值语句来实现的。

【课外习题】

一、问答题

1. C 语言中的语句有哪几大类？
2. 最常用的输入/输出函数有哪些？
3. 在使用 C 语言标准 I/O 库函数时应该注意什么？
4. 简述顺序结构程序的设计方法。

二、单选题

1. 若有以下定义和语句：

int u=010,v=0x10,w=10;
printf("%d,%d,%d\n",u,v,w);

则输出结果是（   ）。

A) 8,16,10　　　B) 10,10,10　　　C) 8,8,10　　　D) 8,10,10

2. 若有以下定义和语句

char c1='b', c2='e';
printf("%d,%c\n", c2 – c1,c2 – 'a'+"A");

则输出结果是（　　）。

A) 2,M　　　B) 3,E　　　C) 2,E　　　D) 3,P

3. 已有定义"double a,b;"，若要求按输入方式（此处*代表一个空格）"**1.0**2.0<回车>"分别给 a、b 输入 1、2，则能正确进行输入的语句是（　　）。

A) scanf("%f%f",&a,&b);　　　B) scanf("%5.1lf%5.1lf",&a,&b);
C) scanf("%lf%lf",&a,&b);　　　D) scanf("%5e%5e",&a,&b);

4. 设 x 和 y 均为 int 型变量，语句组"x+=y;y=x – y;x – =y;"的功能是（　　）。

A) 把 x 和 y 从小到大排列　　　B) 把 x 和 y 从大小到排列
C) 无确定结果　　　D) 交换 x 和 y 中的值

5. 已有定义"int a,b;float x,y;"，则以下赋值语句正确的是（　　）。

A) a=1,b=2　　　B) y=(x%2)/10　　　C) x*=y+8　　　D) a+b=x

三、判断题

1. getchar 函数的功能是可以在键盘上输入多个字符。（　　）

2. scanf 函数称为格式输入函数，即要求用户按指定的格式从键盘上把数据输入指定的变量中。（　　）

四、填空题

1. 以下程序的运行结果是_____,_____。

```
#include <stdio.h>
int main(void)
{
    float a;int b;
    b=a=24.5/5;
    printf("%f,%d",a,b);
}
```

2. 设有变量定义

```
int   i=100, k= – 1;
printf("i=%x;k=%u,%o.\n",i,k,k);
```

以上函数调用的输出是_____,_____,_____。

五、编程题

1. 输入一个字符，回显该字符并输出其 ASCII 码值。

2. 从键盘输入小写字母，用大写字母输出。

4 选择结构程序设计

【能力训练】

简单趣味程序演示：计算参赛总分

在唱歌大奖赛中，有 10 个评委为参赛的选手打分，分数为 1~100 分。选手最后得分为：去掉一个最高分和一个最低分后，其余 8 个分数的平均值。

趣味程序演示代码见本课程 PPT。

任务 4　学会选择结构程序的设计方法

一、任务要求

1. 知识要求

（1）掌握利用 if 语句实现选择结构程序设计的方法。
（2）掌握利用 switch 语句实现多分支选择结构程序设计的方法。
（3）熟悉 break 语句在 switch 语句中的作用。

2. 技能要求

具备熟练利用分支选择控制语句，编写选择结构程序的能力。

3. 考核标准

会在 C 语言集成环境下熟练编写和调试操作一般选择结构程序；会熟练使用 if 语句、switch 语句和 break 语句，实现各种单路分支、多路分支的实用选择结构算法；并记录调试过程中的出错情况和运行结果，撰写并提交高质量的技能训练总结报告。

4. 素质要求

在 C 语言选择结构的程序设计讲解中，给学生引出合作与交流是非常重要的。一个成功的项目需要团队协作和交流配合。而在团队协作中，我们要学会倾听他人的意见，尊重他人的观点，并能够与他人进行有效的沟通与合作。这样的思想意识不仅可以提高项目的质量和效率，也能够培养自己的团队合作和沟通能力。

二、训练内容

（1）在 C 语言集成环境下，录入本模块必备知识部分例题中的程序，进一步掌握选择结构程序的基本组成原理和设计、调试、运行的方法。

（2）if 语句的使用。

已知三个数 a、b、c，试找出最大值并放于 max 中。

思路分析：根据题意，可定义四个整型变量 a、b、c 和 max，其中 a、b、c 是由键盘输入的任意三个整数，max 用来存放结果最大值。基本算法是每次用两个数进行比较。第一次比较 a 和 b，把较大数存入 max 中，因为 a，b 都有可能是较大值，所以用 if 语句中的第二种形式：if-else 形式。第二次比较 max 和 c，把最大数存入 max 中，用 if 语句的第一种形式：if 形式。最后 max 中得到的数即为 a、b、c 三个数中的最大值。参考程序如下：

```c
#include <stdio.h>
int main(void)
{
    int a,b,c,max;              /*定义四个整型变量*/
    scanf("a=%d,b=%d,c=%d",&a,&b,&c);
    if (a>=b)
        max=a;                  /*a>=b*/
    else
        max=b;                  /*a<b*/
    if (c>max)
        max=c;                  /*c 是最大值*/
    printf("max=%d",max);
    return 0;
}
```

若输入下列数据，分析程序的执行顺序并记下运行结果。

① a=1，b=2，c=3
② a=2，b=1，c=3
③ a=3，b=2，c=1
④ a=3，b=1，c=2
⑤ a=3，b=3，c=2
⑥ a=2，b=1，c=2

（3）if 嵌套和 switch 语句的使用。

从键盘上输入一个百分制成绩 score，按下列原则输出其等级：score≥90，等级为 A；80≤score<90，等级为 B；70≤score<80，等级为 C；60≤score<70，等级为 D；score<60，等级为 E。

方法一：用 if 嵌套

思路分析：由题意可知，基本算法是要求对任意给定的一个具体成绩，能准确判断其分数的标准范围和对应等级。如果某学生的成绩大于等于 90 分，等级为 A；否则，如果成绩大于等于 80 分，等级为 B；否则，如果成绩大于等于 70 分，等级为 C；否则，如果成绩大于等于 60 分为 D；否则等级为 E。但是，当我们输入成绩时，也可能要输错，如果出现小于 0 或大于 100 的数值时，也要做合理性处理，输出出错提示信息。因此，在用 if 嵌套前，应先判断输入的成绩是否为 0～100。参考程序如下：

```c
#include"stdio.h"
int main(void)
{
    int score;
    char grade;
    printf("\nPlease input a student score(0～100):");
    scanf("%d",&score);
    if(score>100||score<0)
        printf("\nInput error!");
    else
    {
        if(score>=90)
            grade='A';
        else
        {
            if(score>=80)
                grade='B';
            else
            {
                if(score>=70)
                    grade='C';
                else
                {
                    If(score>=60)
                        grade='D';
                    else grade='E';
                }
            }
        }
    printf("\nThe student grade:%c",grade);
    }
    return 0;
}
```

输入测试数据，调试程序，并记下运行结果。测试数据要覆盖所有路径，注意临界值。例如，此题中得 100 分、60 分、0 分以及小于 0 和大于 100 的数据。

方法二：用 switch 语句(1)

思路分析：switch 语句是用于处理多分支问题的语句，但要与 break 语句配合。需要量注意的是，case 后的表达式必须是一个常量表达式，所以在用 switch 语句之前，必须把 0～100 的成绩分别转化成相关的常量 n。成绩区间转化的基本算法如下：所有 A（除 100 以外）、

B、C、D 类的成绩的共同特点是十位数相同,此外都是 E 类。则由此可得把 score 与 10 整除,化为相对应的常数 n。参考程序如下:

```c
#include"stdio.h"
int main(void)
{
    int score,n;
    char grade;
    printf("\nPlease input a student score(0 ~ 100):");
    scanf("%d",&score);
    if(score>100||score<0)
        {printf("\nInput error!");goto end;}
    else
    n= score /10;
    {
        switch (n)
        {
            case 10:
            case 9: grade ='A'; break;
            case 8: grade ='B'; break;
            case 7: grade ='C'; break;
            case 6: grade ='D'; break;
            default: grade ='E';
        }
        printf("\nThe student score:%c",grade);
    }
    end: return 0;
}
```

输入测试数据,调试程序同方法一,并记下运行结果。

方法三:用 switch 语句(2)

思路分析:这是解决的同一问题,成绩区间转化的基本算法与用 switch 语句(1)相同,不同的是这里为了少用一个变量,常量 n 就直接用 grade 代替。另外还把输出其等级的 printf 函数也直接作为 case 后来面的语句。参考程序如下:

```c
#include"stdio.h"
int main(void)
{
    int score,grade;
    printf("Please input a student score (0 ~ 100): ");
    scanf("%d", &score);
    if(score>100||score<0)
        {printf("\nThe score is out of range!");goto end;}
```

```
        else
            grade=score/10;    /*将成绩整除 10，转化成 switch 语句中的 case 标号*/
            switch(grade)
            {
                case 10:
                case 9:printf("grade=A\n");break;
                case 8:printf("grade=B\n");break;
                case 7:printf("grade=C\n");break;
                case 6:printf("grade=D\n");break;
                default:printf("grade=E\n"); break;
            }
        end:return 0;
    }
```

（4）仿照上例编写程序。要求从键盘上输入一个等级 grade，按下列原则输出其百分制成绩 score 的范围：等级为 A，score≥90；等级为 B，80≤score<90；等级为 C，70≤score<80；等级为 D，60≤score<70；等级为 E，score<60。

（5）编写程序，要求用 scanf 函数输入 x 的值（分别为 x<1, 1≤x<10, x≥10 三种情况），求相应的 y 值。

$$y=\begin{cases} x & (x<1) \\ 2x-1 & (1\leq x<10) \\ 3x-11 & (x\geq 10) \end{cases}$$

思路分析：y 是一个分段函数表达式。要根据 x 的不同区间来计算 y 的值，所以应使用 if 语句。参考程序如下：

```
#include"stdio.h"
int main(void)
{
    int x,y;
    printf("please input x:");
    scanf("%d",&x);
    if (x<1)
    {
        y=x;
        printf("y=%d\n",y);
    }
    else if (x<10)
    {
        y=2*x - 1;
        printf("y=%d\n",y);
    }
```

```
        else
        {
            y=3*x – 11;
            printf("y=%d\n",y);
        }
        return 0;
}
```
输入测试数据，调试程序，并记下运行结果。

参考程序中的语句"printf("y=%d\n",y);"一共写了三次，希望对程序代码进行优化，只在适当位置写一次，试修改程序并运行，比较前后两个程序的运行结果和代码的简洁程度。

（6）有一函数

$$y = \begin{cases} -1 & (x < 0) \\ 0 & (x = 0) \\ 1 & (x > 0) \end{cases}$$

仿照上例编一程序，当输入一个 x 值时，输出对应的 y 值。

（7）输入两个实数，编程按代数值由小到大的顺序输出这两个数。

（8）输入三个数 x、y、z，要求编程按由大到小的顺序排列输出。

【必备知识】

阶段性子系统（子程序）引例：学生成绩管理系统选择菜单

这是一个主要用 switch 语句构成的多分支选择结构程序，输出显示一个简单的学生成绩管理系统可选菜单，如图 4.1 所示。

程序运行代码见本课程 PPT。

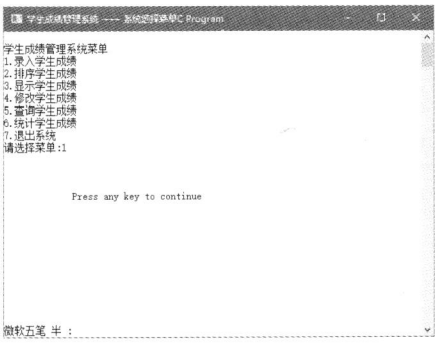

图 4.1　学生成绩管理系统选择菜单

顺序结构程序的语句是按简单的自上而下顺序执行的，无须判断分支条件与走向。然而，就像现实生活中有许多需要判断和选择的情况一样，在大多数程序中都会包含选择结构，它的作用是根据所指定的条件判断实际的结果是否满足(真或假),再决定从给定的两组分支操作中选择其一。选择结构是三种基本程序结构之一,在 C 语言中选择结构主要是用关系表达式和逻辑表达式通过用 if 语句来实现的。例如,

  if(x>0) y=1;
   else y=－1;

其中,括号中的">"号是一个关系运算符;x>0 是一个关系表达式,表示执行分支语句的判断条件,这是选择结构决定任务走向的关键所在。C 语言主要提供了两种类型的选择语句:① if 语句用来实现两个分支的选择结构;② switch 语句用来实现多分支的选择结构。

4.1 if 语句

  if 语句的一般形式如下:
    if(表达式) 语句 1
     [else 语句 2]
  if 语句中的"表达式"可以是关系表达式、逻辑表达式,甚至是数值表达式。其中最直观、最容易理解的是关系表达式,即两个数值进行比较的式子。
  []中的 else 子句为可选择部分。
  语句 1 和语句 2 可以是一个简单语句,也可以是一个复合语句,还可以是另一个 if 语句。
  根据 if 语句的一般形式,if 语句可以写成不同的形式,最常用的有以下三种形式:
(1)if 基本形式。
    if(表达式) 语句
(2)if-else 形式。
    if(表达式) 语句 1
     else 语句 2
(3)if-else-if 形式。
    if(表达式 1)   语句 1
     else if(表达式 2) 语句 2
     else if(表达式 3) 语句 3
      …   …
     else if(表达式 n) 语句 n
     else   语句 n+1

4.1.1 if 基本形式

  第一种 if 语句形式为基本形式:
    if(表达式) 语句
简称为 if 形式,其语义是:如果"表达式"的值为真,则执行其后的语句,否则不执行该语句。
  例如,

if(x>y) printf("%d",x);

这种 if 语句形式的执行过程如图 4.2(a)所示。

if 语句形式的说明：

（1）整个 if 语句可写在多行上，也可写在一行上，但都是一个整体，属于同一个语句。但是为了程序清晰、规范，提倡写成缩进形式（锯齿形式）。

（2）if 后面的"表达式"必须用"("和")"括起来。对于"表达式"，类型任意，除常见的关系表达式或逻辑表达式外，也允许是其他类型的数据，如整型、实型、字符型等。

例如，

if(a = =b&&x= =y)　printf("a=b,x=y");
if(3)　printf("OK");
if('a')　printf("%d",'a');
if(a=5) 语句；
if(b) 语句；

都是允许的。只要表达式的值为非 0，即为"真"。在"if(a=5)…;"语句中表达式的值永远为非 0，所以其后的语句总是要执行的，当然这种情况在程序中不一定会出现，但在语法上是合法的。

（3）应避免对实数作相等或不等于 0 的判断。如 if(1.0/3.0*3.0 − 1.0==0)…，可改写为：if(fabs(1.0/3.0*3.0 − 1.0)<1e − 6)…。

（4）要注意区分表达式中的"a = b"与"a == b"的含义。

（5）一般用关系、逻辑、数值等表达式的组合可充分表达并实现各种复杂任务的分支判断功能。

例如，判断某一年 year 是否为闰年，就是一个复杂逻辑条件的表述问题，判别闰年的条件有三个：

① 能被 4 整除：year%4==0；
② 能被 4 整除但不能被 100 整除:(year%4==0)&&(year%100!=0)；
③ 能被 400 整除：year%400==0。

综合的表达式为"((year%4==0)&&(year%100!=0))||year%400==0"，优化的表达式为"(year%4==0&&year%100!=0)||year%400==0"。

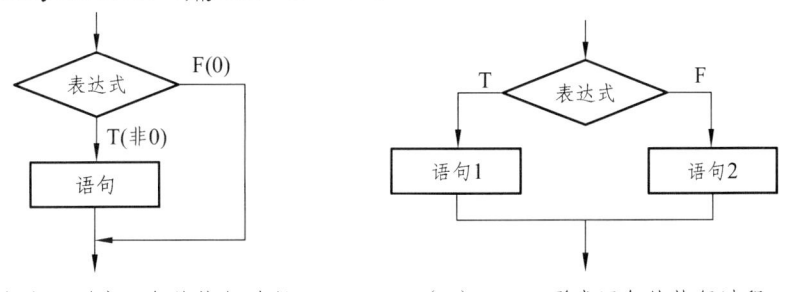

（a）if 形式语句的执行过程　　（b）if-else 形式语句的执行过程

图 4.2　if 基本形式和 if-else 形式语句的执行过程

必须强调指出的是：逻辑表达式的值应该是逻辑量"真"或"假"。编译系统在表示逻辑运算结果时，以数值 1 代表"真"，以 0 代表"假"。但在判断一个量是否为"真"时，以 0 代表"假"，以非 0 代表"真"。所以应该注意，要将一个非零的数值认作"真"。

例 4-1 输入两个整数,输出其中的大数。

思路分析:本例程序中,先定义一个装大数的变量 max。输入两个数 a、b,把 a 先赋予变量 max,再用 if 语句判别 max 和 b 的大小,如 max 小于 b,则把 b 赋予 max。因此 max 中总是大数,最后输出 max 的值。

```
#include"stdio.h"
int main(void)
{
    int a,b,max;
    printf("\n Input two numbers:     ");
    scanf("%d%d",&a,&b);
    max=a;
    if (max<b) max=b;
    printf("max=%d",max);
    return 0;
}
```

执行情况如下:
Input two numbers: 5 6↙
5
6
max=6

4.1.2 if-else 形式

第二种 if 语句形式为:
  if(表达式) 语句 1
   else 语句 2

简称为 if-else 形式,其语义是:如果表达式的值为真,则执行语句 1,否则执行语句 2。

例如,
if(x>y) printf("%d",x);
  else printf("%d",y);

这种 if-else 形式语句的执行过程如图 4.2(b)所示。

if-else 形式语句说明:

(1) if 后面的"表达式"类型任意,常有关系、逻辑等不同的形式。

例如,有程序段:

if(a=b)
  printf("%d",a);
else
  printf("a=0");

本语句的语义是:把 b 的值赋予 a,如为非 0 则输出该值,否则输出"a=0"字符串。这种用法在程序中是经常出现的。

例 4-2 输入两个整数，输出其中的大数。

思路分析：在例 4-1 的基础上，改用 if-else 语句判别 a、b 的大小，不必定义装大数的变量 max。若 a 大，则输出 a，否则输出 b。

```
#include"stdio.h"
int main(void)
{
    int a, b;
    printf("Input two numbers:   ");
    scanf("%d%d",&a,&b);
    if(a>b)
       printf("max=%d\n",a);
    else
       printf("max=%d\n",b);
    return 0;
}
```

执行情况如下：

Input two numbers: 5 6✓

5

6

max =6

（2）在 if-else 语句中，若当表达式为"真"或"假"时，都只执行一个赋值语句且给同一个变量赋值。也可以用 C 语言中唯一的三目运算符即条件运算符"？ ："来处理，将 if-else 形式的语句写成由条件表达式构成的条件表达式形式的语句：

表达式 1？表达式 2：表达式 3；（或 exp1? exp2: exp3;）

如：if (a>b) max=a;
        else max=b;

可写成条件表达式形式的语句：

max=(a>b)? a:b;

再例如，求 a+|b|的条件表达式形式的语句：

printf("a+|b|=%d\n",b>0?a+b:a – b);

这种条件表达式语句的执行过程如图 4.3 所示。

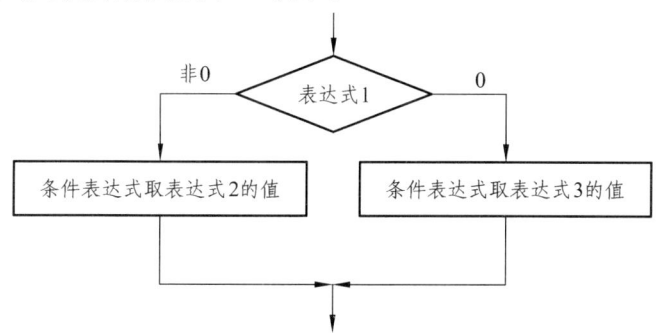

图 4.3　条件表达式语句的执行过程

例 4-3 输入一个字母，大写转小写，然后输出字母。

思路分析：设 ch 为保存输入字符的变量。由 ASCII 码表可知，大写转小写的计算公式为 ch=ch+32。用 C 语言提供的条件表达式构成条件表达式形式的语句来代替 if-else 语句。

```
#include"stdio.h"
int main(void)
{
    char ch;
    scanf("%c",&ch);
    ch=(ch>='A'&& ch<='Z')? (ch+32):ch;
    printf("%c",ch);
    return 0;
}
```

执行情况如下：

A

a

对于关系、逻辑运算符及关系表达式，条件运算符及条件表达式的详细内容可参见数据类型与基本操作部分，这里不再赘述。

（3）else 子句（可选）是 if 语句的一部分，必须与 if 配对使用，不能单独使用。

（4）"语句 1"和"语句 2"可以是"语句组 1"和"语句组 2"。"语句组 1"和"语句组 2"，可以只包含一个简单语句，也可以是复合语句。但要注意的是在"}"之后不能再加分号。

例如，

```
if(a>b)
    {a++;
    b++;}
else
    {a=0;
    b=10;}
```

当 if 和 else 下面的语句组中，仅由一条语句构成时，也可不使用复合语句形式（即去掉花括号）。

4.1.3 if-else-if 形式

前二种形式的 if 语句一般都用于两个分支的情况。当有多个分支选择（多重选择）时，可采用第三种 if 语句形式，其一般形式为：

```
if(表达式 1)         语句 1
else if(表达式 2)    语句 2
else if(表达式 3)    语句 3
    ...
else if(表达式 n)    语句 n
```

else 语句 n+1

简称为 if-else-if 形式,其语义是:依次判断表达式的值,当出现某个值为真时,则执行其对应的语句,然后跳到整个 if 语句之外继续执行程序。如果所有的表达式均为假,则执行语句 n+1,然后继续执行后续程序。

if-else-if 形式语句的执行过程如图 4.4 所示。

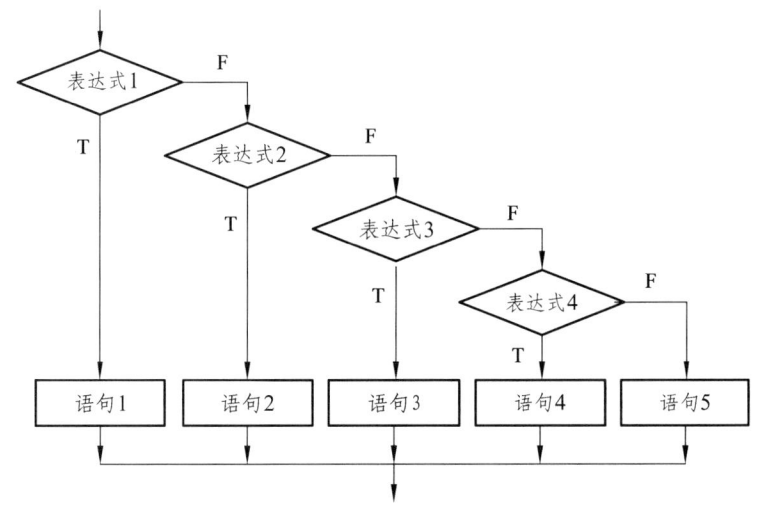

图 4.4 if-else-if 形式语句的执行过程

if-else-if 形式语句说明:

(1)这种形式的语句相当于在 if-else 形式语句的 else 部分又嵌套了多层的 if 语句。
例如,一个运费计价的情况。

```
if (number>500)        cost=0.15 ;
else if (number>300)   cost=0.1 ;
else if (number>100)   cost=0.075 ;
else if (number>50)    cost=0.05 ;
else                   cost=0 ;
```

等价于:

```
if (number > 500)    cost = 0.15;
else
    if (number > 300)    cost = 0.10;
    else
        if (number > 100)    cost = 0.075;
        else
            if (number > 50)    cost = 0.05;
            else    cost = 0;
```

(2)当实际情况中的判断条件为多重选择时,应使用 if-else-if 形式语句。

(3)"语句 1"……"语句 n+1"是 if 中的内嵌语句,内嵌语句也可以是一个 if 语句。

(4)"语句 1"……"语 n+1"可以是简单的语句,也可以是复合语句。

例 4-4 判别从键盘输入字符的类别。

思路分析:本例要求判别从键盘输入字符的类别。判别字符类型的基本原理主要是根据字符的 ASCII 码表作多重选择。

由 ASCII 码表可知:ASCII 值小于 32 的为控制字符。在"0"和"9"之间的为数字,在"A"和"Z"之间的为大写字母,在"a"和"z"之间的为小写字母,其余则为其他字符。这是一个多分支选择结构的问题,可用 if-else-if 语句编程,判断输入字符的 ASCII 码所在的范围,分别给出不同的输出。例如,输入为"g",输出显示它为小写字母。

```
#include<stdio.h>
int main(void)
{
    char c;
    printf("Input a character:      ");
    c=getchar();
    if(c<32)
        printf("This is a control character.\n");
    else if(c>='0'&&c<='9')
        printf("This is a digit.\n");
    else if(c>='A'&&c<='Z')
        printf("This is a capital letter.\n");
    else if(c>='a'&&c<='z')
        printf("This is a small letter.\n");
    else
        printf("This is an other character.\n");
    return 0;
}
```

执行情况如下:

Input a character: a✓

This is a small letter.

4.2　if 语句的嵌套

在 if 语句中又包含一个或多个 if 语句,则称为 if 语句的嵌套。嵌套的 if 语句还可以嵌套另一个 if 语句,形成多重嵌套。前面的 if-else-if 形式实质上也是一种 if 语句的嵌套。

if 语句嵌套的一般形式如下:

  if(表达式)

    if(表达式)　语句 1

    else　语句 2

  else

if(表达式) 语句3
　　else　语句4

在嵌套内的 if 语句中，又可能是 if-else 形式，这将会出现多个 if 和多个 else 重叠的情况，这时要特别注意 if 和 else 的配对问题，else 总是与它上面最近的未配对的 if 配对。

例如，
if(表达式 1)
　if(表达式 2)
　　　语句 1；
　　else
　　　　语句 2；

其中的 else 究竟是与哪一个 if 配对呢?

应该理解为:
if(表达式 1)
　　if(表达式 2)
　　　语句 1；
　　else
　　　　语句 2；

还是应理解为:
if(表达式 1)
　　if(表达式 2)
　　　语句 1；
else
　语句 2；

为了避免这种二义性，C 语言规定，else 总是与它前面最近的 if 配对，因此对上述例子应按前一种情况理解。

在嵌套内的 if 语句中，可能又是 if-else 型的，这将会出现多个 if 和多个 else 重叠的情况，这时要特别注意 if 和 else 的配对问题。

if 嵌套的几种变形情况总结如下。

例 4-5 比较两个数的大小关系。

方法一：if 嵌套形式。

思路分析：设有两个整数 a、b，因为要比较两个数的大小关系，实际上有三种可能的选择结果即 a>b、a<b 或 a=b。这里选用 if 语句的嵌套形式，实质上就是为了进行多分支选择。

```c
#include<stdio.h>
int main(void)
{
    int a,b;
    printf("Please Input a,b:    ");
    scanf("%d%d",&a,&b);
    if(a!=b)
        if(a>b)    printf("a>b\n");
        else       printf("a<b\n");
    else    printf("a=b\n");
    return 0;
}
```

执行情况如下：

Please input a,b

5

6

a<b

方法二：if-else-if 形式。

思路分析：实现比较两个数的大小关系，用 if-else-if 形式（实质上也是一种 if 语句的嵌套）也同样可以完成，而且程序更加清晰。因此，在一般情况下较少使 if 语句的嵌套形式，以使程序更便于阅读和理解。

```c
#include<stdio.h>
int main(void)
{
    int a,b;
    printf("please input a,b:    ");
    scanf("%d%d",&a,&b);
    if(a==b) printf("a=b\n");
    else if(a>b)    printf("a>b\n");
    else    printf("a<b\n");
    return 0;
}
```

执行情况同上题。

4.3 switch 语句

if 语句只有两个分支可供选择，而实际问题中常常需要用到多分支的选择。例如，学生成绩分类（90 分以上为 A 等，80～89 分为 B 等，70～79 分为 C 等……）；人口统计分类（按年龄分为老、中、青、少、儿童）；工资统计分类；银行存款分类……当然这些都可以用嵌套的 if 语句来处理，但如果分支较多，则嵌套的 if 语句层数多，程序冗长而且可读性降低。

C 语言提供了 switch 语句直接处理多分支选择问题，它相当于 PASCAL 语言中的 case 语句。switch 语句的作用是根据表达式的值，使流程跳转到不同的语句。由于其功能与波段开关相似，故又称为开关语句，可用来实现如图 4.5 所示的多分支选择结构。它的一般形式如下：

switch(表达式)
{
  case 常量 1:   语句组 1; [break;]
  case 常量 2:   语句组 2; [break;]
  …
  case 常量 n: 语句组 n; [break;]
  [default: 语句组 n+1; [break;]]
}

其语义是：先假设所有 case 子句中都省略 break 语句。首先计算 switch 后面表达式的值，并逐个与每个 case 后的常量值（或常量表达式）相比较，当表达式的值与某个常量值相等时，即执行此 case 后的语句，然后不再进行判断，继续执行其后所有 case 后的语句。如表达式的值与所有 case 后的常量值均不相同时，则执行 default 后的语句。当 case 子句中具有 break 语句时，将使流程将跳出 switch 结构，终止 switch 的执行。

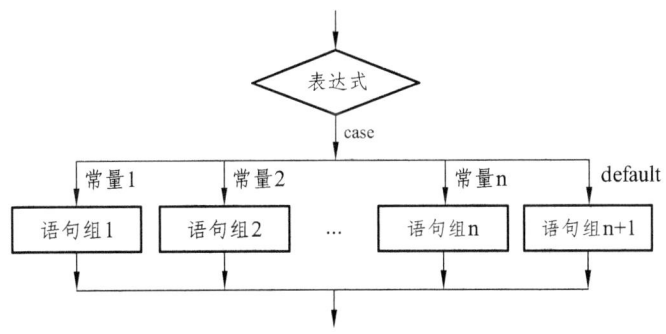

图 4.5 switch 语句的流程图

特殊情况下，如果 switch 表达式的多个值都需要执行相同的语句时，可以采用下面的格式，如：

switch (i)
{
  case 1:
  case 2:

```
            case 3: 语句 1; break;
        case 4:
        case 5: 语句 2; break;
        default: 语句 3;
    }
```
当整型变量 i 的值为 1、2 或 3 时，执行语句 1；整型变量 i 的值为 4 或 5 时，执行语句 2；否则，执行语句 3。

在使用 switch 语句时还应注意以下几点：

（1）在 switch 后的"表达式"，其值的类型为整数类型（包括字符型）。

（2）在关键字 case 后的各常量值（或常量表达式），不能包含变量，且不能相同，否则会出现错误。

（3）在 case 后的常量值（或常量表达式的值）起语句标号作用，当表达式的值与某个 case 后的常量值相等时，即找到了 case 后执行语句的匹配入口标号，执行该语句后，必须用 break 跳出 switch 结构，终止 switch 的执行。

（4）在 case 后，允许有多个可执行语句，可以不用{}括起来。

（5）多个 case 可共用一组执行语句。

（6）各 case 和 default 子句的先后顺序可以变动，而不会影响程序的执行结果。

（7）default 子句可以省略不用。

（8）switch 也可嵌套。

例 4-6　输入月份，打印 1999 年该月有几天。

思路分析：1999 年每月天数规律如下：当 month 为 1、3、5、7、8、10、12 月时，day 为 31 天，当 month 为 4、6、9、11 月时，day 为 30 天；当 month 为 2 月时，day 为 28 天。设 month 为 switch 后的开关表达式，case 后的各常量值 1、3、5、7、8、10、12 为语句"day=31;"的匹配入口标号。case 后的各常量值 4、6、9、11 为语句"day=30;"的匹配入口标号。case 后的常量值 2 为语句"day=28;"的匹配入口标号。输入月份，打印 1999 年该月有几天的程序如下：

```
#include "stdio.h"
int main(void)
{
    int month;
    int day;
    printf("Please input the month number:");
    scanf("%d",&month);
    switch(month)
    {
        case 1:
        case 3:
        case 5:
        case 7:
        case 8:
```

```
        case 10:
        case 12:    day=31;break;
        case 4:
        case 6:
        case 9:
        case 11:day=30;break;
        case 2:day=28;break;
        default:day= – 1;
    }
    if(day== – 1)
        printf("Invalid month input!\n");
    else
        printf("1999.%d has %d days\n",month,day);
    return 0;
}
```

执行情况如下:

Please input the month number:7↙

1999.7 has 31 days

例 4-7　switch 嵌套。

本例在 switch(x) 语句中嵌套了一个 switch(y) 语句。

```
#include"stdio.h"
int main(void)
{
    int x=1,y=0,a=0,b=0;
    switch(x)
        {
            case   1:
            switch(y)
              {
                    case 0:    a++;   break;
                    case 1:    b++;   break;
              }
            case   2:   a++;b++; break;
            case   3:   a++;b++;
        }
    printf("\na=%d,b=%d",a,b);
    return 0;
}
```

执行情况如下:

a=2,b=1

例 4-8 编写程序，用 switch 语句处理菜单命令。

解题思路：在许多应用程序中，使用菜单对流程进行控制。例如，从键盘输入一个'A'或'a'菜单控制字符，就会执行对应的 A 操作（action1 函数的功能）；输入一个'B'或'b'菜单控制字符，就会执行对应的 B 操作（action2 函数的功能）等（有时也从键盘输入 1、2…9、0 等数字来控制操作）。

可以按以上思路编写程序，用'A'或'a'、'B'或'b'作菜单控制字符，对应调用执行 action1、action2 函数，分别实现 x+y、x*y 的功能。

```
#include <stdio.h>
int main()
{
    void action1(int,int),action2(int,int);
    char ch;
    int a=32,b=68;
    ch=getchar();
    switch(ch)
    {
        case 'a':
        case 'A': action1(a,b);break;
        case 'b':
        case 'B': action2(a,b);break;
        default: putchar('\a');
    }
    return 0;
}
void action1(int x,int y)
{
    printf("x+y=%d\n",x+y);
}
void action2(int x,int y)
{
    printf("x*y=%d\n",x*y);
}
```

执行情况如下：

B ✓

x*y=2176

本例是一个非常简单的示例程序。在实际应用中，所指定的操作任务可能比较复杂。例如，某成绩统计程序中，菜单控制字符 A、B、C、D 与对应 actionx 函数的操作功能如下：

A：action1 函数，输入全班学生各门课的成绩；

B：action2 函数，计算并输出每个学生各门课的平均成绩；

C：action3 函数，计算并输出各门课的全班平均成绩；

D：action4 函数，对全班学生的平均成绩由高到低排序并输出。

我们可以按以上思路编写程序，把 actionx 函数设计成不同的功能，以实现各种任务要求。

注意：本例主要目的是学习和理解 switch 语句多分支选择控制功能的运用方法，引入的"函数"只是分支执行任务的操作对象，大家可预先简单地接受这个概念，至于"函数"的具体内容将在后续第 7 章中再做详细介绍和学习。

4.4 选择结构程序设计举例

选择结构是三种基本程序结构之一。与顺序结构相比较，选择结构使程序的执行不再完全按照语句的顺序执行，而是根据某种条件是否成立来决定程序执行的走向。

要设计选择结构程序，应主要考虑两个方面的问题：一是在 C 语言中如何来表示分支条件；二是在 C 语言中实现选择结构用什么语句。其中最关键的首先还是分支条件的分析、确定和描述问题，找出决定任务走向的判断条件，并用关系、逻辑或数值表达式表示出来。最后再用 if 语句或 switch 语句来实现选择结构并执行分支任务。

选择结构中的程序流程从宏观上仍然表现为 I→P→O 组成原理，从微观上局部包含并伴随分支执行结构。条件判断为程序数据处理增加了路径选择思考功能。图 4.6 所示为 C 语言分支程序的平面结构基本形式。

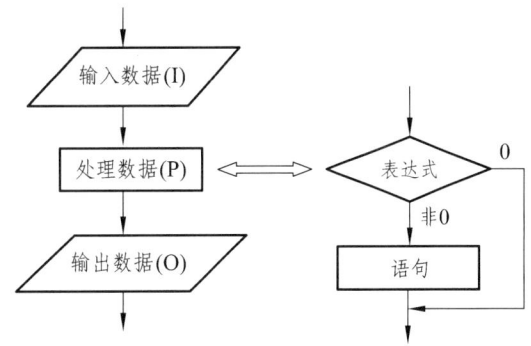

图 4.6　C 语言分支程序的平面结构基本形式

下面举例说明选择结构程序的设计方法。

例 4-9　求 $ax^2+bx+c=0$ 方程的解，设 a、b、c 的值为任意。

解题思路：由键盘输入 a、b、c 的任意值。已知方程的求根公式为：

$$x_{1,2}=\frac{-b\pm\sqrt{b^2-4ac}}{2a}$$

因为并不能保证 $b^2-4ac>0$，需要在程序中进行判别。在程序中应处理以下各类情况：

（1）a=0，不是二次方程。

（2）$b^2-4ac=0$，有两个相等实根。

（3）$b^2-4ac>0$，有两个不等实根。

（4）$b^2-4ac<0$，有两个共轭复根，应当以 realpart +imageparti 和 realpart – imageparti 的形式输出复根。

定义 a、b、c、disc、x1、x2、realpart、imagepart 为实型变量。设中间变量 disc=b*b – 4*a*c。

因为要用到数学函数 sqrt，所以在程序开头应该加上预编译命令：

#include <math.h>

因为实数在计算和存储时会有一些微小的误差，为避免对实数 disc 做等于 0 或不等于 0 时的判断误差，可用 if(fabs(disc)<=1e – 6)…或 if(disc>1e – 6)…的办法来解决。

图 4.7 所示为程序流程图。

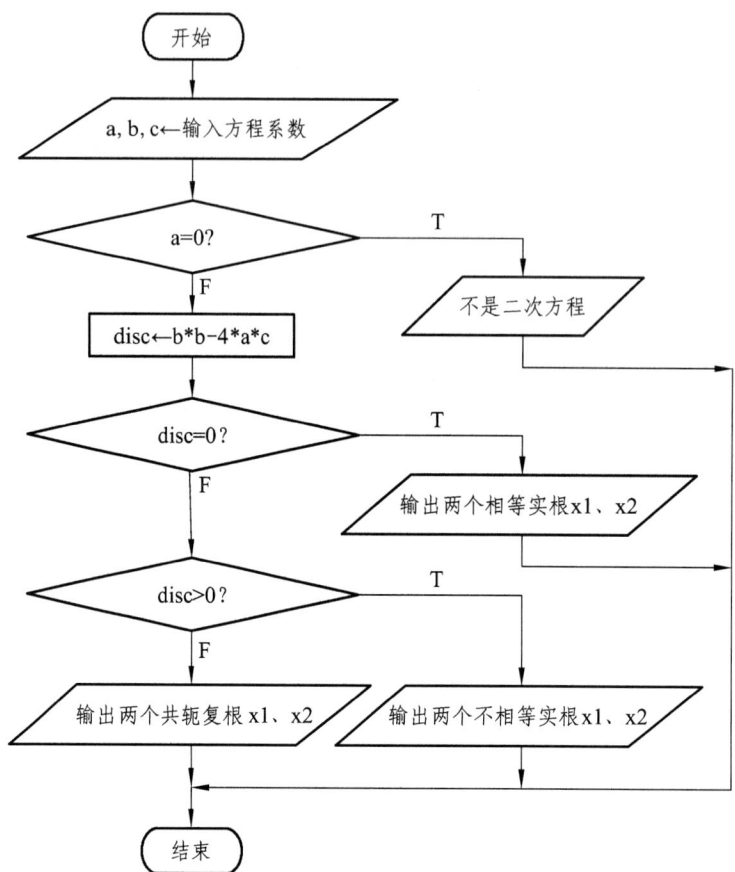

图 4.7 例 4-9 程序流程图

故求方程 $ax^2+bx+c=0$ 的根 x1、x2 的选择结构程序如下：

```
#include <stdio.h>
#include <math.h>
int main(void)
{
    float a,b,c,disc,x1,x2,realpart,imagepart;
    printf("Please input a,b,c:\n");
    scanf("%f,%f,%f",&a,&b,&c);
    printf("The equation ");
    if(fabs(a)<=1e-6)
        printf("is not a quadratic equations.");
    else
        {
        disc=b*b-4*a*c;
```

```
            if(fabs(disc)<=1e-6)
                printf("has two equal roots:%8.4f\n",-b/(2*a));
            else if(disc>1e-6)
                {
                    x1=(-b+sqrt(disc))/(2*a);
                    x2=(-b-sqrt(disc))/(2*a);
                    printf("has distinct real roots:%8.4f and %8.4f\n",x1,x2);
                }
            else
                {
                    realpart=-b/(2*a); imagepart=sqrt(-disc)/(2*a);
                    printf("has complex roots:\n");
                    printf("%8.4f+%8.4fi\n",realpart,imagepart);
                    printf("%8.4f-%8.4fi\n",realpart,imagepart);
                }
        }
        return 0;
}
```

执行情况如下：

Please input a,b,c:

0,1,2↙

The equation is not a quadratic equations.

Please input a,b,c:

1,2,1↙

The equation has two equal roots: -1.0000

Please input a,b,c:

2,6,1↙

The equation has distinct real roots: -0.1771 and -2.8229

Please input a,b,c:

1,2,2↙

The equation has complex roots:
-1.0000+　1.0000i
-1.0000-　1.0000i

例 4-10　输入三个数 a、b、c，要求按由小到大的顺序输出。

解题思路：定义 a、b、c、t 为实型变量。a、b、c 既为输入变量，又作由小到大排序后的输出变量。t 为两个数据交换时用的中间变量。用伪代码表示的交换算法如下：

① 输入任意的 a，b，c 的值。

② if a>b，a 和 b 对换（a 是 a、b 中的小者）。

③ if a>c，a 和 c 对换（a 是三者中的最小者）。

④ if b>c，b 和 c 对换（b 是三者中的次小者）。

顺序输出 a，b，c。

图 4.8 所示为程序流程图。

其选择结构程序如下。

```
#include <stdio.h>
int main(void)
{ float a,b,c,t;
    scanf("%f,%f,%f ",&a,&b,&c);
    if(a>b)
            {t=a; a=b; b=t; }
    if(a>c)
            {t=a; a=c; c=t; }
    if(b>c)
            {t=b; b=c; c=t; }
    printf("%5.2f,%5.2f,%5.2f\n",a,b,c);
    return 0;
}
```

执行情况如下：

98,－123,16✓

－123.00,16.00,98.00

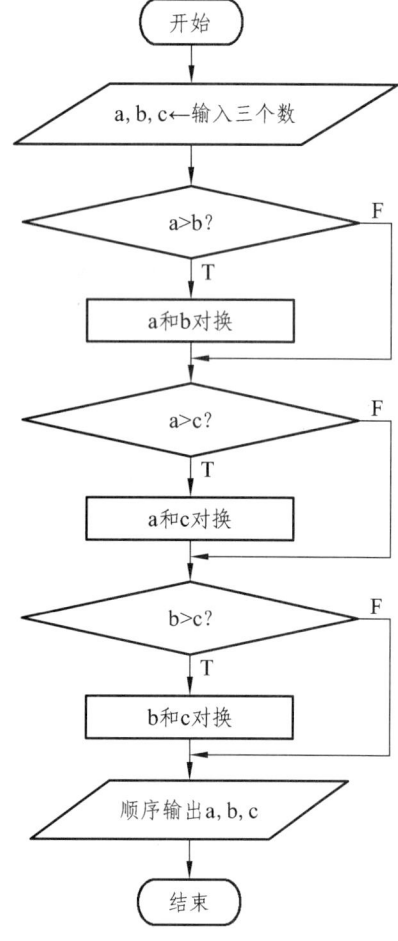

图 4.8 例 4-10 程序流程图

例 4-11 判断某一年是否为闰年。

解题思路：判断某一年 year 是否为闰年的判别条件有三个：

① 能被 4 整除:year%4==0。

② 能被 4 整除但不能被 100 整除:(year%4==0)&&(year%100!=0)。

③ 能被 400 整除:year%400==0。

其逻辑条件的表述比较复杂，综合的逻辑表达式可以写成：((year%4==0)&&(year%100!=0))||year%400==0；优化的逻辑表达式为：(year%4==0&&year%100!=0)||year%400==0。

设一中间变量 leap，用以表示逻辑表达式的判别结果。当 leap=1，该 year 是闰年；当 leap=0，该 year 不是闰年。

图 4.9 所示为程序流程图。

其选择结构程序如下：

```
#include <stdio.h>
int main(void)
{ int year,leap;
    printf("Please enter year:\n");
    scanf("%d",&year);
    if((year%4==0&&year%100!=0)||(year%400==0))
        leap=1;
```

```
    else leap=0;
    if(leap) printf("%d is ",year);
    else printf("%d is not ",year);
    printf("a leap year.\n");
    return 0;
}
```
执行情况如下：

2010✓

2010 is not a leap year.

2012✓

2012 is a leap year.

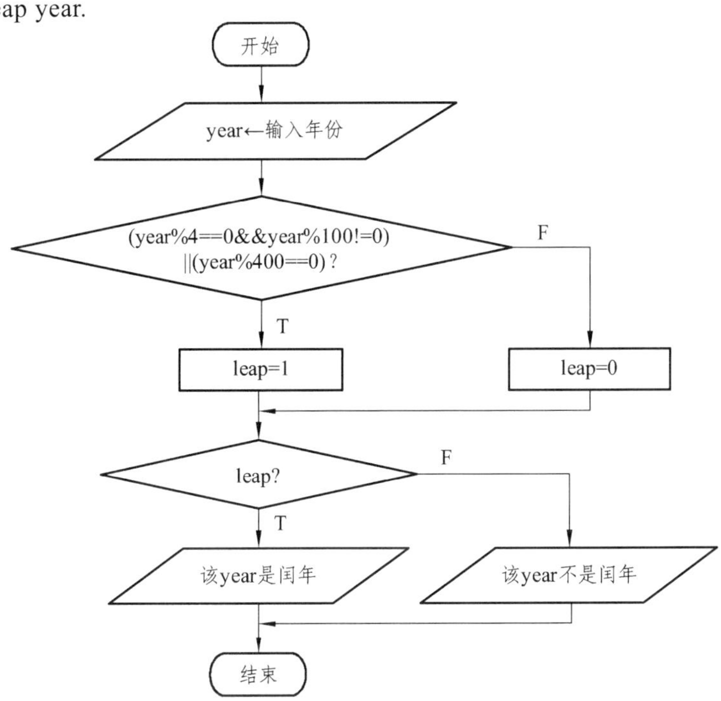

图 4.9 例 4-11 程序流程图

例 4-12 已知某公司员工的月基本工资 salary 为 500，某月所接工程的利润 profit（整数）与利润提成的关系如下（计量单位：元）：

profit≤1000	没有提成；
1000 < profit≤2000	提成 10%；
2000 < profit≤5000	提成 15%；
5000 < profit≤10000	提成 20%；
10000 < profit	提成 25%。

试编程计算公司员工的月总工资。

思路分析：利润的取值区间不便直接作为 switch 的表达式，为了使用 switch 语句，本题的关键算法是如何根据提供的月利润值确定对应开关变量值的问题，这实质上是要求应将不同的利润区间及其利润值线性映射成 0、1、2、…的整数标号。设月基本工资和月总工资同时用 salary 变量表示，月利润值用 profit 变量表示，开关变量 grade 即为 profit 变量值对应的整数标号。当输入一个不同利润区间的 profit 月利润值，根据公式 grade= (profit − 1) / 1000，就可以求出一个对应的 grade 整数值，其对应的月总工资的计算方法为 salary = salary + profit * 提成的比例。因此，必须将利润 profit 的取值区间对应转换成某些整数 grade，用它作为开关条件，代替 profit 值所在的利润区间，从而可精准判定应该选择执行何种提成比例来计算利润提成部分的工资。

分析本题可知，提成的变化点都是 1000 的整数倍（1000、2000、5000…），如果将利润 profit 整除 1000，则得到：

profit ≤ 1000	对应 0、1
1000 < profit ≤ 2000	对应 1、2
2000 < profit ≤ 5000	对应 2、3、4、5
5000 < profit ≤ 10000	对应 5、6、7、8、9、10
10000 < profit	对应 10、11、12…

为解决相邻两个区间的重叠问题，最简单的方法就是：利润 profit 先减 1（最小增量），然后再整除 1000 即可得到 grade：

profit ≤ 1000	对应 0
1000 < profit ≤ 2000	对应 1
2000 < profit ≤ 5000	对应 2、3、4
5000 < profit ≤ 10000	对应 5、6、7、8、9
10000 < profit	对应 10、11、12…

根据以上算法设计要点，画出如图 4.10 所示的程序流程图。

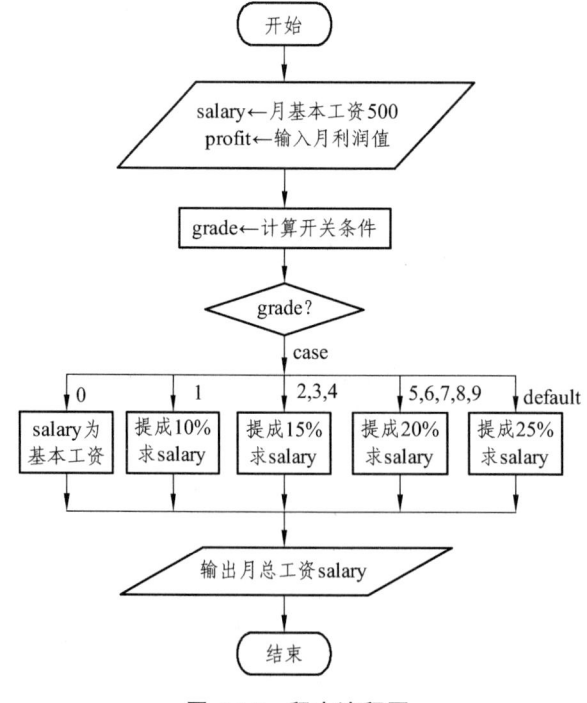

图 4.10　程序流程图

其使用 switch 语句的选择结构程序如下:

```c
#include"stdio.h"
int main(void)
{
    long profit;
    int grade;
    float salary=500;
    printf("Input profit: ");
    scanf("%ld",&profit);
    grade= (profit – 1) / 1000;
    /*将利润 – 1、再整除 1000, 转化成 switch 语句中的开关条件*/
    switch(grade)
        {
        case 0:break;                        /*profit≤1000 */
        case 1:salary+=profit*0.1;break;     /*1000 < profit≤2000 */
        case 2:
        case 3:
        case 4:salary+=profit*0.15;break;    /*2000 < profit≤5000 */
        case 5:
        case 6:
        case 7:
        case 8:
        case 9:salary+=profit*0.2;break;     /*5000 < profit≤10000 */
        default:salary+=profit*0.25;         /*10000 < profit */
        }
    printf("salary=%.2f \n",salary);
    return 0;
}
```

执行情况如下:

Input profit:1500 ✓

salary=650.00

【操作小结】

（1）与顺序结构相比较，选择结构就是程序的执行不再完全按照语句的顺序执行，而是根据某种条件是否成立而决定程序执行的走向。

（2）在 C 语言中，选择结构通过 if 和 switch 这两个条件语句来实现，运用条件语句的关键是条件的表示，如果能够正确地表达分支条件，就可以简化程序。if 语句中的条件表达可以用关系表达式、逻辑表达式甚至是数值表达式，返回的是一个逻辑值，即真或假。

（3）if 语句主要有三种形式:if 基本形式、if-else 形式和 if-else-if 形式。在 if-else 语句中,无论表达式的值为"真"或"假",都只执行一个赋值语句且给同一个变量赋值,可以用条件表达式构成的语句"exp1? exp2: exp3;"来代替。在 if 语句中又包含一个或多个 if 语句则称为 if 语句的嵌套。为了避免二义性,C 语言规定,else 总是与它前面最近的 if 配对。

(4) 在多重选择的情况下,使用 switch 语句,科学地构造 switch 的表达式,可以使程序更直观、更准确地描述出分支的走向。当 case 子句中具有 break 语句时,将使流程跳出 switch 结构,终止 switch 的执行。

(5) 要设计选择结构程序,应考虑两个方面的问题:一是在 C 语言中如何来表示分支条件;二是在 C 语言中实现选择结构用什么语句。其中最关键的首先还是分支条件的分析、确定和描述问题。

【课外习题】

一、问答题

1. 请解释 switch 语句与 if 语句的不同。
2. 什么叫 if 语句嵌套?

二、单选题

1. 能正确表示逻辑关系:"a≥=10 或 a≤0"的 C 语言表达式是(   )。

A) a>=10 or a<=0　　　　　B) a>=0|a<=10
C) a>=10 && a<=0　　　　　D) a>=10||a<=0

2. 有如下程序

```c
#include"stdio.h"
int main(void)
{
    int x=1, a=0, b=0;
    switch(x)
    {
        case 0: b++;
        case 1: a++;
        case 2: a++; b++;
    }
    printf("a=%d,b=%d\n",a,b);
    return 0;
}
```

该程序的输出结果是(   )。

A) a=2,b=1　　B) a=1,b=1　　C) a=1,b=0　　D) a=2,b=2

3. 有如下程序:

```c
#include"stdio.h"
int main(void)
{
    float x=2.0, y;
```

```
        if(x<0.0) y=0.0;
        else if(x<10.0) y=1.0/x;
        else y=1.0;
        printf("%f \n",y);
        return 0;
}
```
该程序的输出结果是(　　)。

A) 0.000000　　B) 0.250000　　C) 0.500000　　D) 1.000000

4. 以下 4 个选项中，不能看作一条语句的是（　　）。

A) {;}　　B) a=0,b=0,c=0;　　C) if(a>0);　　D) if(b==0) m=1;n=2;

5. 假定所有变量均已正确说明,下列程序段运行后 x 的值是(　　)。

```
        a=b=c=0; x=35;
        if(!a) x- - ;
        else if(b);
            if(c) x=3;
            else x=4;
```
A)34　　B)4　　C)35　　D)3

三、判断题

1. switch 与 if 不同,switch 只能测试 switch 后的表达式与 case 后的常量表达式是否相等，而 if 中还能测试关系和逻辑表达式。（　　）

2. if 语句中的表达式不可以是数值表达式。（　　）

四、填空题

1. 已知能被 4 整除而不能被 100 整除的或者能被 400 整除的年份是闰年，则判断某一年是否是闰年的程序如下。请填入适当的表达式或语句，使程序完整并符合题目要求。

```
#include"stdio.h"
int main(void)
{
    int year,leap;
    scanf("%d",&year);
    if(_____)leap=1;
    else leap=0;
    if(_____) printf("是闰年");
    else printf("不是闰年");
    return 0;
}
```

2. 看完下面程序，写出运行结果。

```
#include"stdio.h"
int main(void)
{
```

```
    int i=10;
    switch(i)
    {
        case 9: i+=1;
        case 10: i+=1;
        case 11: i+=1;
        default: i+=1;
    }
    printf("%d",i);
    return 0;
}
```
运行结果是_____。

五、编程题

1. 从键盘上输入四个数,要求按由小到大的顺序输出。

2. 编写一个计算器程序,由用户输入运算数据和四则运算符后,再由计算机输出计算结果。

5 循环结构程序设计

【能力训练】

简单趣味程序演示:水仙花数

水仙花数是指介于 100 到 999 之间的 3 位数,其各个位上数字的立方和等于该数本身,例如:$1^3 + 5^3 + 3^3 = 153$。

趣味程序演示代码见本课程 PPT。

任务 5 学会循环结构程序的设计方法

一、任务要求

1. 知识要求

(1)掌握利用 while 或 do-while 实现条件型循环结构程序设计的方法。
(2)掌握利用 for 语句实现计数型循环结构程序设计的方法。
(3)掌握循环嵌套的程序设计方法,了解内外层循环间的关系。
(4)熟悉 break 语句和 continue 语句在循环中的作用。

2. 技能要求

具备熟练利用循环控制语句编写循环结构程序的能力。

3. 考核标准

会在 C 语言集成环境下熟练编写和调试一般循环结构程序;会熟练使用 while 语句、do-while 语句、for 语句、break 语句和 continue 语句,实现各种实用循环结构算法;记录调试过程中的出错情况和运行结果,提交高质量的技能训练总结报告。

4. 素质要求

在 C 语言循环结构程序设计的讲解过程中,提出程序的可靠性也是非常重要的。一个可靠的程序可以保证其功能的正确性和稳定性。在编写程序时,我们要进行充分的测试和调试,确保程序能够正确地运行并处理各种异常情况。同时,我们还要注意程序的容错性和健壮性,以防止程序崩溃或出现不可预料的错误。通过编写可靠的程序,我们可以培养自己的细心和耐心。

二、训练内容

（1）在 C 语言集成环境下，录入本章必备知识部分例题中的程序，进一步掌握循环结构程序的基本组成原理和设计、调试、运行方法。

（2）while 或 do-while 语句的使用。

根据下列程序代码，先分析其程序所完成功能和相应输出结果，再思考后面所列的问题。

```
#include"stdio.h"
int main(void)
{
    int i,x,sum;
    sum=0;
    i=10;
    while(i)
    {
        sum=sum+i;
        i=i – 1;
    }
     printf("sum=%d\n",sum);
     return 0;
}
```

① 运行程序，分析程序的运行结果（sum=55），根据程序运行结果，思考程序中第 7 行的语句 while(i) 中的表达含义。

② 试着将第 7 行中的语句修改为 while(i!=0)，再运行修改后的程序，并将运行结果与原程序运行结果进行比较分析。

③ 试着将第 7 行中的语句修改为 while(!i==0)，再运行修改后的程序，并将运行结果与上面两次运行结果进行比较分析。

④ 试着将第 7 行中的语句修改为 while(i==0)，再运行修改后的程序，并将运行结果与上面两次运行结果进行比较分析。

⑤ 试着将程序中的 while 语句改为用 do-while 句来实现。再运行修改后的程序，并对程序和运行结果进行比较分析。

（3）for 语句的使用。

从键盘输入一个正整数 n，计算 sum 的值（保留两位小数）。

先运行下面的程序，从键盘输入正整数 n，并记下运行的错误结果。然后改正下面程序中的错误，再从键盘输入正整数 n，计算出 sum 的正确结果。

```
#include"stdio.h"
int main(void)
{
    float sum;
    int i,n;
    printf("Input n:");
    scanf("%d",&n);
    for(i=1;i<=n;i++)
```

```
        sum=sum+1/i;
    printf("sum=%.2f ",sum);
    return 0;
}
```
改正错误后程序的运行结果：
Input n: 8
sum = 2.72

认真分析比较运行结果，指出产生错误的原因和如何避免此类错误。

（4）break 语句与 continue 语句的区别。

现有以下程序段，请先预计其运行结果，然后上机运行检验自己的分析，注意 break 和 continue 的区别。

```
#include"stdio.h"
int main(void)
{
    int n,m;
    for(n=1;n<=10;n++)
    {
        if(n==5) break;
        printf(" %d",n);
    }
    printf("\n");
    for(m=1;m<=10;m++)
    {
        if(m==5) continue;
        printf(" %d",m);
    }
    printf("\n");
    return 0;
}
```

（5）循环嵌套的使用。

先分析下面这段程序，看看预期结果会显示什么样的图形。

```
#include"stdio.h"
#include "conio.h"
int main(void)
{
    int i,j;
    for(i=1;i<=7;i++)
    {
        for(j=1;j<=i;j++)
```

```
            {
                printf("*");
            }
            printf("\n");
        }
        getch();
        return 0;
}
```

执行程序,再看显示图形的实际效果。这段程序的作用是在屏幕上显示如下的字符画面。

```
*
**
***
****
*****
******
*******
```

原理分析:为什么这段程序可以显示这样的字符画面?为什么要用双重循环?

首先,外层循环 for(i=1;i<=7;i++)的作用是控制输出图形的行数,共 7 行。其次,由内层循环 for(j=1;j<=i;j++){printf("*");}控制一行内输出 "*" 号图形的个数。结束一遍完整的内层循环后,还要执行外层循环的最后一个语句 printf("\n")换行,然后再返回最外层循环的开头,检测是否满足由外到内的条件。如果条件成立,再继续执行外循环,继而转入内循环,以此类推,这就是由外到内的执行嵌套循环。

如何修改程序,用 for 循环分别完成如下图形的输出任务?

```
    *            *****          *            *
    **           ****           ***          * *
    ***          ***            *****        *   *
    ****         **             ***          * *
    *****        *              *            *
```

(6)打印 0~255 的所有 ASCII 码字符。

```c
#include <stdio.h>
int main(void)
{
    unsigned int ch=0;
    while(ch<=255)
    {
        printf("%d\t%c\n",ch,ch);
        ch++;
    }
```

        return 0;
}

如何修改程序，控制行和列，完成 ASCII 码表的输出任务？

【必备知识】

阶段性子系统（子程序）引例：学生成绩管理系统重复菜单

这是一个主要用 do-while 语句构成的循环结构程序，输出显示一个简单的学生成绩管理系统重复菜单，如图 5.1 所示。

程序运行代码见本课程 PPT。

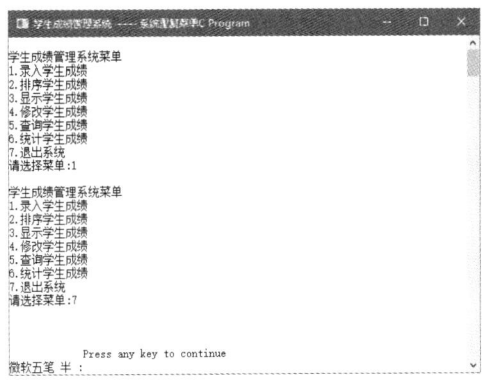

图 5.1 学生成绩管理系统重复菜单

循环结构是结构化程序设计中一种很重要的基本结构之一，它与顺序、选择结构一起，共同作为复杂程序设计的基本构造单元。循环结构主要用以解决一些重复执行的任务。它的特点是：在给定条件成立时，反复执行某程序段，直到条件不成立为止。给定的条件称为循环条件，反复执行的程序段称为循环体。C 语言提供了 while、do-while 和 for 等多种循环语句，可以组成各种不同形式的循环结构。

goto 语句与 if 语句一起也可以构成循环结构。goto 语句也称为无条件转移语句，goto 语句与语句标号配合使用。一般格式如下：

　　goto 语句标号；
　　…
　　语句标号: 目标语句行；

语句标号用标号符表示，它放在目标语句行的前面，标号后用冒号":"，用于标志待转向的目标语句行。

但在结构化程序设计中我们一般不宜过多使用 goto 语句，以免造成程序流程的混乱、规律性和可读性都差，使理解和调试程序产生困难。

5.1 while 语句

while 语句用来实现"当型"循环结构,其一般形式为:
  while (表达式) 语句
其中,表达式是循环条件;语句为循环体。

while 语句的语义是:计算表达式的值,当表达式的值为真(非 0)时,执行循环体语句。while 语句特点是先判断表达式,后执行语句。其执行过程如图 5.2 所示。

必须注意:在循环结构程序中,能决定和控制重复执行循环体语句次数的关键是表达式中的变量,我们称作循环控制变量,这个变量的取值就是循环条件,它有三个操作要素:赋初始值、边界判断、取值修正。

例 5-1 用 while 语句求 $sum=\sum_{1}^{100}i$ 的值。

思路分析:$sum=\sum_{1}^{100}i=1+2+3+\cdots+100$,以 i 作为循环

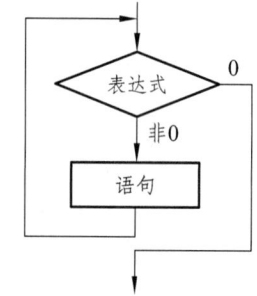

图 5.2 while 循环语句的执行过程

控制变量,赋初始值为求和项下限(i=1;),边界判断为上限求和项(i≤100;),取值修正用 i=i+1(或 i++)实现顺序计数控制。即当循环条件符合 1≤i≤100 时,执行循环体,实质上就是重复用 sum=sum+i 累加迭代算法,最终完成 sum 的求和任务。图 5.3 所示为表示该程序的流程图。

迭代算法就是不断用变量的新值来取代变量的旧值,或由变量的旧值不断递推出变量的新值的过程。设计迭代算法的三个关键因素是:赋初始值、迭代方式、迭代条件。其中,迭代方式是设计迭代算法的核心。本例中所用的 sum=sum+i 为累加迭代算法,i 为循环控制变量,sum 为累加迭代变量,赋初始值为 i=1,sum=0;迭代方式为 sum= sum+i, i=i+1(或 i++);迭代条件为 i<=100。

本例程序如下:
```
#include"stdio.h"
int main(void)
{
    int i,sum=0;
    i=1;
    while(i<=100)
    {
        sum=sum+i;
        i++;
    }
    printf("sum=%d\n",sum);
    return 0;
}
```

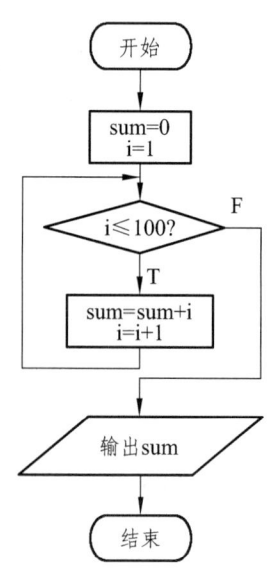

图 5.3 例 5-1 程序流程图

程序执行结果如下：

sum=5050

使用 while 语句应注意以下几点：

（1）while 语句中的表达式一般是关系表达式或逻辑表达式，只要表达式的值为真(非 0)即可继续执行循环。

（2）while 语句表达式中的变量为循环控制变量，这个变量的取值就是循环条件，它一般有三个操作要素：赋初始值、边界判断和取值修正。

（3）循环体如包括有一个以上的语句，则必须用{}括起来，组成复合语句。

（4）while 语句特点是先判断，后执行。因此，while 语句控制的循环体有可能一次都不执行。

（5）迭代算法是应用非常广泛的一种算法。设计迭代算法的三个关键因素是：赋初始值、迭代方式和迭代条件。设计迭代算法时要综合考虑循环条件和算法要素。

例 5-2 统计从键盘输入一行字符的个数。

思路分析：本例循环条件是非计数型的，迭代方式为 n++，都比较简单。程序进入循环后便可输入字符，循环条件为 getchar()!='\n',其意义是，只要从键盘输入的字符不是回车就继续循环。循环体中 n++完成对输入字符个数的计数。从而使程序实现了对输入一行字符的个数统计。

图 5.4 所示为本例程序的流程图。程序代码如下：

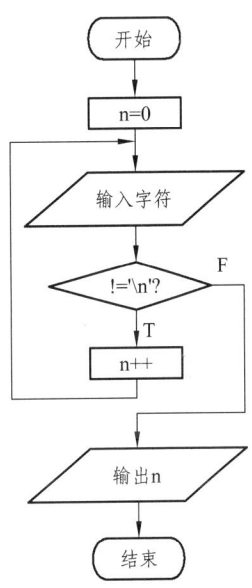

图 5.4　例 5-2 程序的流程图

```
#include"stdio.h"
int main(void)
{
    int n=0;
    printf("Input a string:\n");
    while(getchar()!='\n') n++;
    printf("%d",n);
    return 0;
}
```

程序执行结果如下：

Input a string:

Qwqwed✓

6

5.2　do-while 语句

do-while 语句用来实现"直到型"的循环结构，其一般形式为：

do

　　语句

while(表达式);

这个循环与 while 循环的不同之处在于：它先执行循环体中的语句，再判断表达式的值是否为真，如果为真则继续循环，直到为假时，则终止循环。因此，do-while 语句控制的循环至少要执行一次循环体语句。在 while（表达式）的后面一定要有一个分号，它用来表示 do-while 语句的结束。do-while 语句的特点是先执行循环体语句，后判断表达式。其执行过程如图 5.5 所示。

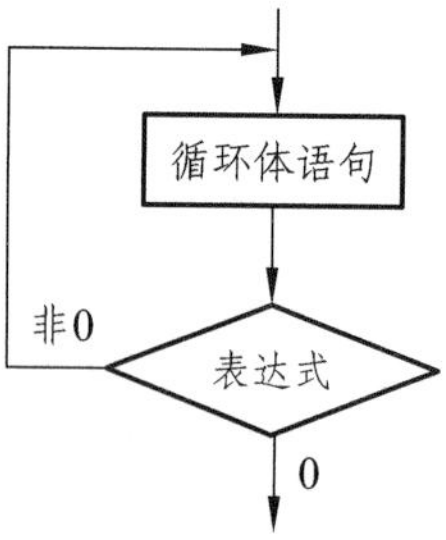

例 5-3 用 do-while 语句求 $sum=\sum_{1}^{100}i$ 的值。

思路分析：本例循环条件和迭代方式与例 5-1 相同，只是所用语句改为 do-while 语句，语句体安排在判断循环条件之前，位置发生了变化，循环体语句至少要被执行一次，体现了先执行、后判断的特点。其用流程图表示的算法如图 5.6 所示。本例程序如下：

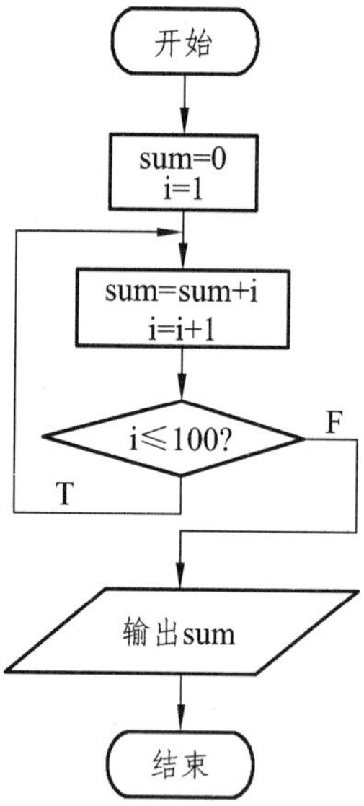

图 5.5 do-while 循环语句的执行过程

```
#include"stdio.h"
int main(void)
{
    int i,sum=0;
    i=1;
    do
    {
        sum=sum+i;
        i++;
    }
    while(i<=100);
    printf("sum=%d\n",sum);
    return 0;
}
```

执行情况如下：

sum=5050

图 5.6 例 5-3 的程序流程图

从例 5-1 和例 5-3 可以看出：当循环条件在第一次判断就成立时，while 和 do-while 语句在执行过程中没有什么区别；而当循环条件在第一次判断就不成立时，while 的循环语句一次也不执行，而 do-while 的循环语句仍要执行一次。

例 5-4 while 和 do-while 循环比较。

（1）do-while 循环。

思路分析：从键盘输入 i=10，执行一次循环语句{sum+=2; i++;}，使 sum =2,i=11。这时，表达式 i<=5 不成立，结束循环。即当循环条件在第一次判断就不成立时，do-while 的循环语句仍要执行一次。

```
#include"stdio.h"
int main(void)
{
```

```
    int i,sum=0;
    scanf("%d",&i);
    do
    {
        sum+=2;
        i++;
    }
    while(i<=5);
    printf("The sum is %d,i=%d",sum,i);
    return 0;
}
```
执行情况如下：

10 ✓

The sum is 2,i=11

（2）while 循环。

思路分析：从键盘输入 i=10，这时，表达式 i<=5 不成立，while 的循环语句{sum+=2; i++;}一次也不执行，退出循环。所以 sum=0,i=10。

```
#include"stdio.h"
int main(void)
{
    int i,sum=0;
    scanf("%d",&i);
    while(i<=5)
    {
        sum+=2;
        i++;
    }
    printf("The sum is %d,i=%d",sum,i);
    return 0;
}
```
执行情况如下：

10 ✓

The sum is 0,i=10

5.3　for 语句

5.3.1　for 语句的一般形式

C 语言提供了比 while、do-while 控制结构更紧凑、功能更强、使用更灵活、更广泛的 for

循环控制语句,特别适合于已知循环次数的计数循环情况或能给出循环结束条件的情况。它的一般形式为:

    for(表达式1；表达式2；表达式3) 语句

for 语句中的三个表达式能很好地正确表达和体现循环条件的三个操作要素:

(1) 表达式1：一般为赋值表达式,用于给循环控制变量赋初始值。

(2) 表达式2：一般关系表达式或逻辑表达式,用于作循环控制判断条件。

(3) 表达式3：一般为赋值表达式,用于给循环控制变量作增量或减量更新。

语句部分为循环体,是要重复执行的任务。当有多条语句时,必须使用复合语句。

for 语句的执行过程如下：首先计算表达式1,然后计算表达式2,若表达式2为真,则执行循环体；否则,退出 for 循环,执行 for 循环后的语句。如果执行了循环体,则循环体每被执行一次,都要计算表达式3,然后重新计算表达式2。依此循环,直至表达式2的值为假,则退出循环。for 语句的流程图如图 5.7 所示。

for 语句最简单的应用形式也是最容易理解的形式如下：

    for(循环变量赋初值;循环条件;循环变量增量) 语句

循环变量赋初值总是一个赋值语句,它用来使循环控制变量初始化；循环条件是一个关系表达式,它决定什么时候退出循环；循环变量增量,定义循环控制变量每循环一次后按什么方式变化。这三个部分之间用";"分开。例如,

    for(i=1; i<=100; i++) sum=sum+i;

先给 i 赋初值 1,判断 i 是否小于等于 100,若是则执行语句 {sum=sum+i;},之后值增加 1。再重新判断,直到条件为假,即 i>100 时,结束循环。

相当于：

i=1;
while（i<=100）
{
  sum=sum+i;
  i++;
}

例如,用 for 语句求 sum=$\sum_{1}^{100} i$ 的值的程序如下：

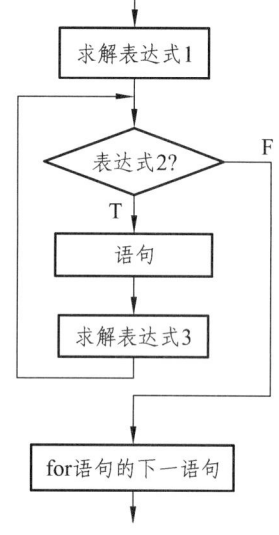

图 5.7 for 语句的流程图

```
#include"stdio.h"
int main(void)
{
    int i,sum=0;
    for(i=1; i<=100; i++)
        sum=sum+i;
    printf("sum=%d\n",sum);
    return 0;
}
```

对于 for 循环中语句的一般形式，等效于下面的 while 循环形式：
表达式 1;
while（表达式 2）
　　{语句
　　　表达式 3;
}

例 5-5 用 for 循环结构计算自然数 1 到 n 的平方和。

思路分析：本题要求用 for 循环结构完成该任务。假设用 i 表示自然数，同时 i 也用来表示循环控制变量。又设自然数 1 到 n 的平方和变量为 s，即 $s=\sum_{1}^{n}i^2$。采用迭代算法，三个关键因素设计如下：s 赋初值 0，累加迭代方式为 s=s+i*i，迭代条件为 i++，i<=n。

循环条件的三个操作要素和程序运行原理：从键盘输入 n 值作为循环控制变量 i 的上限。这样，i 的初值为 1, i 的终值为 n。判断 i 是否小于等于 n，若是则执行语句{s=s+i*i;}，之后 i 值增加 1。再重新判断，直到条件为假，即 i>n 时，结束循环，输出平方和 s。

用 for 循环结构求 $s=\sum_{1}^{n}i^2$ 值的程序流程图如图 5.8 所示。
程序中将 s 的数据类型设为 float，程序代码如下：

```
#include<stdio.h>
#include<math.h>
int main(void)
{
    int i,n;
    float s;
    printf("Please input n :");
    scanf("%d",&n);
    s=0.0;
    for(i=1;i<=n;i++)
        s=s+(float)(i)*(float)(i);
    printf("1*1+2*2+...+%d*%d=%f \n",n,n,s);
    return 0;
}
```

执行情况如下：
Please input n: 5 ✓
1*1+2*2+...+5*5=55.000000

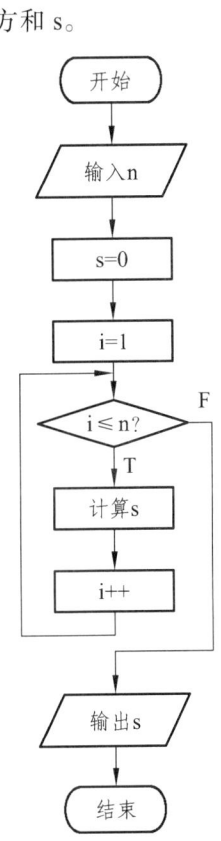

图 5.8　例 5-5 的程序流程图

5.3.2　for 语句使用注意事项

（1）for 循环中的"表达式 1(循环变量赋初值)""表达式 2(循环条件)"和"表达式 3(循

环变量增量)"都是可选择项,即可以缺省,但";"不能缺省。

(2)省略了"表达式1(循环变量赋初值)",表示不对循环控制变量赋初值。

(3)省略了"表达式2(循环条件)",则不做其他处理时便成为死循环。

例如,

  for(i=1;;i++)sum=sum+i;

相当于:

  i=1;

  while(1)

  {sum=sum+i;

   i++;}

(4)省略了"表达式3(循环变量增量)",则不对循环控制变量进行操作,这时可在语句体中加入修改循环控制变量的语句。

例如,

  for(i=1;i<=100;)

  {sum=sum+i;

   i++;}

(5)省略了"表达式1(循环变量赋初值)"和"表达式3(循环变量增量)",则完全等同于while语句。

例如,

  for(;i<=100;)

  {sum=sum+i;

   i++;}

相当于:

  while(i<=100)

  {sum=sum+i;

   i++;}

(6)3个表达式都可以省略。

例如,

  for(; ;)语句

相当于:

  while(1)语句

(7)表达式1可以是设置循环变量的初值的赋值表达式,也可以是其他表达式。

例如,

  for(sum=0;i<=100;i++)sum=sum+i;

(8)表达式1和表达式3可以是一个简单表达式也可以是逗号表达式。

  for(sum=0,i=1;i<=100;i++)sum=sum+i;

或:

  for(i=0,j=100;i<=100;i++,j - -)k=i+j;

(9)表达式2一般是关系表达式或逻辑表达式,但也可是数值表达式或字符表达式,只要其值非 0，就执行循环体。

例如，

  for(i=0;(c=getchar())!='\n';i+=c);

又如：

  for(;(c=getchar())!='\n';)
  printf("%c",c);

综上所述，for 循环控制语句功能强、使用灵活，对已知循环次数或能给出循环结束条件的情况均可使用。

5.4 循环的嵌套

一个循环的循环体内又包含有另一个完整的循环结构，称为循环的嵌套。这种嵌套过程可以有很多重，这就叫多重（层）循环。

while、do-while、for 三种循环语句也可以互相嵌套。下面几种都是合法的形式：

```
(1) while( )              (2) do                    (3) for(;;)
    {...                      {...                      {
      while( )                  do                        for(;;)
      {...}                     {... }                    {... }
    }                         while( );                 }
                            } while( );
(4) while( )              (5) for(;;)               (6) do
    {...                      {...                      {...
      do{...}                   while( )                  for(;;){ }
      while( )                  {   }                     ...
      {...}                     ...                     }
    }                         }                         while( )
```

需要注意的是，必须遵循循环的嵌套规则：各循环必须完整，相互之间绝不允许交叉。外循环每执行一次，其内循环都要完整地执行一遍。

例如，下面这种形式是不允许的：

```
do
{   ...
    for (;;)
    {
        ...
    }
while( );
}
```

例 5-6 用 for 循环打印 8 行 7 列的星形矩阵。

思路分析：本题采用双重 for 循环结构，设 i 和 j 分别表示外层和内层循环的循环控制变量，外层 for 循环控制行，内层 for 循环控制列。i 和 j 均赋初始值 0，i 和 j 的循环条件分别为 i<8 和 j<7，并采用 i++ 和 j++ 作为增量修正。

程序的工作过程如下：外循环控制变量 i 从 0~7，共控制输出 8 行。内循环控制变量 j 从 0~6，共控制输出 7 列。外循环每执行一次，其内循环都要完整地执行一遍，从而完成一行内所有"*"的输出，再换行。如此循环，最后输出 8 行 7 列的星形矩阵。

在循环条件的操作要素中：i 和 j 的初始值也可以赋 1，不过这时 i 和 j 的循环条件应该分别改为 i<9 和 j<8，从而保证输出的星形矩阵为 8 行 7 列。

程序流程图如图 5.9 所示。程序代码如下：

```c
#include"stdio.h"
int main(void)
{
    int i,j;
    for(i=0;i<8;i++)            /*控制行*/
    {
        for(j=0;j<7;j++)        /*控制列*/
            printf("*");
        printf("\n");           /*换行*/
    }
    return 0;
}
```

执行情况如下：

```
* * * * * * *
* * * * * * *
* * * * * * *
* * * * * * *
* * * * * * *
* * * * * * *
* * * * * * *
* * * * * * *
```

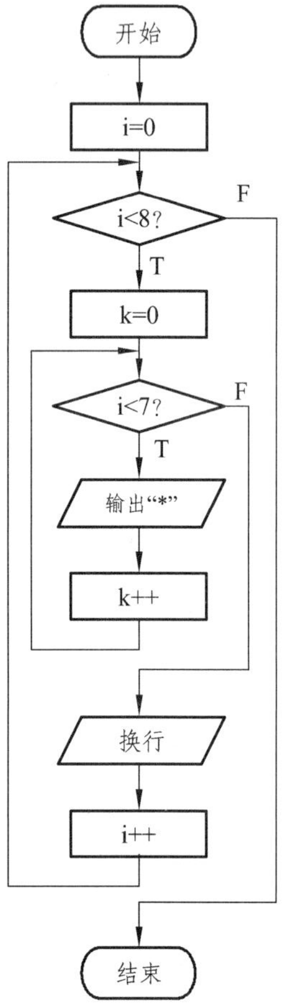

图 5.9 例 5-6 程序流程图

若将程序中 for(j=0;j<7;j++) 改为 for(j=0;j<i;j++)，用行数来控制每行星号的多少，就可以打印三角形，请读者自行验证。

5.5　break 语句和 continue 语句

在程序中的语句通常是按顺序方向或语句功能定义的方向执行的。如果需要改变程序的正常流向，可以使用转移语句：break、continue、goto 和 return。goto 语句在结构化程序中应尽量少用。return 语句只能出现在被调函数中，用于返回到主调函数。这里主要介绍 break、 continue 语句。当我们需要在循环体中提前跳出循环，或者在满足某种条件下，不执行循环体中剩下的语句而立即从头开始新的一轮循环时，break 和 continue 语句为我们带来了极大的方便，用它们可以改变循环执行的状态，提前结束循环。图 5.10 所示为 break 与 continue 语句的区别。

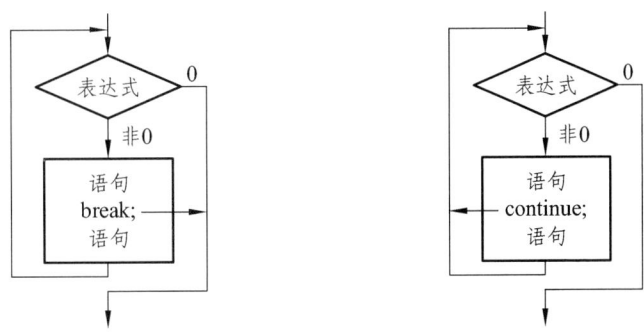

图 5.10 break 与 continue 语句的区别

5.5.1 break 语句

在前面学习 switch 语句时，我们已经接触到 break 语句。在 case 子句执行完后，通过 break 语句使程序立即跳出 switch 结构。当 break 语句用于 while、do-while 和 for 循环语句中时，可使程序终止循环而执行循环后面的语句，通常 break 语句总是与 if 语句联在一起使用，当满足所设定的附加条件时便跳出循环。

例 5-7 打印半径为 1 到 10 的圆的面积，若圆的面积超过 100，则不予打印。

思路分析：本题采用 for 循环结构，设 r 为循环控制变量。r 赋初始值 1，循环条件为 r<=10，并采用 r++ 作为增量修正。设 area 为圆的面积变量，则圆的面积计算公式为 area=3.141593*r*r。

其工作过程如下：在 for 循环中，循环控制变量 r 从 1 到 10，每执行一次循环，就计算并输出一个半径为 r 的圆的面积 area。同时用 if 语句与 break 语句配合使用，判定某一个半径为 r 的圆的面积直到满足附加条件 area>100.0 时，就执行 break 语句，加速改变循环执行的状态，实现提前结束整个循环，同时输出满足所设定的附加条件的 r 值。程序如下：

```c
#include"stdio.h"
int main(void)
{
    int r;
    float area;
    for(r=1;r<=10;r++)
    {
        area=3.141593*r*r;
        if(area>100.0) break;
        printf("area =%f \n",area);
    }
    printf("now r=%d\n",r) ;
```

return 0;
}
执行情况如下：
area =3.141593
area =12.566373
area =28.274338
area =50.265488
area =78.539825
now r=6

当 break 处于嵌套结构中时，它将只跳出最内层结构，而对外层结构无影响。

5.5.2 continue 语句

continue 语句的作用是跳过本次循环中剩余的语句而强行执行下一次循环。continue 语句只用在 for、while、do-while 等循环体中,常与 if 语句一起使用，判断当满足所设定的附加条件时，执行 continue 语句，加速循环。

例 5-8 计算半径为 1 到 5 的圆的面积，仅打印圆的面积超过 50 的部分。

思路分析：本题与上例类似，也采用 for 循环结构。但只计算半径为 1 到 5 的圆的面积，若圆的面积不超过 50，则不予打印。

设 r 为循环控制变量。r 赋初始值 1；循环条件为 r<=5；并采用 r++作为增量修正。设 area 为圆面积变量，则圆的面积计算公式为 area=3.141593*r*r。

其工作过程如下：在 for 循环中，循环控制变量 r 从 1~5，每执行一次循环，就计算一个半径为 r 的圆的面积 area。同时用 if 语句与 continue 语句配合使用，判定当一个半径为 r 的圆的面积满足 area<50.0 的附加条件时，不予打印，并执行 continue 语句，实现提前结束本次循环，加速改变循环执行的状态。程序最终仅输出满足题目要求的圆面积 area 值，程序如下：

```
#include"stdio.h"
int main(void)
{
    int r;
    float area;
    for(r=1;r<=5;r++)
    {
        area=3.141593*r*r;
        if(area<50.0)
            continue;
        printf("area =%f \n",area);
    }
    return 0;
}
```

执行情况如下：

area =50.265488

area =78.539825

同 break 一样，continue 语句也仅仅影响该语句本身所处的循环层，而对外层循环没有影响。

5.6 循环结构程序设计举例

循环结构也是三种基本程序结构之一。循环结构与选择结构类似，使程序的执行不再完全按照语句的顺序执行，而是根据某种条件是否成立来决定程序执行的走向和程序段的重复执行次数。

要设计循环结构程序，应主要考虑两个方面的问题：一是在 C 语言中如何表示循环控制条件；二是在 C 语言中实现循环结构用什么语句。其中最关键的首先还是循环条件的分析、确定和描述问题，找出决定任务循环走向的控制条件，并用表达式表示出来。最后再用 for、while、do-while 等循环语句来实现循环结构。

循环结构中的程序流程从宏观上仍然表现为 I→P→O 组成原理，从微观上局部包含并伴随循环执行结构。控制条件及判断为程序数据处理增加了路径选择思考和重复执行控制功能。如图 5.11 所示为 C 语言循环程序的平面结构基本形式。

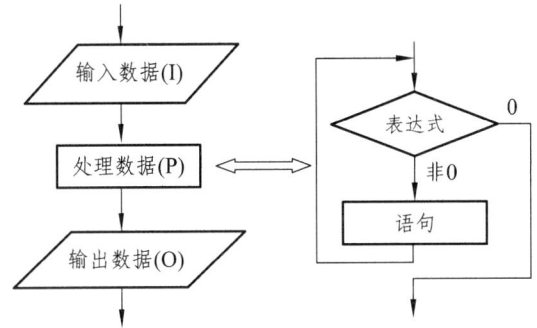

图 5.11　C 语言循环程序的平面结构基本形式

下面举例说明循环结构程序的设计方法。

例 5-9　求 Fibonacci 数列的前 40 个数。该数列的生成方法为：$f_1=1$，$f_2=1$，$f_n=f_{n-1}+f_{n-2}$（$n \geqslant 3$），即从第 3 个数开始，每个数等于前 2 个数之和。

思路分析：题目的要求是计算并输出 Fibonacci 数列的前 40 个数，设计输出为 10 行 4 列，格式采用 for 循环结构控制，按 1 组生成 2 个数，20 组共 40 个数的规律，即每行输出 2 组共 4 个数。

设 i 为循环控制变量。i 赋初始值 1；循环控制条件为 i<=20；并采用 i++ 作为增量修正。在循环体中同时用 if 语句判断使输出 4 个数后换行。

Fibonacci 数列的生成算法：定义并初始化数列变量的前 2 个数 f1=1，f2=1。当 n≥3 时，为了减少变量的个数，下 2 个数仍用 f1、f2 变量表示，则计算数列的下 2 个数的迭代规律为 f1+=f2; f2+=f1，每次一组生成 2 个数，这个重复的数列生成任务在循环控制中完成。

其工作过程如下：在 for 循环中，循环控制变量 i 从 1 到 20，每执行一次循环，计算并输出 2 个组共 4 个数后换行，如此反复循环。

程序流程图如图 5.12 所示。程序代码如下：

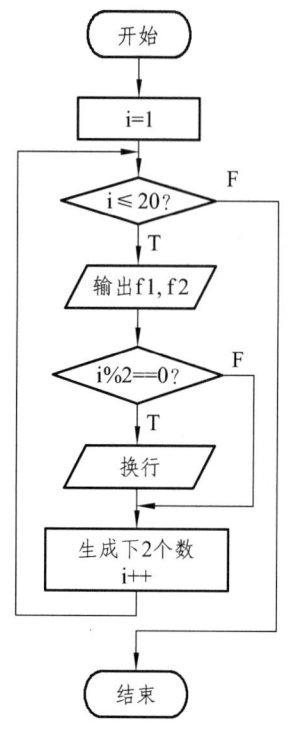

图 5.12　例 5-9 程序流程图

```
#include"stdio.h"
int main(void)
{
    long int f1=1,f2=1;         /*定义并初始化数列的前 2 个数*/
    int i=1;                    /*定义并初始化循环控制变量 i*/
    for( ; i<=20; i++ )         /*1 组 2 个，20 组 40 个数*/
        {
            printf("%15ld%15ld",f1,f2);    /*输出当前的 2 个数*/
            if(i%2==0) printf("\n");       /*输出 2 次（4 个数），换行*/
            f1+=f2; f2+=f1;                /*计算下 2 个数*/
        }
    return 0;
}
```

程序执行结果如下：

1	1	2	3
5	8	13	21
34	55	89	144

233	377	610	987
1597	2584	4181	6765
10946	17711	28657	46368
75025	121393	196418	317811
514229	832040	1346269	2178309
3524578	5702887	9227465	14930352
24157817	39088169	63245986	102334155

例 5-10 输出 10～100 的全部素数。所谓素数 n 是指，除 1 和 n 之外，不能被 2 到 n–1 之间的任何整数整除。

思路分析：根据题意，只要设计出判断某数 i 是否为素数的算法，外面再套一个循环即可完成 10 到 100 之间全部素数的判断和输出。即采用双循环，外循环提供 10 到 100 之间的待判整数 i，内循环则判断该整数 i 是否是素数。

根据素数的定义，对于给定的待判整数 i，用 2 到 i–1 之间的每一个数 j 与 i 相除，如果都不能被整除，则表示该数是一个素数。而判断一个数是否能被另一个数整除，可通过判断它们整除的余数是否为 0(即 i%j==0)来实现。

因此，设外循环控制变量为 i，i 为 10～100，为内循环提供待判整数对象。设内循环控制变量为 j，j 从 2 到 i–1，则内循环在此区间内遍历检查是否存在 i%j==0，从而判断整数 i 是否为素数。

另外，从减少循环的次数来考虑，则根据素数的定义，排除偶数，只需采用奇数作为待判断对象即可。则 i 赋初始值 11，循环控制条件为 i<=100，并用 i+=2 作为增量修正，为内循环中判断素数提供奇数序列的待判对象。

要求每行输出 10 个素数，现设 counter 作为每行输出素数的个数控制变量，当 counter%10==0 成立时，则换行。

程序流程图如图 5.13 所示。参考源程序如下：

```
#include"stdio.h"
int main(void)
{
    int i=11,j,counter=0;
    for( ; i<=100; i+=2)
```

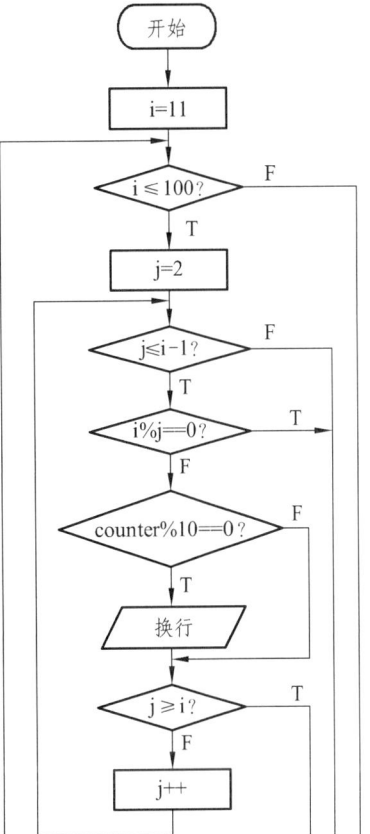

图 5.13 例 5-10 程序流程图

/*外循环：为内循环提供一个整数 i*/

```
            {
                for(j=2; j<=i – 1; j++)         /*内循环：判断整数 i 是否是素数*/
                    if(i%j==0)                  /*i 不是素数*/
                        break;                  /*强行结束内循环，执行下一轮外循环*/
                    if(counter%10==0)           /*每输出 10 个数换一行*/
                        printf("\n");
                    if( j>=i )                  /*整数 i 是素数：输出，计数器加 1*/
                    {
                        printf("%6d",i);
                        counter++;
                    }
            }
            return 0;
    }
```

程序执行结果如下：

```
         11    13    17    19    23    29    31
37    41    43
         47    53    59    61    67    71    73
79    83    89
         97
```

例 5-11 输出以下 4*5 的矩阵。

```
         1    2    3    4    5
         2    4    6    8    10
         3    6    9    12   15
         4    8    12   16   20
```

解题思路：通过观察分析可知，矩阵中每个元素的值 a_{ij} 与行 i 和列 j 的关系算法为 $a_{ij}=i*j$。

整个输出矩阵 4 行 5 列,可以用循环的嵌套来处理此问题。用外循环输出一行数据，用内循环输出一列数据，按矩阵的格式（每行 5 个数据）输出。设置两个 for 循环控制变量 i,j。其中，i 在最外层循环中用于控制输出矩阵的行数；j 在内层循环中用于控制输出矩阵的列数。i 赋初始值 1；循环控制条件为 i<=4；j 赋初始值 1；循环控制条件为 j<=5。再设置一个每行中输出数据个数的计数变量 n，在内循环体中配合 if 语句，用求余方式 n%5==0 作为判断条件，使每行输出 5 个数据后就换行一次。

程序流程图如图 5.14 所示。

程序代码如下：

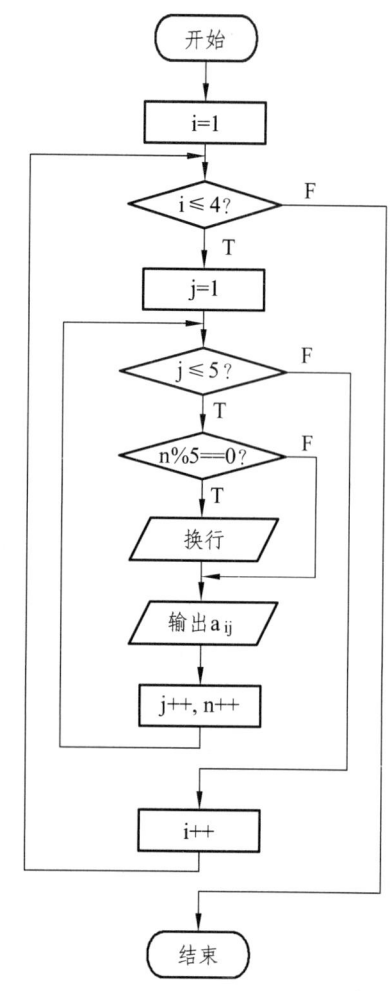

图 5.14　例 5-11 程序流程图

```
#include <stdio.h>
int main(void)
{
    int i,j,n=0;
    for (i=1;i<=4;i++)
        for (j=1;j<=5;j++,n++)
        {
            if (n%5==0) printf ("\n");
            printf ("%d\t",i*j);
        }
    printf("\n");
    return 0;
}
```
程序执行结果如下：

1	2	3	4	5
2	4	6	8	10
3	6	9	12	15
4	8	12	16	20

例 5-12　用 for 循环输出以下图形。

```
   *
  ***
 *****
*******
 *****
  ***
   *
```

思路分析：整个图形有 7 行 7 列，先将其分成上下近似对称的两部分，上部分多一行，下部分少一行；而每个部分又分成左右两部分，左边部分是由空格" "组成，右边部分是由星号"*"组成，即在一行中既有" "，又有"*"。

为了输出整个图形，设置三个 for 循环控制变量 i，j，k。其中，i 在最外层循环中用于控制输出图形的行数；j、k 均用于并列内层中，j 首先在内层循环中用于控制图形每行中打印" "的个数；k 再在内层循环中用于控制图形每行中打印"*"的个数。

图形上部分共 4 行，i 从 0 到 3。上面左边部分每行共 3-i 个" "，打印控制 j 从 0 到 2-i；上面右边部分每行共 2*i+1 个"*"，打印控制 k 从 0 到 2*i，输出一行图形后换行。

图形下部分共 3 行，i 从 0 到 2。下面左边部分每行共 i+1 个" "，打印控制 k 从 0 到 i；下面右边部分每行共 5-2*i 个"*"，打印控制 k 从 0 到 4-2*i，输出一行图形后换行。

程序流程图如图 5.15 所示。

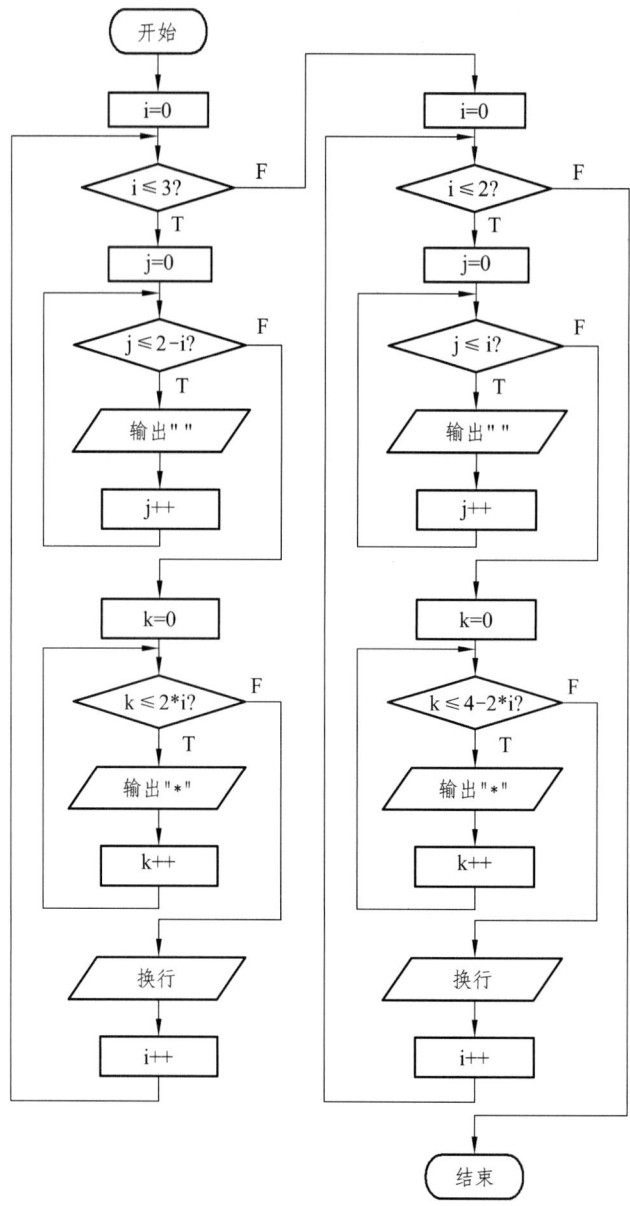

图 5.15　例 5-12 程序流程图

程序代码如下：

#include <stdio.h>

int main()

{

　　int i,j,k;

　　for (i=0;i<=3;i++)

　　{

　　　　for (j=0;j<=2-i;j++)

　　　　　　printf(" ");

```
            for (k=0;k<=2*i;k++)
                printf("*");
            printf("\n");
        }
        for (i=0;i<=2;i++)
        {
            for (j=0;j<=i;j++)
                printf(" ");
            for (k=0;k<=4 – 2*i;k++)
                printf("*");
            printf("\n");
        }
        return 0;
    }
```
程序执行结果如下：

```
   *
  ***
 *****
*******
 *****
  ***
   *
```

【操作小结】

（1）循环结构是结构化程序的三种基本结构之一，它与顺序结构、选择结构共同作为各种复杂程序的基本构造单元。

（2）while 语句和 do-while 语句的比较：while 用来实现"当型"循环，特点是先判断后执行。只要表达式不成立，它就跳过循环体内的语句，直接执行 while 后面的语句。do-while 语句用来实现"直到型"循环，特点是先执行后判断，不论表达式是否成立，循环体都将被无条件执行一次。当 while 后面的表达式第一次的值为"真"时，两种循环得到的结果相同，否则不相同。

（3）在三种循环语句中，for 语句的运用最灵活，它可以对循环的初值、终值以及循环结束条件进行直接设置或对其中某一部分做特殊处理，但是当不知道循环的初始值和终止值时，还是要用 while 或 do-while 语句解决问题。

for 语句的执行过程归纳如下：

① 先求解表达式 1。

② 求解表达式 2，若其值为真（值为非 0），则执行 for 语句中指定的内嵌语句，然后执行下面第③步。若为假（值为 0），则结束循环，转到第⑤步。

③ 求解表达式 3。

④ 转回上面第②步骤继续执行。

⑤ 循环结束，执行 for 语句下面的一个语句。

C 语言中的 for 语句功能很强。可以把循环体和一些与循环控制无关的操作也作为表达式 1 或表达式 3 出现，这样程序可以短小简洁。但过分地利用这一特点会使 for 语句显得杂乱，可读性降低。建议最好不要把与循环控制无关的内容放到 for 语句中。

（4）三种循环语句 while、do-while、for 可以互相嵌套自由组合。但要注意的是，各循环必须完整，相互之间绝不允许交叉。

（5）需要在循环体中提前跳出循环，或者在满足某种条件下，不执行循环中剩下的语句而立即从头开始新的一轮循环，这时就要用到 break 和 continue 语句。

（6）要设计循环结构程序，应主要考虑两个方面的问题：一是在 C 语言中如何表示循环控制条件；二是在 C 语言中实现循环结构用什么语句。其中最关键的首先还是循环条件的分析、确定和描述问题，找出决定循环走向的控制条件，并用表达式表示出来。最后再用 for、while、do-while 等循环语句实现循环结构。

循环控制变量的确定是解决循环问题的关键，它一般有三个操作要素：赋初始值、判断条件和取值修正。判断条件是设计循环控制的核心。

迭代算法是程序设计中比较常用的算法，设计迭代算法的三个关键因素是：赋初始值、迭代方式和迭代条件。其中，迭代方式是设计迭代算法的核心。

【课外习题】

一、问答题

1. 请简述 while 语句和 do-while 语句的区别。
2. 请简述 break 语句和 continue 语句的区别。

二、单选题

1. 以下叙述正确的是（   ）。
A) do-while 语句构成的循环不能用其他语句构成的循环代替
B) do-while 语句构成的循环只能用 break 语句退出
C) 用 do-while 语句构成的循环，在 while 后的表达式为非 0 时结束循环
D) 用 do-while 语句构成的循环，在 while 后的表达式为 0 时结束循环

2. 以下程序的输出结果是（   ）。
```
#include"stdio.h"
int main(void)
{
    int n=4;
    while(n--)
    printf("%d",--n);
    return 0;
}
```
A) 20　　　　B) 31　　　　C) 321　　　　D) 210

3. 有如下程序：
```
#include"stdio.h"
```

```
int main(void)
{
    int i,sum;
    for(i=1;i<=3; sum++)
        sum+=i;
    printf("%d\n",sum);
    return 0;
}
```
该程序的执行结果是（   ）。
A) 6　　　　　　　B) 3　　　　　C) 死循环　　　　　D) 0

4. 以下程序的输出结果是（   ）。
```
#include"stdio.h"
int main(void)
{
    int a=0,j;
    for(j=0;j<4;j++)
    {
        switch(j)
        {
            case    0:
            case    3:a+=2;
            case    1:
            case    2:a+=3;
            default:a+=5;
        }
    }
    printf("%d\n",a);
    return 0;
}
```
A) 36　　　　　　B) 13　　　　　C) 10　　　　　D) 20

5. 以下程序的输出结果是（   ）。
```
#include"stdio.h"
int main(void)
{
    int i=0,a=0;
    while(i<20)
    {
        for(;;)
        {
            if((i%10)==0) break;
            else i--;
```

```
            }
            i+=11;a+=i;
        }
    printf("%d\n",a);
    return 0;
}
```

A) 21   B) 32   C) 33   D)11

三、判断题

1. 一个循环体内又包含另一个完整的循环结构，称为循环的嵌套。(   )
2. break 语句只能用于循环语句。(   )

四、填空题

1. 以下程序的输出结果是_____。

```
#include"stdio.h"
int main(void)
{
    int s,i;
    for(s=0,i=1;i<3;i++,s+=i);
    printf("%d\n",s);
    return 0;
}
```

2. 要使以下程序段输出 10 个整数，请填入一个整数。

for(i=0;i<=_____ ;printf("%d\n",i+=2));

3. 设有以下程序：

```
#include"stdio.h"
int main(void)
{
    int n1,n2;
    scanf("%d",&n2);
    while(n2!=0)
    {
        n1=n2%10;
        n2=n2/10;
        printf("%d",n1);
    }
    return 0;
}
```

程序运行后，如果从键盘上为 n2 变量输入 1298，则输出结果为_____。

五、编程题

1. 编写程序，计算 10!=1*2*…*10。
2. 编写程序，输入一个整数 m，判断是否是素数。

6 数 组

【能力训练】

简单趣味程序演示：兔子繁殖问题

这是一个有趣的古典数学问题。在 700 多年前，意大利有一位著名数学家斐波那契（Fibonacci）在他的《算盘全集》一书中提出了这样一道有趣的兔子繁殖问题（称为裴波那契数列，也叫兔子数列）。如果有一对小兔，从出生后第 3 个月起每个月都生下一对兔子，而所新生下的每一对小兔在出生后的第三个月也都生下一对小兔。那么，由一对兔子开始，满一年时一共可以繁殖成多少对兔子？

趣味程序演示代码见本课程 PPT。

任务 6　学会数组的设计方法

一、任务要求

1. 知识要求

（1）掌握一维数组的定义、一维数组的数据元素存取操作、排序操作和移动操作。
（2）掌握二维数组的定义、二维数组的数据元素存取操作、查找操作。
（3）掌握字符数组的定义、字符串函数的应用。

2. 技能要求

（1）能够应用一维数组完成数据排序、插入、删除和移位操作。
（3）能够应用二维数组完成矩阵转置、求和、查询等操作。
（4）能够应用字符数组完成字符串基本操作。

3. 考核标准

本单元能力检查通常应该以上机直接检查为主，当场记录成绩。程序全部正确并且有良好编程习惯的记录为 A 等，有少数错误并能很快改正的记录为 A - 等，有少数错误但不能改正的记录为 B+等，有较多错误可以改正部分的记录为 B 等，有较多错误又不能改正的记录为 B - 等，最低不能低于 C - 等。

记录调试过程中的出错情况和运行结果，撰写高质量的技能训练总结报告。

4. 素质要求

在讲解数组过程中，引导学生对集体主义精神的思考，培养自己的集体主义精神。

二、训练内容

（1）在 C 语言集成环境下，录入本章必备知识部分例题中的程序，进一步掌握一维数组、二维数组、字符数组的基本概念、基本操作，以及程序设计、调试、运行的方法。

（2）上机编程，完成课外习题五编程题中 1、2 题，要求上机编程并调试通过。

（3）上机编程，完成课外习题五编程题中 4 题，要求上机编程并调试通过。

（4）上机编程，完成课外习题五编程题中 6 题，要求上机编程并调试通过。

【必备知识】

阶段性子系统（子程序）引例：
学生成绩管理系统中同类型的批量数据处理

基本程序只考虑一门成绩数据，均为同类型批量数据，如 100 个学生的成绩。由于在管理学生成绩的过程中，需要不断地操作学生的成绩数据，而且有些操作数据需要更改，因此用数组保存学生成绩从而进行同类型批量数据处理在程序操作中较为方便，如图 6.1 所示。

程序运行代码见本课程 PPT。

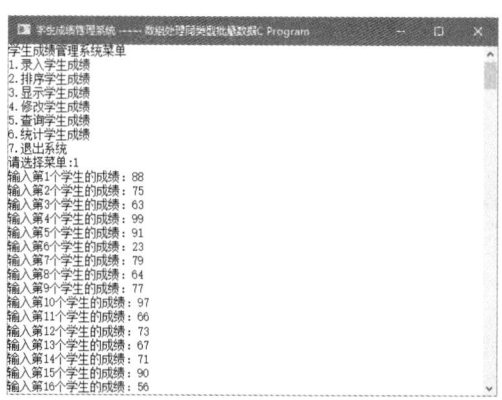

图 6.1 学生成绩管理系统中同类型的批量数据处理

到目前为止，我们一直使用的都是基本数据类型（整型、浮点型、字符型）的数据，而实际上，C 语言还提供了用户自定义（也称为构造类型）数据类型的功能。所谓用户自定义数据类型，即为程序员在编程过程中，根据需要将基本数据类型的数据按照一定的规则组织成一种新的数据类型。在 C 语言编程中，用户可以使用的自定义数据类型有数组、结构体和共用体。

本单元只介绍数组，主要内容有一维数组、二维数组和字符数组。在 C 语言中，数组定义为具有一定顺序的若干相同类型变量的集合体,组成数组的数据称为该数组的元素,通过数组名和元素在数组中的索引(也称为下标)进行访问。在一个数组中,数组元素的索引值从 0 开始,有 n 个元素的数组,最后一个元素的索引值为 n-1。

利用数组可以处理批量数据。

6.1 一维数组

6.1.1 一维数组的定义与初始化

1. 一维数组的定义

数组必须先定义再使用。一维数组的语法定义为:

  数据类型　数组名[常量表达式];

其中,

(1)数据类型:可以是 C 语言的基本数据类型,也可以用户自定义数据类型,用于指明数组中存放元素的数据类型。

(2)数组名:符合变量命名规则的所有合法标识符,都可以用作数组名。

(3)常量表达式:即数组长度,用于指定数组中可存放元素的个数,要求必须是整型表达式或整型常量值,并且要用方括号"[]"括起来。数组长度在程序编译之前应该是一个确定的值,不能使用变量。

例 6-1 一维数组的定义。

  int a[5];

表示定义了一个整型数组 a,可以存放 5 个整型数据元素,索引从 0 开始到 4 结束,分别是:a[0]、a[1]、a[2]、a[3]和 a[4]。而下面的数组定义:

  int n=5;
  char ch[n];

或

  int n;
  scanf("%d",&n);
  char ch[n];

都是错误的数组定义语句。

2. 一维数组的初始化

基本数据类型的变量在定义时,可以初始化,一维数组在定义时,也可以初始化。一维数组在定义后,如果没有初始化,则数组中每个元素都有固定的默认值。整型一维数组每个元素的默认值为 0;浮点类型一组数组的每个元素默认值为 0.0;字符类型一维数组每个元素的默认值为'\0'。

例 6-2 默认值初始化一维数组。

  int a[4];

则整型数组 a 中各个元素的默认值为：a[0]=0,a[1]=0,a[2]=0,a[3]=0。

在 C 语言中，一维数组的初始化语法为：

数据类型 数组名[数组长度] = {初始值列表}；

其中，初始值列表用于给出初始化数组元素的值，初始值列表中元素的个数不能超过数组的长度，初始值之间分别用","分隔开。

初始化一维数组有如下 3 种方式：

（1）指定数组长度并初始化数组中所有元素，此时数组长度与大括号中初始值的个数相同，每一个初始值之间用","分隔开。

例 6-3 定义一维数组时指定长度并全部初始化。

int a[5]={2,5,3,6,9};

定义整型一维数组 a 可以存放 5 个元素，大括号中列出了 5 个具体的整数值，此时数组 a 中各元素的值分别为：a[0]=2,a[1]=5,a[2]=3,a[3]=6,a[4]=9。初始值个数和数组长度相同。

（2）指定数组长度，但只初始化部分数组元素，此时没有指定初始值的数组元素为默认值。

例 6-4 定义一维数组时指定长度但只初始化部分元素。

float b[6]={2.5,3.2,4.3};

定义浮点类型一维数 b 可以存放 6 个元素，大括号中只列出了 3 个具体的浮点数，则只初始化一维数组 b 中前 3 个元素，后 3 个元素则为默认值，即数组 b 中各元素值分别为：b[0]=2.5,b[1]=3.2,b[2]=4.3,b[3]=0.0,b[4]=0.0,b[5]=0.0。初始值个数小于数组长度。

（3）不指定数组长度，而只给出初始化元素值，此时数组长度默认为初始化元素值的个数。

例 6-5 定义一维数组时用初始值个数确定数组长度。

char chs[]={'c','h','i','n','a'};

定义字符类型一维数组 chs，并用 5 个字符进行初始化，此时数组 chs 的长度为 5,每个元素的值分别为:chs[0]='c'，chs[1]='h'，chs[2]='i'，chs[3]='n'，chs[4]='a'。

在实际应用中，对一维数组的定义及初始化，应该根据实际情况来确定，而没有固定的要求。

6.1.2 一维数组的引用

C 语言规定只能逐个引用数组元素，而不能一次引用整个数组。

数组元素的引用表示形式为：

数组[索引]；

索引可以是整型常量，也可以是整型表达式。

例 6-6 输出 0 到 9 的平方。

思路分析：对于 0 到 9 中的某数 i，引用一维数组元素 a[i] 来存放 i*i 的值。程序先通过一个 for 循环语句，把每个数的平方存放到以这个数为索引的数组元素中，再通过另一个 for 循环语句输出。程序代码如下：

#include <stdio.h>

```
int main(void)
{
    int a[10], i;
    for(i=0;i<10;i++)
        a[i]=i*i;
    for(i=0;i<10;i++)
        printf("%d\t",a[i]);
    return 0;
}
```
程序运行结果：

0   1   4   9   16   25   36   49   64   81

6.1.3 一维数组的应用

例 6-7 输出 Fibonacci 数列的前 20 项，每行输出 5 个数。Fibonacci 数列为前两项为 1，从第三项开始，以后每项为其前两项之和，如：1,1,2,3,5,8,…

思路分析：这是一个有一定规律的批量数据处理问题，设 i 作为索引（下标），利用数组元素 f[i]即可方便地表示和输出数列各项，其中前两项初始化为 1，以后每项为 f[i]=f[i−2]+f[i−1]。程序代码如下：

```
#include <stdio.h>
int main(void)
{
    int i,f[20]={1,1};
    for(i=2;i<20;i++)
        f[i]=f[i-2]+f[i-1];
    for(i=0;i<20;i++)
    {
        if(i%5==0)
            printf("\n");
        printf("%d\t",f[i]);
    }
    return 0;
}
```
程序运行结果：

1	1	2	3	5
8	13	21	34	55
89	144	233	377	610
987	1597	2584	4181	6765

例 6-8 冒泡法排序。从键盘输入一组数，然后将其按从小到大的顺序输出。

思路分析：将数组中相邻的两个数进行比较，将较小的数移到较大的数前面。比如现在有 5 个数，分别为 5,3,7,2,1。要按从小到大排序，可分析如下：

3 5 7 2 1　　第一次 5 和 3 比较，交换 5 和 3；
3 5 7 2 1　　第二次 5 和 7 比较，不交换；
3 5 2 7 1　　第三次 7 和 2 比较，交换 7 和 2；
3 5 2 1 7　　第四次 7 和 1 比较，交换 7 和 1。

5 个数经过第一轮 4 次比较后，最大的数 7 被交换到数列的最后面，而最小的数 1 被交换到了前一位，但整个数列还没有按要求完成从小到大的顺序排列，还要再进行第二轮比较，过程如下：

3 5 2 1 7　　第一次 3 和 5 比较，不交换；
3 2 5 1 7　　第二次 5 和 2 比较，交换 5 和 2；
3 2 1 5 7　　第三次 5 和 1 比较，交换 5 和 1；
3 2 1 5 7　　第四次 5 和 7 比较，不交换。

5 个数经过第二轮的 4 次比较后，最小的数 1 又被交换到了前一个位置，而次最大的数 5 从第 2 个位置被交换到了倒数第 2 的位置，并且后面的两个数已经完成了从小到大的排序。不过前面还剩下 3 个数没有达到目的，也就还需要做 3 轮比较。

从以上分析可知，5 个数需要比较 5 轮；一般情况下，每一轮都需要做 4 次比较。第一轮比较结束以后，最大的数被交换到了最后；经过第二轮比较后，最后两个数完成了从小到大的顺序排列，但整个数列还没有最终完成排序任务。不过，由此可以看出，在第一轮比较结束之后，最后面的一个数可以不再参与下一轮的比较操作；在第二轮比较结束之后，后面的两个数可以不再参与再下一轮的比较操作，以此类推。这样可以减少后续每一轮中的比较次数，提高程序运行效率。

综上所述，如果有 n 个数要进行排序，则需要进行 n 轮比较。经过前面 m 轮比较以后，数列的后 m 个数已完成排序。第一轮中需要 n–1 次比较，而从第二轮开始，n 个数经过 m 轮比较之后，每轮中则只需要做 n–1–m 次比较即可，直到 n 个数排好序为止。

本例用双重循环处理冒泡排序算法问题。设 i 为外循环变量，用于比较轮数的计数；设 j 为内循环变量，用于每一轮中的比较次数计数；a[j]与 a[j+1]则表示相邻的两个待排序的数。如果 a[j]>a[j+1]，则交换 a[j]和 a[j+1]的位置；tmp 为交换数据时所用的中间变量。据此分析，可以画出冒泡法排序流程图，如图 6.2 所示。

根据流程图，写出程序代码如下：

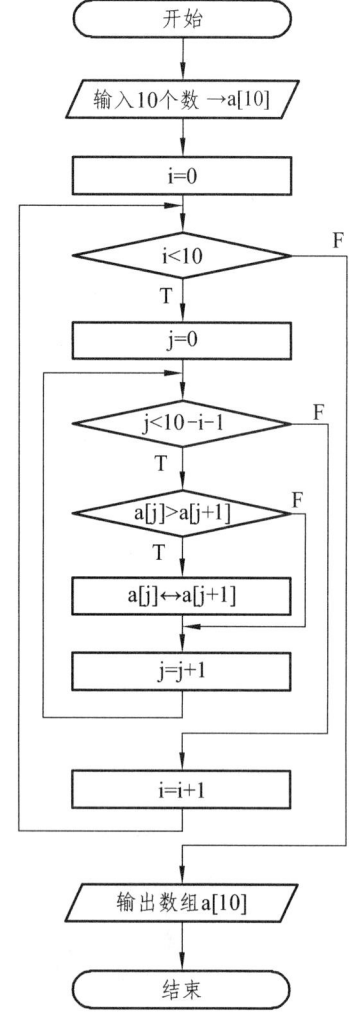

图 6.2　冒泡法排序流程图

```
#include "stdio.h"
int main(void)
    {
        int a[10];
        int i,j,tmp;
        printf("Please input 10 number:");
        for(i=0;i<10;i++)
            scanf("%d",&a[i]);
        for(i=0;i<10;i++)
            for(j=0;j<10 - 1 - i;j++)
                if(a[j]>a[j+1]) //如果 a[j]大于 a[j+1]，则交换 a[j]和 a[j+1]
                {
                    tmp=a[j];
                    a[j]=a[j+1];
                    a[j+1]=tmp;
                }
        printf("The sorted number is:");
        for(i=0;i<10;i++)
            printf("%d\t",a[i]);
    return 0;
    }
```

程序运行结果：

Please input 10 number:10 23 11 19 8 21 12 18 24 3✓

The sorted number is:3 8 10 11 12 18 19 21 23 24

例 6-9 从键盘输入一个数，将其插入到一个有序数列中，并保证插入数后，数列仍然有序。

思路分析：假设数组 a[m]（m>5）中现有 5 个从小到大排好序的数：2、5、7、9、11，现在从键盘输入的数为 8,则 8 应该插入原数列中 7 的后面、9 的前面。实现插入数 8 到有序数列的方法如下：先将 8 和原来数列中的每个数 a[i]进行比较，如果 8 大于数列中的数 a[i]，则记录数列中数 a[i]的索引值 index=i，直到找出数列中比 8 大的第一个数 9 为止，此时 index 的值 2 就为查找到的插入处；然后将数组中从 index+1=3 开始的数往后移动一个位置，让出一个空位；最后再将 8 插入到 index+1=3 的位置即可。

本例的核心问题是索引值的算法问题，主要任务是先用循环查找插入点，然后用循环后移数据，再插入待插数，最后输出数组。设数组为 a[m]，m 为数组长度，原有序数列中数的个数为 m－1 个；输入一个待插入数为 n。设 i 作为 n>a[i]比较时的循环变量，同时设 index 为记录数列中数 a[i]的索引值，直到找出数列中比 n 大的第一个数 a[i+1]为止，此时 index 的值就是查找到的插入处；接着就将 index+1 开始的数据往后移动一个位置，即循环执行 a[i]=a[i－1]；再把 n 插入到让出的空位 index+1 的位置，即 a[index+1]=n；最后用循环输出数组 a[m]。据此分析，可画出实现插入数到有序数列的程序流程图，如图 6.3 所示。

根据流程图，写出程序代码如下：

```c
#include "stdio.h"
int main(void)
{
    int a[11]={2,5,7,10,14,19,20,23,24,29};
    int i,n,index=-1;//index 用于记录键盘输入的数 n 应
    //该插入的位置
    printf("Please input a int number:");
    scanf("%d",&n);
    for(i=0;i<10;i++)
       if(n>a[i])//如果 n 大于 a[i]，则将 i 的值存入 index
       //中记录下来
            index=i;
    for(i=11;i>index+1;i--)//通过循环，将数组中索引
    //为 index 后的数据往后移动一个位置
        a[i]=a[i-1];
    a[index+1]=n; //将 n 插入到 index 后的第一个位置
    for(i=0;i<11;i++)
        printf("%d\t",a[i]);
    return 0;
}
```

程序运行结果：

Please input a int number:17↙
2　5　7　10　14　17　19　20　23　24　29

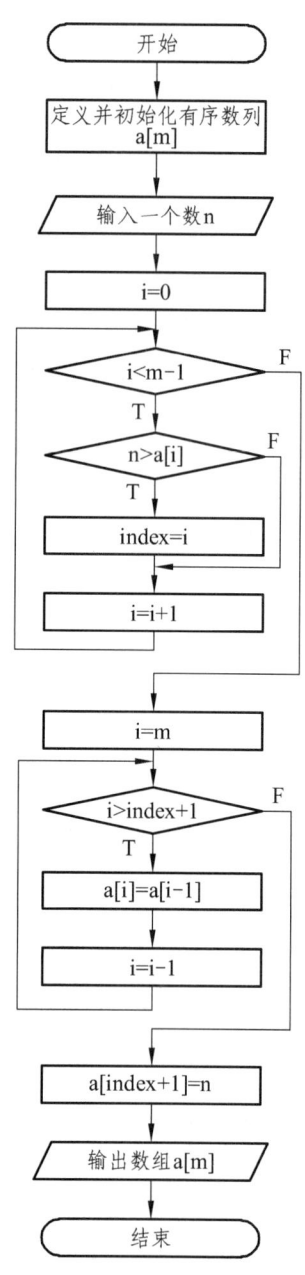

图 6.3　插入数到有序数列的流程图

6.2　二维数组

6.2.1　二维数组的定义

1．二维数组的定义

二维数组的定义语法为：

数据类型　数组名[常量表达式 1][常量表达式 2]；

其中，

（1）数据类型、数组名和一维数组的说明相同。

（2）常量表达式 1 和常量表达式 2：用于说明二维数组中的第一维和第二维的数组长度，也同样要求是整型常量或整型表达式，常量表达式 1 和常量表达式 2 不分前后顺序。

（3）二维数组通常用于表示或描述矩阵，常量表达式 1 用于描述矩阵的行数，常量表达式 2 用于描述矩阵的列数。

在 C 语言中，二维数组可以被看作一种特殊的一维数组，即一维数组的每个元素又是一个一维数组。

例 6-10 二维数组的定义。

int a[3][4];

表示定义了一个 3×4（3 行 4 列矩阵）的整型二维数组 a，可以用于存放 12 个整型数据。但 a[3][4] 又可以被看成是一个长度为 3 的一维数组 a[3]，数组中的每个元素分别是 a[0]、a[1]、a[2]，而其中的每个元素又是一个长度为 4 的一维数组，即 a[0][4]、a[1][4]、a[2][4]。上面二维数组定义可以用图 6.4 来加深理解。

```
   ┌─ a[0]── a[0][0]  a[0][1]  a[0][2]  a[0][3]
a ─┼─ a[1]── a[1][0]  a[1][1]  a[1][2]  a[1][3]
   └─ a[2]── a[2][0]  a[2][1]  a[2][2]  a[2][3]
```

图 6.4 二维数组结构

此处把 a[0]、a[1]、a[2] 看作一维数组。而 C 语言中，对二维数组在内存中的存放也是按行顺序存放的，即先顺序存放第一行，再顺序存放第二行及第三行。

二维数组在定义时，一维和二维的常量表达式必须单独用方括号括起来，即上面定义的二维数组 a[3][4] 不能写成下面的形式：

int a[3,4];

2. 二维数组的初始化

一维数组在定义时，可以初始化，同样道理，二维数组在定义时也可以初始化。二维数组的初始化语法和一维数组相似，初始化语法如下：

　　　　数据类型 数组名[常量表达式 1][常量表达式 2] = {初始值列表}；

其中，初始值列表用于给出初始化数组元素的值，初始值列表中元素的个数不能超过"常量表达式 1"和"常量表达式 2"的乘积，即二维数组的长度，初始值之间分别用","分隔开，但多数情况二维数组的初始值列表通常会按矩阵的行列结构形式来给出。

初始化二维数组有 3 种形式，分别如下。

（1）指定二维数组长度，并初始化二维数组中的每个数组元素，此种情况，初始值列表有两种书写方式：

第一种：初始值直接给出，用一个大括号括起来。

例 6-11 定义并初始化二维数组全部元素。

int a[3][4]={1,2,3,4,5,6,7,8,9,10,11,12};

此种情况，初始值直接在赋值符号"="后的大括号内给出，并用","分隔每个数组元素。此时，数据较多，容易写漏，也不易于检查。

第二种：初始值采用行、列结构形式给出。

例 6-12 采用行列结构初始化二维数组全部元素。

int a[4][3]={{1,2,3},{4,5,6},{7,8,9},{10,11,12}};

此种情况，初始值按矩阵行、列结构分别用大括号括起来，一行的元素在一个大括号之中，比较直观，习惯上二维数组都采用此种方式进行初始化。

（2）指定二维数组长度，但只初始化二维数组部分元素。此时，初始值应该按行、列结构用一对大括号分别括起来；不初始化的元素，用默认值代替。

例 6-13 采用行列结构初始化二维数组部分元素。

int a[4][4]={{1},{4},{7},{10}};

或

int b[3][4]={{0,0,0,1},{0,2},{0,0,4}};

上面两行代码分别将二维数组 a 和 b 初始化为如图 6.5 所示的矩阵形式。

```
1  0  0  0          0  0  0  1
4  0  0  0          0  2  0  0
7  0  0  0          0  0  4  0
10 0  0  0
 （a）4×4 矩阵 a      （b）3×4 矩阵 b
```

图 6.5 二维数组初始化

（3）不完整指定数组长度，但初始化二维数组的每个数组元素。

例 6-14 采用行列结构初始化不指定第一维长度的二维数组。

int a[][4]={{1,2,3,4},{5,6,7,8}};

此种情况，必须指定二维数组的第二维的长度，第一维的长度则根据初始值的个数来计算，如上面的二维数组 a，指定了第二维的长度为 4，又指定了 8 个初始值，则可计算出第一维的长度为 2。

在定义并初始化二维数组的时候，只能省略二维数组中第一维的长度，而不能省略第二维的长度，更不能同时省略两维的长度。

请分析下面二维数组第一维的长度是多少？

int a[][3]={1,3,5,7,9,12,15};

答案：第一维的长度为 3，为什么？

6.2.2 二维数组的引用

二维数组元素的表示形式为：

数组[索引 1][索引 2];

索引 1 通常又叫行索引，索引 2 通常又叫列索引，索引 1 和索引 2 可以是整型常量，也可以是整型表达式。

例 6-15 二维数组引用。

a[3][2]=a[1+2][2-1]/3;

上面语句中，索引 1 和索引 2 可以是整型常量，也可以是整型表达式。该语句表示将元素 a[3][1]的值整除以 3，再赋给元素 a[3][2]。

在引用二维数组时，要注意，索引 1 的值应该小于二维数组第一维的长度，索引 2 的值应该小于二维数组第二维的长度，而下面的二维数组引用方式：

int a[3][4];

a[3][4]=23;

都是错误的。

6.2.3 二维数组的应用

二维数组通常用于描述具有行、列结构的矩阵，所以在引用二维数组元素时，通常使用两个循环语句来分别生成二维数组的第一维和第二维的索引值，即行、列值。

例 6-16 将一个 3×4 矩阵中行、列位置的元素互换。例如：

$$\begin{bmatrix} 3 & 4 & 5 & 6 \\ 9 & 8 & 7 & 2 \\ 1 & 9 & 2 & 4 \end{bmatrix} \longrightarrow \begin{bmatrix} 3 & 9 & 1 \\ 4 & 8 & 9 \\ 5 & 7 & 2 \\ 6 & 2 & 4 \end{bmatrix}$$

思路分析：从上面可以看出，所谓矩阵元素行、列位置互换，实质上就是将矩阵元素的行坐标和列坐标相互交换，如果用(i,j)来表示矩阵元素的坐标，则行、列互换后，就应该是（j,i)。

定义 a[3][4]为互换前的矩阵，定义 b[4][3]为互换后的矩阵。i 和 j 分别用来表示外循环和内循环的循环控制变量。本例的主要任务是先用双循环输出矩阵 a[3][4]；然后用双循环进行行、列位置的元素互换，即完成 b[j][i]=a[i][j]；最后再输出矩阵 b[4][3]。据此编写程序如下：

```
#include "stdio.h"
int main(void)
{
   int a[3][4]={{3,4,5,6},{9,8,7,2},{1,9,2,4}};
   int b[4][3],i,j;
   printf("Array a:\n");
   for(i=0;i<3;i++) //通过一个 for 语句双循环，先输出矩阵 a
     {
     for(j=0;j<4;j++)//内循环输出每行的各列
        printf("%d\t",a[i][j]);
     printf("\n"); //外循环控制换行
     }
   for(i=0;i<3;i++) // 通过一个 for 语句双循环，完成行、列位置互换
     for(j=0;j<4;j++)
        b[j][i]=a[i][j];
   printf("Array b:\n"); //输出行、列互换后的矩阵 b
   for(i=0;i<4;i++)
     {
     for(j=0;j<3;j++)
        printf("%d\t",b[i][j]);
     printf("\n");
     }
   return 0;
}
```
程序运行结果：

Array a:
```
3    4    5    6
9    8    7    2
1    9    2    4
```
Array b:
```
3    9    1
4    8    9
5    7    2
6    2    4
```

例 6-17 打印一个 4×4 矩阵,并求矩阵左下三角形的元素之和。

思路分析:在一个 4×4 矩阵中,每个元素的坐标用(i,j)表示,从元素的行坐标和列坐标可以看出,左下三角形的元素具有行坐标(i)大于或等于列坐标(j)的关系。

首先定义并初始化矩阵 a[4][4],并设 i 和 j 分别用来表示外循环和内循环的循环控制变量。本例的主要任务是先用双循环输出矩阵 a[4][4];然后用双循环求矩阵左下三角形的元素之和,即当 i>=j 条件成立时,执行 sum=sum+a[i][j];最后再输出 sum 值。据此可以画出对矩阵左下三角形求和的程序流程图,如图 6.6 所示。

根据流程图,可以写出程序代码如下:

```
#include "stdio.h"
int main(void)
{
    int a[4][4]={{4,3,5,2},{2,6,7,9},{9,2,8,6},{5,7,3,8}};
//定义并初始化二维数组 4×4 矩阵
    int i,j,sum=0;
    for(i=0;i<4;i++)    //双循环打印 4×4 矩阵
    {
        for(j=0;j<4;j++)
            printf("%d\t",a[i][j]);
        printf("\n");
    }
    for(i=0;i<4;i++)//求左下三角形元素之和
        for(j=0;j<4;j++)
            if(i>=j)
                sum+=a[i][j];
    printf("sum=%d\n",sum);
```

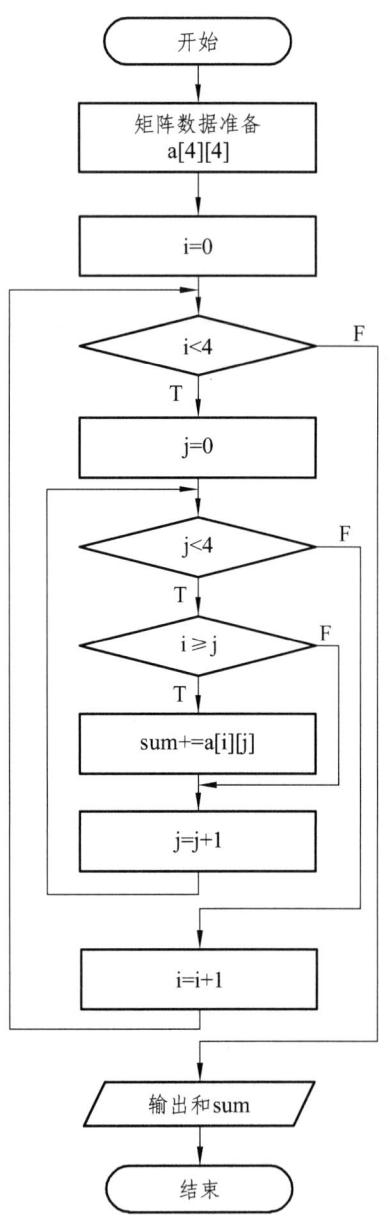

图 6.6 求矩阵左下角元素之和的流程图

```
        return 0;
}
```
程序运行结果：

```
4    3    5    2
2    6    7    9
9    2    8    6
5    7    3    8
sum=54
```

练习：求图 6.7 所示三角形元素之和。

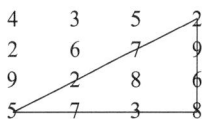

图 6.7 求矩阵右下三角形元素之和

例 6-18 求一个 3×4 矩阵中，最大值元素及其在矩阵中的坐标位置。

思路分析：此题算法通常以假设矩阵中第一个元素（row=0,col=0）即为最大值 max，然后将 max 依次与矩阵中的其他元素 a(i,j)进行比较，如果某个元素的值大于 max，则将其赋值给 max，并记录其坐标值（row=i,col=j）。据此可画出程序流程图，如图 6.8 所示。

根据流程图，编写程序如下：

```c
#include "stdio.h"
int main(void)
{
    int a[3][4]={{1,4,6,9},{23,42,2,45},{34,46,23,8}};
    int i,j,max,row=0,col=0;
    max=a[0][0];//假设矩阵中第一个元素即为最大值
    for(i=0;i<3;i++)
        for(j=0;j<4;j++)
            if(max<a[i][j]) //如果 max 比 a[i][j]小，则将
            //a[i][j]作为最大值，并记录其坐标值
            {
                max=a[i][j];
                row=i;col=j;
            }
    printf("max(a)=a[%d][%d]=%d\n",row,col,max);
    return 0;
}
```

程序运行结果：

max(a)=a[2][1]=46

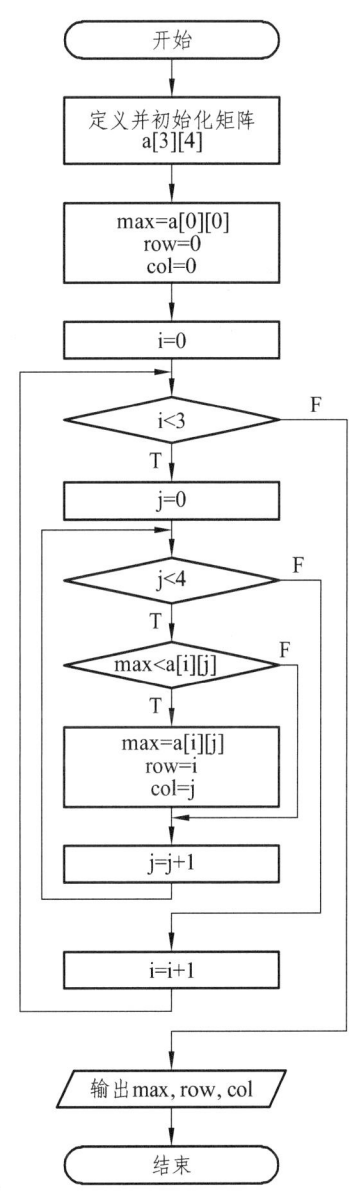

图 6.8 求矩阵最大值及坐标流程图

6.3 字符数组

在 C 语言中，没有用于定义一串文字（即字符串）的数据类型，如果要使用字符串，则可以通过定义字符数组来完成。

6.3.1 字符串与字符数组的定义

1. 字符数组的定义

定义字符数组的语法与定义一维数组的语法相同，语法如下：

　　字符类型 数组名[常量表达式];

即字符数组是数据类型为字符类型（char 数据类型）的一维数组。其中数组名和常量表达式的说明都同一维数组。

例 6-19　定义一维字符数组。

char words[20];

表示定义了一个可以存放 20 个字符的字符数组 words。

2. 字符数组的初始化

字符数组作为一维数组的一种特殊类型，可以在数组定义时完成初始化操作。但因为字符数组的一些特殊原因，所以字符数组的初始化操作又与普通一维数组有所区别。

字符数组的初始化操作有以下几种方式：

（1）指定字符数组长度，并为每个数组元素指定一个初始字符。

例 6-20　定义并初始化一维字符数组全部元素。

char chs[5]={'c','h','i','n','a'};

定义并初始化了一个可以存放 5 个字符的字符数组，每个元素的内容分别为：chs[0]='c',chs[1]='h',chs[2]='i',chs[3]='n',chs[4]='a'。

（2）指定字符数组长度，但只初始化部分元素。

例 6-21　定义并初始化一维字符数组部分元素。

char word[20]={ 'C',' ','P','r','o','g','r','a','m'};

定义了一个可以存放 20 个字符的字符数组，但只初始化了数组前面 9 个元素的值，分别为：word[0]='C',word[1]=' ', word[2]='P',word[3]='r',word[4]='o', word[5]='g', word[6]='r', word[7]='a', word[8]='m';数组中后面 11 个元素没有指定初始值,则自动被初始化为空字符'\0'，即 word[9]= '\0',…,word[19]= '\0'。

（3）不指定数组长度，而只给出初始化元素值。

例 6-22　定义并用初始化值确定一维字符数组长度。

char word[]={'S','t','u','d','e','n','t'};

定义了一个字符数组但没有指定数组长度，只指定了初始值，此时数组长度默认为初始化元素值的个数，即字符数组的长度为 7。

在定义字符数组时不指定数组长度而直接给出初始值的情况下，初始值可以不用大括号

及单引号括起来,而直接用一个双引号括起来,表示为一个字符串形式。例如,上面的字符数组 word 可以定义为如下形式:

char word[]={"Student"}; 或者 char word[]="Student";

但此时需要注意:字符数组 word 的长度不再是字符的个数 7,而是字符的个数加 1,即 8。其原因为编译系统会自动在字符串"Student"后面加一个空字符'\0',作为字符串结束的标志。即字符串"Student"在内存中的存放形式为:

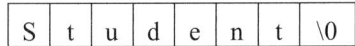

也可以定义并初始化一个二维字符数组。如:

char diamond[5][5]={{' ',' ','*'},{' ','*',' ','*'},{'*',' ',' ',' ','*'},{' ','*',' ','*'},{' ',' ','*'}};

用它可产生一个如图 6.9 所示钻石形的平面图。

```
         *
       *   *
     *       *
       *   *
         *
```

图 6.9　二维字符数组初始化

3. 字符串和字符串结束标志

在 C 语言中,字符串是通过字符数组来处理的。在实际应用过程中,程序员关心的是字符串的有效长度(即组成字符串的字符的实际个数),而不是字符数组的长度。例如,前面定义的字符数组 word 的长度为 20,而实际存储的字符个数只有 7 个。在 C 语言中为了测试字符串的实际长度,规定了一个"字符串结束标志"为'\0'。在字符串处理过程中,遇到'\0'表示字符串结束,而不论这个字符串中'\0'后是否还有其他字符。

例 6-23　输出字符串。

char word1[]="study";
char word2[]={'s','t','u','d','y','\0','&',' ','p','l','a','y'};
printf("%s\n",word1);
printf("%s\n",word2);

程序输出的结果都为:study。

C 语言编译系统对字符串常量采用自动加一个'\0'作为字符串结束标志。例如,word1[]="study",共有 5 个字符,但在内存中占用 6 个字节,最后一个字节'\0'由 C 语言编译系统自动添加,在程序中使用"%s"格式输出时,程序才能检测到字符串 word1 什么时候结束。

字符串作为一维字符数组来处理,有了字符串结束标志'\0'后,字符数组的长度就显得不是那么重要了。在程序中往往通过检测'\0'的位置来判定字符串是否结束,而不是根据字符数组的长度来决定字符串的长度。当然,在实际应用中,定义字符数组时应该估计实际字符串的长度,要保证数组长度始终大于字符串实际长度。如果一个字符数组要先后存放多个字符串,应该考虑使用数组长度大于最长字符串的长度。

说明：'\0'代表 ASCII 码为 0 的字符，从 ASCII 码表中可以查到，ASCII 码为 0 的字符不是一个可显示字符，而是一个空操作符（NULL）。用它来作为字符串结束标志不会产生额外的操作或增加有效字符，只起着一个辨别作用。

4. 字符数组和字符串的输入/输出

字符串在定义字符数组，以及对字符数组进行输入/输出时，可以作为一个整体进行操作，也可以使用数组名和索引方式引用数组元素，但不允许整体赋值，即不能把一个字符数组直接赋值给另一个字符数组，也不允许把一个字符串常量直接赋值给一个字符数组。

（1）采用逐个字符输入/输出方式，完全等同于一维数组的输入/输出，用%c 格式。

例 6-24 采用%c 格式输出一个字符串。

```c
#include "stdio.h"
int main(void)
{
    char words[]="Boy and Girl";
    int i;
    for(i=0;i<12;i++)
        printf("%c",words[i]);
    return 0;
}
```

运行结果如下：

Boy and Girl

（2）将整个字符串作为整体一次输入/输出，用%s 格式。

例 6-25 采用%s 格式输入/输出一个字符串。

```c
#include "stdio.h"
int main(void)
{
    char chs[80];
    int i;
    scanf("%s",chs); //输入一个字符串，以回车、空格或 tab 键结束
    printf("%s\n",chs); //输出字符串
    return 0;
}
```

运行结果如下：

study and play↙

study

"%s"格式表示输入或输出的是字符串，在进行字符串输入/输出时，要注意以下几点：

① 用"%s"格式输出字符串时，printf 函数中的输出项是数组名，而不是数组元素名。写成下面形式是错误的。

```c
printf("%s",chs[0]);
```

② 用"%s"格式输入字符串时，scanf 函数中的输入项是数组名，而不需要取地址，输入时遇到空格、回车或 tab 键结束输入，C 语言编译系统自动在输入字符串后加字符串结束标志'\0'。

6.3.2 字符串与字符数组的应用

例 6-26 字符分类统计程序。从键盘输入一串字符，然后将其中的字母、数字和其他字符进行分类并输出。

思路分析：根据本例要求，定义键盘输入字符串数组 chars[80]和如下的字符分类数组 letter[20]、digtal[20]、other[20]。同时定义分类统计循环变量 i，分类字符计数变量 iletter、idigtal、iother。在分类统计循环中，使每一个从键盘输入的字符 chars[i]，都与对应 ASCII 代码中字母、数字和其他字符的分类值域进行比较判断，完成分类和计数。再给分类数组中的字符串加上结束标志，最后输出字符的分类统计结果。据此画出程序流程图如图 6.10 所示。

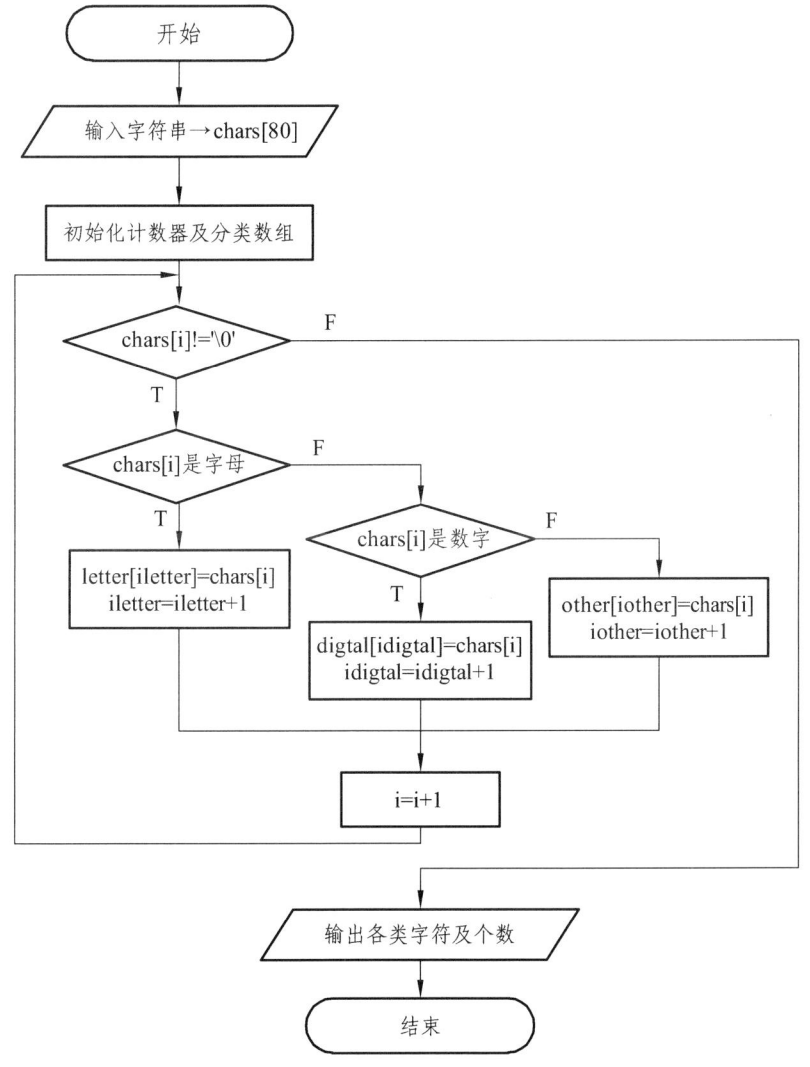

图 6.10　字符分类统计程序流程图

根据流程图编写程序如下：

```c
#include "stdio.h"
int main(void)
{
    char chars[80],letter[20],digtal[20],other[20];
    int i,iletter=0,idigtal=0,iother=0;
    scanf("%s",chars);
    for(i=0; chars[i]!='\0';i++)
    {
        if((chars[i]>='a' && chars[i]<='z') || (chars[i]>='A' && chars[i]<='Z'))
            letter[iletter++]=chars[i];
        else if(chars[i]>='0' && chars[i]<='9')
            digtal[idigtal++]=chars[i];
        else
            other[iother++]=chars[i];
    }
    letter[iletter]='\0';//给字符串加上结束标志
    digtal[idigtal]='\0';
    other[iother]='\0';
    printf("there %d letters is:%s\n",iletter,letter);
    printf("there %d digtals is:%s\n",idigtal,digtal);
    printf("there %d others is:%s\n",iother,other);
    return 0;
}
```

运行结果：

student123;'[],./546china↙

there 12 letters is:studentchina

there 6 digtals is:123546

there 7 others is:;'[],./

6.3.3 字符串函数及应用

为了简化有关字符串的操作，几乎所有版本的 C 语言都提供了众多功能强大的函数。ANSI C 标准要求使用字符串函数时必须包含头文件"string.h"，在使用字符函数时包含头文件"ctype.h"。以下介绍一些比较常用的函数。

1. puts（字符数组）

作用：将一个（以'\0'结束的）字符串输出到终端。其中字符串可以包含转义字符。

例 6-27　puts 函数的应用。

```
char word[]="china\tbejing";
puts(word);
```
输出：

china   bejing

使用 puts 函数输出字符串时，直接将字符串结束标志'\0'转换为'\n'，即输出后直接换行。

2. gets（字符数组）

作用：从终端输入一个字符串到字符数组中，并返回字符数组的起始地址。

使用 gets 函数来输入字符串，可以在字符串中包含空格或 tab 键等，输入以回车结束。系统会自动在输入字符串后添加字符串结束标志'\0'。

例 6-28   gets 函数应用。

```
char word[20];
gets(word);
```
输入：computer↙

输入 8 个字符，但实际上存入字符数组 word 的是 9 个字符，即包括字符串结束标志'\0'。

注意：gets 和 puts 只能用于输入/输出一个字符串，下面的用法是错误的：

gets(str1,str2) ；或 puts(str1,str2);

特别指出，gets() 函数从标准输入设备（键盘）读取一行字符串直到回车结束（但回车符不属于这个字符串）并存入调用者提供的缓冲区中。gets()函数不清楚这个缓冲区的实际大小，恶意程序和攻击者常常利用这个漏洞进行缓冲区溢出攻击。因此，在 C99 标准中 gets() 函数就被声明为不赞成的。C11 将致力于更安全编程的新 C 标准，C11 干脆整个移除了 gets() 函数，并推荐用更安全的新版本 gets_s() 函数替代它，具体用法看下面示例。

```
#include <stdio.h>                    //gets_s()函数用法
#define CH 20
int main(void)
{
    char ch[CH];
    printf("请输入你的名字：\n");
    gets_s(ch,CH);                    //这里不能用 gets_s(ch);
    printf("这是你的名字：%s\n",ch);
    return 0;
}
```

3. strlen（字符数组）

作用：测试字符串长度，返回指定字符串中实际的字符个数，不包括字符串结束标志'\0'。如果字符串中包含多个字符串结束标志'\0'，则以字符串中从左到右第一个字符串结束标志'\0'为结束。

例 6-29   strlen 函数应用。

```
char str1[]="student";
```

```
char str2[]="student\0love study";
printf("len(str1)=%d\tlen(str2)=%d\n",strlen(str1),strlen(str2));
```
输出：

len(str1)=7   len(str2)=7

4. strlwr（字符数组）

作用：将字符串中所有大写字母转换为小写字母。

5. strupr（字符数组）

作用：将字符串中所有小写字母转换为大写字母。

6. strcat(字符数组 1,字符数组 2)

作用：连接两个字符串，并返回字符数组 1 的起始地址。将字符数组 2 连接到字符数组 1 的后面，并将结果存入字符数组 1 中。

例 6-30 strcat 函数的应用。

```
char str1[50]="I Love My Country";
char str2[]="China.";
strcat(str1,str2);
puts(str1);
```
输出：

I Love My Country China.

说明：

（1）字符数组 1 必须足够大，要能存放下字符数组 1 和字符数组 2 中的所有字符。

（2）连接前两个字符串后面都有一个字符串结束标志'\0'，连接后去掉第一个字符串后的'\0'，只在新串中保留一个'\0'。

（3）字符数组 1 必须是一个已定义的字符数组，而字符数组 2 可以是字符数组，也可以字符串常量。

7. strcpy（字符数组 1,字符数组 2）

作用：字符串复制，将第二个字符串复制到第一个字符串中。

例 6-31 strcpy 函数应用。

```
char str1[]="Student";
char str2[]="study";
strcpy(str1,str2);
```
执行后 str1 的存储状况如图 6.11 所示。

| s | t | u | d | y | \0 | t | \0 |

图 6.11 字符串在内存中的结构

说明：

（1）字符数组 1 必须定义得足够大，以便容纳被复制的字符串。

（2）字符数组 1 必须是已定义的数组，字符数组 2 可以是已定义数组，也可以字符串常量。

（3）复制时将字符数组 2 中的字符串连同字符串结束标志'\0'一起复制到字符数组 1 中。

8. strcmp（字符串 1,字符串 2）

作用：比较字符串 1 和字符串 2，并返回一个整数值，从而判断字符串的大小关系。

比较方式及函数返回值如下：

（1）字符串 1=字符串 2,函数值为 0;

（2）字符串 1>字符串 2,函数值为 1;

（3）字符串 1<字符串 2,函数值为 – 1;

字符串比较规则是按两个字符串中对应位置字符（按字符的 ASCII 码值）从左到右逐个进行大小比较，直到不相等或其中一个字符串结束或两个字符串同时结束。如果两个字符串中的字符全部相等，则认为两个字符串相等；如果出现不相等的字符，则以第一个出现不相等的字符的比较结果为准。

例 6-32 字符串比较方式。

"student"<"study","china">"China","boy"<"girl","boy">"Girl"等。

字符串比较不能使用关系运算符 "=="，而只能使用 strcmp 函数。即：

if("student">"study") printf("student");

是错误的，而

if(strcmp("student","study")) printf("student");

才是正确的。

例 6-33 选票统计程序。对候选人进行投票并计票，投票过程中，如果对候选人不满意，则可以增加新的候选人并对新增候选人进行投票和计票，最后输出被选人姓名和所得票数。

思路分析：程序开始先给出候选人姓名（比如 3 个候选人），然后输入被选人姓名，如果输入的被选人在事先提供的候选人名单中，则将对应的票数加 1；如果输入的被选人姓名不在候选人名单中，则新增一名候选人，并将其票数加 1；并继续输入被选人姓名进行投票，直到输入的被选人姓名为空时结束。

根据本例要求，定义二维字符数组 names[10][20]，用于存储候选人名单，最多允许有 10 名候选人，并直接提供 3 名候选人 "jack","tom","jane"。

定义一维字符数组 name[20]，用于存放输入的被选人姓名。

定义一维整型数组 tikets[10]，用于存放输入的被选人对应的票数。

同时定义内嵌 for 循环中判定被选人是否为在候选人名单中的计票循环控制变量为 i。j=3 表示直接提供了 3 名候选人，j 同时也用于被选的总人数计数。用标志 flag 表示投票的状态，定义投票时 flag 为 1，反之则投票结束。

程序用 do-while 循环嵌套 for 循环并应用字符串函数来完成。用 flag 作为 do-while 语句的条件表达式，do-while 外循环判定投票时所处的状态。内嵌 for 循环完成整个计票过程。

首先输入被选人姓名到 name[i]中。如果输入为空即 strlen(name)==0，则 flag=0，投票结束。否则进入 for 计票循环中，用 strcmp(names[i],name)==0)判断被选人是否在候选人名单中。如果在，则票数 tikets[i]=tikets[i]+1，然后退出 for 循环；如果被选人不在候选人名单中，则新增加一名候选人即 strcpy(names[j++],name)，并将票数计 1，即 tikets[j – 1]=1。投票结束，退出 do-while 循环，用 for 循环输出被选人姓名 names[i]和票数 tikets[i]。

根据以上分析，画出程序流程图如图 6.12 所示。

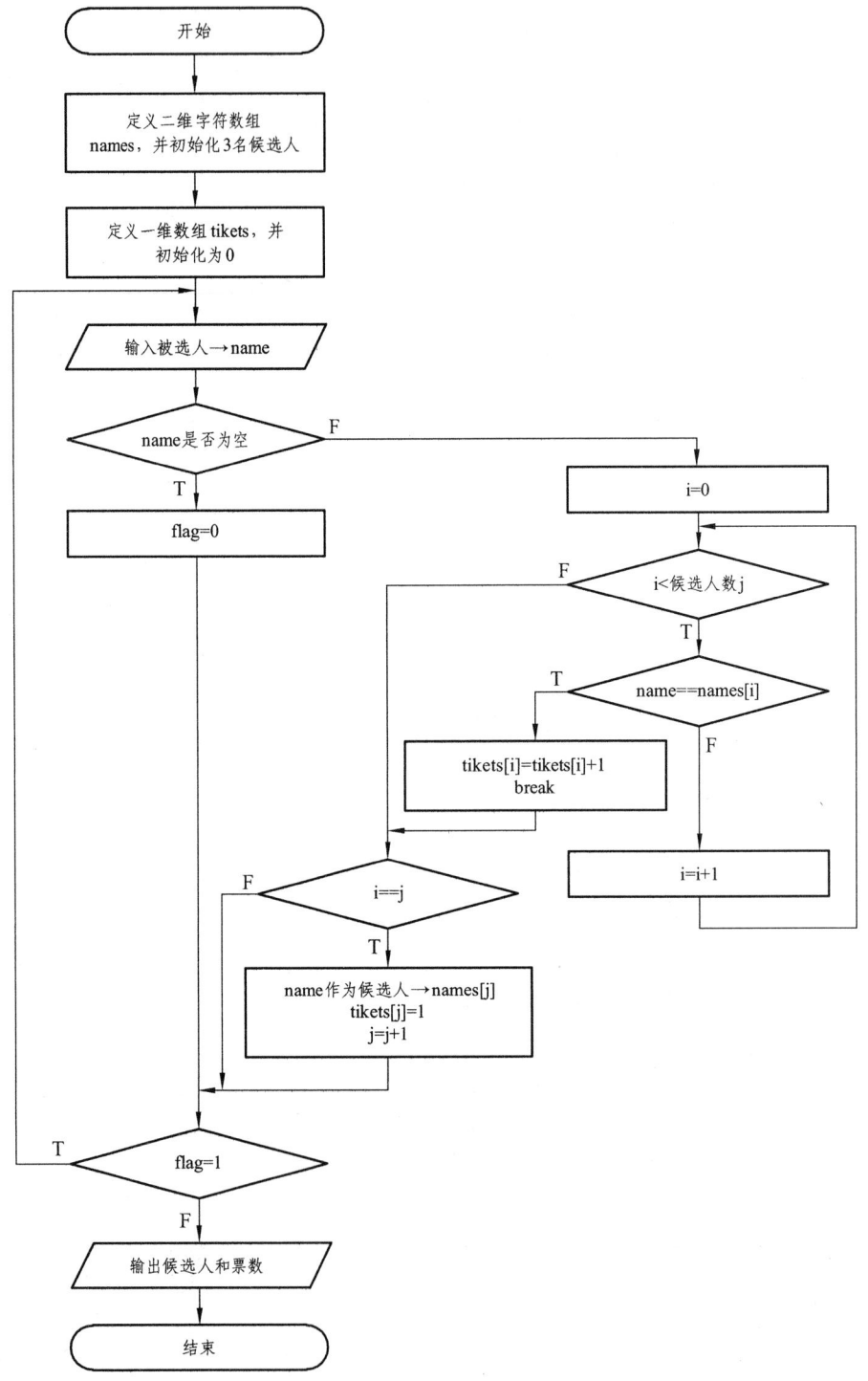

图 6.12 选票统计流程图

根据程序流程图编写程序代码如下：

```c
#include "stdio.h"
#include "string.h"
int main(void)
{
    char names[10][20]={"jack","tom","jane"}; //定义二维字符数组，最多允许有10名候
//选人，并直接提供3名候选人
    char name[20];//用于存放输入的被选人姓名
    int tikets[10]={0,0,0};//对应候选人的初始票数
    int i,j=3,flag=1;
    do
    {
     gets(name); //输入被选人姓名
     if(strlen(name)==0)//如果输入为空，则投票结束
         flag=0;
     else
     {
        for(i=0;i<j;i++)
           if(strcmp(names[i],name)==0)//判断被选人是否在候选人名单中
           {
              tikets[i]=tikets[i]+1;//如果在，票数+1
              break;
           }
        if(i==j)//如果被选人不在候选人名单中，则新增加一名候选人，并将票数计1
        {
           strcpy(names[j++],name);
           tikets[j - 1]=1;
        }
      }
    }
    while(flag);
    for(i=0;i<j;i++)//输出被选人姓名和票数
        printf("%s:%d\n",names[i],tikets[i]);
    return 0;
}
```

程序运行结果：

jack↙

jack↙

tom↙

bill gate↙

bill gate↙

jet li↙

jet li↙

jack↙

jet li↙

↙

jack:3

tom:1

jane:0

bill gate:2

jet li:3

【操作小结】

本单元主要内容有一维数组、二维数组、字符数组和字符串操作函数，重点是数组的定义语法、数组的初始化操作、数组的存储结构和数组的实际应用。利用一维数组可实现数列的排序等操作；运用二维数组的行、列坐标可完成对矩阵等二维表的简单操作；字符串作为特殊的一维数组，应用字符串函数可实现生活中常见的字符统计等工作。

在数组的应用过程中，需要重点掌握定义语法和初始化操作以及数组元素的引用，不要和别的编程语言混淆，这是重点，也是基本点。结合编程技巧，能使数组较为轻松地应用于实际工作中。

必须注意的是，C 语言规定只能逐个引用数组元素，而不能一次引用整个数组，数组元素的引用是通过索引（下标）来实现的。在数组的多数应用中实质上都牵涉到对索引（下标）的算法技巧问题，这是学习和利用数组进行程序设计的关键所在。

【课外习题】

一、问答题

1. 请问字符串是如何比较大小的？
2. 两个同类型数组是否允许整体赋值？如 int a[5]={1,2,4,5,3}; int b[5]; b=a; 是否正确？
3. 请问二维数组 int a[][]={{1,2},{3,4},{5,6}};的定义是否正确？如果不正确，错在哪里？

二、单选题

1. 在定义 int a[5][6]; 后，数组 a 中的第 10 个元素是（　　）。

A）a[2][5]　　　　　　　　B）a[2][4]

C）a[1][3]　　　　　　　　D）a[1][5]

2. 已知字符数组 a[]="students"，执行 C 语句 printf("%d\n",a[3]);后，屏幕的显示是(　　)。

A）chinese　　　　　　　　B）c

C）100　　　　　　　　　　D）错误

3. 以下定义语句中，错误的是（　　）。

A）int a[]={1,2};　　　　　　　B）char a[]={"test"};
C）char s[10]={"test"};　　　　D）int n=5,a[n];

4. 以下能对一维数组 a 进行正确初始化的是（　　）。
   A）int　a[10]=(0,0,0,0,0);　　B）int a[10]={ };
   C）int　a[ ]={0};　　　　　　D）int a[10]={ 10*2};

5. 以下能对二维数组 a 进行正确初始化的是（　　）。
   A）int　a[ ][3]={1,2,3,4,5,6};　　B）int a[2][3]={ {1,2},{3,4},{5,6} };
   C）int　a[2][ ]={1,2,3,4,5,6};　　D）int　a[2][ ]={ {1,2},{3,4}};

6. 在定义 int　a[5][4]; 之后，对 a 的引用正确的是（　　）。
   A）a[2][4]　　　　　　　　B）a[1,3]
   C）a[4][4]　　　　　　　　D）a[5][0]

7. 以下字符数组 str 的定义和赋值不正确的是（　　）。
   A）char　str[10];　str={"China!"};
   B）char　str[ ]={"China!"};
   C）char　str[10];　　strcpy(str,"abcdefghijkl");
   D）char　str[10]={"abcdefghijkl"};

8. 以下一维数组 a 的正确定义是（　　）。
   A）int　a(10);　　　　　　　B）int n=10,a[n];
   C）int n;　　　　　　　　　D）#define　SIZE　10
      scanf("%d",&n);　　　　　　int a[SIZE];
      int　a[n];

9. 在执行语句"int a[ ][3]={1,2,3,4,5,6};"后，a[1][0]的值是（　　）。
   A）4　　　　　　　　　　　B）1
   C）2　　　　　　　　　　　D）5

10. 当接受用户输入的含有空格的字符串时，应使用（　　）函数。
    A）gets　　　　　　　　　　B）getchar
    C）scanf　　　　　　　　　 D）printf

三、判断题

1. 语句"int a[7]={5,6,7};"，由于数组长度与初值个数不同，故该语句不正确。（　　）
2. 两个字符串所包含的字符个数相同时，才能比较字符串的大小。（　　）
3. 数组的长度是固定的。（　　）
4. "int a[10]={}"是正确地对一维数组 a 进行初始化的语句。（　　）
5. "int a[][3]={{1,0,1},{},{1,1}};"是对二维数组 a 进行正确初始化的语句。（　　）
6. 若有说明："int a[3][4]={0};",则只有元素 a[0][0]可得到初值 0。（　　）
7. 初始化时可以只对数组的一部分元素赋值。（　　）
8. "char a[]={0,1,2,3,4,5,6};"不是正确的数组说明语句。（　　）
9. 字符数组可以存放字符串。（　　）
10. 字符数组中的字符串可以进行整体输入/输出。（　　）
11. 任何数组都可以进行整体输入/输出。（　　）

12. 调用 strlen("hello\0ck\obye")的返回值为 12。（ ）
13. 字符串说明 char s[s]= "happyday"是错误的。（ ）
14. 字符个数多的字符串比字符少的字符串大。（ ）
15. 数组定义 char s[5]={ "abc"}和 char s[5]={'a', 'b', 'c'}是等价的。（ ）
16. 不可以用关系运算符对字符数组中的字符串进行比较。（ ）
17. 字符数组中的最后一个字符必须是'\0'。（ ）
18. 用 puts 函数可以同时输出多个字符串。（ ）
19. 数组中各元素的数据类型应该相同。（ ）
20. 可以对数组进行整体引用。（ ）

四、填空题

1. 未初始化的 int 类型数组，其各元素的值是____，初始化时没有赋值的元素值是____。
2. 若定义 int a[3][4]={{1,2},{0},{4,6,8,10}},则初始化后，a[1][2]的初值是____，a[2][1] 的初值是____。

五、编程题

1. 找出一个数列中最大值和最小值，然后将最大值和最小值位置交换。
2. 在一个数列中查找一个指定的数，如果找到则输出此数在数列中的位置，如果没有找出，则输出 –1。
3. 将一个数列中的数逆序存放。例如，原数列为：2,3,5,7,1。要求改为：1,7,5,3,2。要求在原数列上实现。
4. 求出一个 4×4 矩阵中右下三角形的元素之和。
5. 打印如下图所示的杨辉三角形（打印出 10 行）。

```
1
1   1
1   2   1
1   3   3   1
1   4   6   4   1
1   5   10  10  5   1
...
```

6. 输入 10 个单词，把它们组合成一句话输出。注意：单词与单词之间以空格分隔。
7. 密码编排。按表的字符（主要指字母和数字）编排表进行加密和解密。方法：

加密时输入一个字符，在下表查找出它所在行值(row)和列值(col)，然后通过表达式 row*10+col 生成一个新字符，替换原来的字符生成密码。比如输入字符 b，找出其所在位置 row=3，col=5，加密后的新字符是 ASCII 值为 35 的#，即用字符#替换原来的字符 b 形成密码。

解密时将密文字符的 ASCII 值除 10 生成行值(row)，除 10 取余生成列值(col)，然后取出行列值对应的字符替换密文生成原文。比如密文字符"("，其 ASCII 值为 40,则 row=4,col=0, 则对应表中字符 n，即字符 n 为原文。

注意：加密和解密过程中不考虑空格及标点符号等字符。

	0	1	2	3	4	5
0	q	w	e	r	t	y
1	u	i	o	p	a	s
2	d	f	g	h	j	k
3	l	z	x	c	v	b
4	n	m	1	2	3	4
5	5	6	7	8	9	0

7 函　　数

【能力训练】

简单趣味程序演示：汉诺塔

汉诺塔即梵塔，塔内有 A、B、C 共 3 根宝石柱子。A 柱从上到下有 1、2、3、……64 个大小不等的黄金圆盘；顺序为大盘在下面，小盘在上面。梵天命令僧侣把这 64 个圆盘从 A 柱移动到 C 柱。移动规则是：在移动过程中可以利用 B 柱，但每次只允许移动一个圆盘，且在移动过程中 3 根柱子上都需要始终保持顺序为大盘在下面，小盘在上面。

趣味程序演示代码见本课程 PPT。

任务 7　学会模块化编程的设计方法

一、任务要求

1. 知识要求

（1）掌握模块化程序设计的基本方法。

（2）掌握函数的定义和调用方法；理解函数的嵌套调用和递归调用原理；掌握内部变量和外部变量及使用；理解内部函数和外部函数的概念。

（3）理解预编译处理的方法。

2. 技能要求

（1）会熟练定义和调用函数；能够使用嵌套和递归；会使用内部变量和外部变量；能够使用内部函数和外部函数。

（2）初步具备使用模块化设计程序解决实际问题的能力。

3. 考核标准

能在规定的时间内对实际问题进行任务分析，并采用模块化程序设计方法，正确利用函数定义和函数调用解决实际问题。会修改、调试模块化源程序并记录出错情况和运行结果。会撰写高质量的技能训练总结报告。

4. 素质要求

在讲解定义和调用函数中，提出代码的安全性也是非常重要的。一个安全的代码可以防止恶意攻击和数据泄露。在编写代码时，我们要注意对用户输入的合法性进行验证，避免出现缓冲区溢出和代码注入等安全问题。同时，我们还要注意对敏感数据的处理和加密，以保护用户的隐私。通过编写安全的代码，培养学生自己的责任心和保护他人利益的意识。

二、训练内容

（1）在 C 语言集成环境下，录入本章必备知识部分例题中的程序调试运行，进一步学会 C 语言模块化程序设计方法、利用函数定义与调用解决实际问题的全过程。

（2）对"学生成绩管理系统"项目任务中所涉及的函数进行正确设计。

学习本模块后，要求以"学生成绩管理系统"这一项目任务进行整体框架设计，按照模块化程序设计的思想定义函数功能。主要掌握函数的定义和调用方法，能够利用函数，减少功能相似的代码段的重复编写。

在项目设计之前，必须首先要进行项目任务需求分析，充分与用户进行沟通，了解用户需求，了解项目需要实现的功能，在此基础上对项目进行总体设计，并最终完成相应的函数设计。当需求分析完成之后，接着进行项目整体框架设计，这是程序开发中关系重大的一环。整体框架是程序的总体结构，是程序设计中非常重要的部分。整体框架设计采用自上而下的设计方法，为项目搭建一个骨架，这个骨架包含项目的所有功能模块。后面的工作就是如何用函数实现这些功能模块，当所有功能模块全部实现后，整个项目任务也就完成了。

（1）需求分析。

经过调查并与用户沟通可知，"学生成绩管理系统"需要实现的功能有：学生成绩的录入、排序、显示、修改、查询、统计等。

（2）学生成绩管理系统整体框架设计。

根据系统需要实现的功能，设计系统整体框架结构。每个功能都使用函数进行设计，如果功能简单，容易实现，则用一个函数实现；如果功能复杂，则可再对该功能进行子功能细分，对子功能再使用函数实现。如查询功能，需要查询最高分、最低分等，那么最高分和最低分可以分别用函数设计。该系统的整体框架结构如图 7.1 所示。

（3）C 语言中函数的设计。

每个功能都使用 C 函数的方法进行实现。主要的功能函数有录入、排序、显示、修改、查询、统计等。该任务中具体函数设计可参见必备知识中 7.6 模块化程序设计举例。

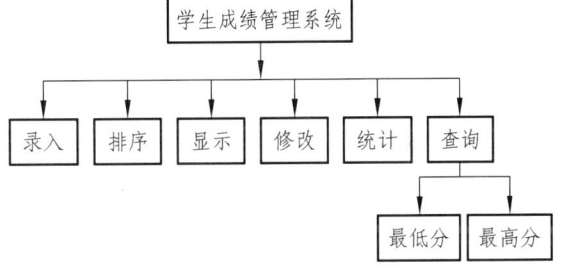

图 7.1 学生成绩管理系统结构

【必备知识】

阶段性子系统（子程序）引例：
学生成绩管理系统（基本程序）函数模块程序设计

利用函数可实现程序功能的模块化设计。学生成绩管理系统（基本程序）对应的系统模块结构如图 7.1 所示，主要包含处理学生成绩的录入、排序、显示、修改、查询和统计等函数模块。程序中声明和定义的主要函数见 7.6 模块化程序设计举例，如图 7.2 所示。
程序运行代码见本课程 PPT。

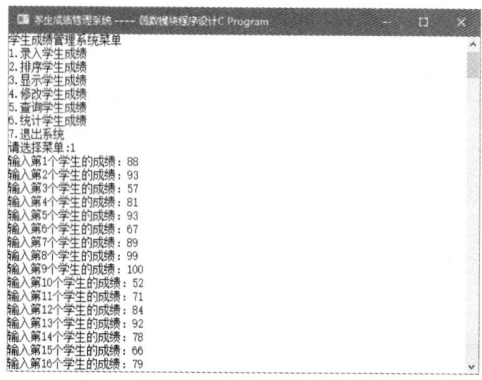

图 7.2　函数模块程序设计

这是一个学生成绩管理系统案例的基本程序，还有很多不完善地方。如系统菜单界面如何变换形式？若增加学生人数后，如何提高内存的访问速度？若增加学生信息后，不同类型的批量数据如何处理？数据如何长期保存？如果增加密码访问又该如何设计程序？希望大家继续努力，通过后续章节的学习，逐步进行功能拓展，并综合实现和完善整个学生成绩管理系统程序。

7.1　函数的定义与调用

7.1.1　模块化程序设计与函数定义

1. 模块化程序设计思想

在进行程序设计时，如果问题比较复杂，通常采用的方法是将原始问题分解成若干易于实现的小问题，每一个小问题都用相对独立的程序功能模块来处理；再把所有的功能模块集合起来，形成完整的程序。这种在程序设计中自顶向下的方法，被称为模块化程序设计方法，这是结构化程序设计中的一条重要原则。

几乎所有的高级程序设计语言都提供了实现程序模块化设计的方法。在 C 语言中，由于函数是程序功能的基本组成单位，因此可以利用函数来实现程序功能的模块化设计。

利用函数不仅可以实现程序功能的模块化，使程序设计变得简单和直观，同时，也提高了程序的易读性和易维护性。而且，把程序中需要多次执行的操作功能编写成通用的函数，避免了大量重复程序段，缩短了源程序的长度，也节省了占用的内存空间，减少了编译时间。

一个 C 程序中的函数必须有一个 main 函数，若干其他函数。一个 C 程序的执行就是执行 main 函数，即从 main 函数的第一个花括号开始，依次执行后面的语句，直到最后的后花括号为止。其他函数只有在执行 main 函数的过程中被调用时才执行。如图 7.3 所示为一个 C 程序的执行过程。

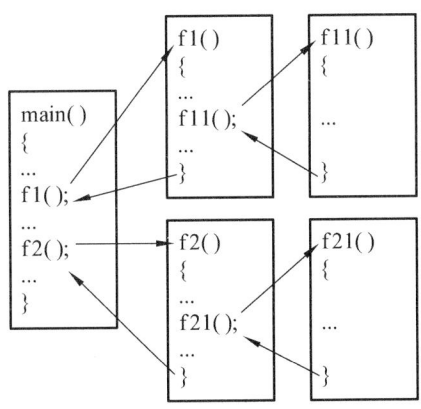

图 7.3 C 程序的执行过程

2. 函数分类

（1）从函数定义的角度看，函数可分为库函数和用户定义函数。

① 库函数：由 C 系统提供，用户不用定义，只需在程序前包含有该函数原型的头文件即可在程序中直接调用。如在前面各任务中用到 printf、scanf 等函数均属此类。

② 用户自定义函数：由用户按需要编写的函数。对于用户自定义函数，通常在主调函数模块中需要对该被调函数进行类型说明，然后才能使用。

（2）从函数的返回值来分，可把函数分为有返回值函数和无返回值函数。

① 有返回值函数：此类函数被调用执行完后将向调用者返回一个执行结果，称为函数返回值。如数学函数即属于此类函数。由用户定义的这种要返回函数值的函数，必须在函数定义和函数说明中明确返回值的类型。

② 无返回值函数：此类函数用于完成某种特定的处理任务，执行完成后不向调用者返回函数值。这类函数类似于其他语言的过程。由于函数无须返回值，用户在定义此类函数时可指定它的返回类型为"空类型"，说明符为"void"。

（3）从主调函数和被调函数之间数据传送的角度看，可分为无参函数和有参函数。

① 无参函数：函数定义、函数说明及函数调用中均不带参数。主调函数和被调函数之间不进行参数传送。此类函数通常用来完成一组指定的功能，可以返回或不返回函数值。

② 有参函数：也称为带参函数。在函数定义及函数说明时都有参数，称为形式参数（简称为形参）。在函数调用时也必须给出参数，称为实际参数（简称为实参）。进行函数调用时，主调函数将把实参的值传送给形参，供被调函数使用。

（4）从函数的作用范围来分，可以将函数分为外部函数和内部函数。

① 外部函数：可以被任何编译单位调用的函数称为外部函数。

② 内部函数：只能在本编译单位中被调用的函数称为内部函数。

3. 函数定义

（1）无参函数的定义形式。

      类型标识符 函数名()

      {

         声明部分

        语句部分
　　}
　　说明：
　　① 类型标识符和函数名称为函数头。类型标识符指明了该函数的类型，函数的类型实际上是函数返回值的类型。该类型标识符与前面介绍的各种说明符相同，若函数没有返回值，则使用类型标识符 void。
　　② 函数名是由用户定义的标识符，函数名后的括号没有参数，但不能省略。
　　③ {}中的内容称为函数体。在函数体中声明部分，是对函数体内部所用到的变量的类型说明；语句部分是实现函数功能的代码，若函数有返回值，则语句部分必须有 return 语句返回函数值。

　　例 7-1　定义函数在屏幕上显示字符串"Hello world"。
　　思路分析：显示的字符串是确定的，可以不用参数；函数不需要返回具体的数值，函数类型定义为 void 型。对应的代码如下：

```
void Hello( )
{
    printf("Hello world.\n");
}
```

　　Hello 函数是一个无参函数，当该函数被其他函数调用时，输出："Hello world."字符串。

（2）有参函数定义的一般形式。
　　类型标识符　函数名(形式参数表列)
　　{
　　　　声明部分
　　　　语句部分
　　}
　　说明：
　　① 有参函数比无参函数多了形式参数表列。在形参表中给出的参数称为形式参数，它们可以是各种类型的变量，各参数之间用逗号间隔。在进行函数调用时，主调函数将赋予这些形式参数实际的值。形参是变量，必须在形参表中分别给出形参的类型说明，注意即使类型相同也必须分别进行类型说明。
　　② 其他部分的含义与无参函数相同。

　　例 7-2　定义一个函数，用于求两个数中的较大数。
　　思路分析：由于所求两个数是不确定的，因此函数需要两个参数接收调用函数传递过来的数据；函数执行后需要返回两个数中的较大数，所以函数有返回值，函数类型与函数返回值的类型一致。
　　根据分析定义函数，求两个数的较大数的程序流程图如图 7.4 所示，根据该流程图，可编写出如下的代码：

```
float max(float a,float b)
{
```

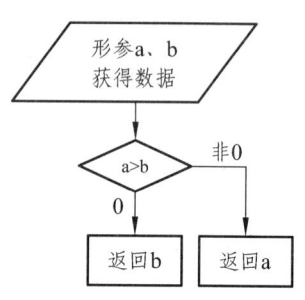

图 7.4　求两数中较大数的流程图

```
        if (a>b) return   a;
        else return b;
}
```

第一行说明 max 函数是一个浮点型函数,其返回的函数值是一个浮点数。形参为 a、b,均为浮点型变量。a、b 的具体值由主调函数在调用时传送。在{}中的函数体内,除形参外没有使用其他变量,因此只有语句部分而没有声明部分。在 max 函数体中的 return 语句是把 a 或 b 的值作为函数的值返回给主调函数。

在 C 程序中,由于函数是程序的功能组成单位,函数之间不存在主次关系,因此定义时可以放在任意位置,但不能在函数内定义函数,即不能嵌套定义函数。

4. 函数的参数——形参和实参

函数的参数分为形参和实参两种。形参是函数定义时参数表中的参数,在整个函数体内都可以使用,离开该函数则不能使用。实参是调用函数时函数名后括号中的参数,进入被调函数后,实参变量也不能使用。形参和实参的功能是作数据传送。发生函数调用时,主调函数把实参的值传送给被调函数的形参从而实现主调函数向被调函数的数据传送。

函数的形参和实参具有以下特点:

(1) 形参只能是变量,该变量只有在被调用时才分配内存单元,在调用结束时,立即释放所分配的内存单元。因此,形参只有在函数内部有效。函数调用结束返回主调函数后则不能再使用该形参变量。

(2) 实参可以是常量、变量、表达式、函数等,无论实参是何种类型的量,在进行函数调用时,它们都必须具有确定的值,以便把这些值传送给形参。

(3) 实参和形参在数量、类型、顺序上应一一对应,否则会发生类型不匹配的错误。

(4) 函数调用中发生的数据传送是单向的,即只能把实参的值传送给形参,而不能把形参的值反向地传送给实参。因此在函数调用过程中,形参值的变化不会影响实参。

5. 函数的返回值

有的函数在被调用执行完后会向主调函数返回一个执行结果,这个结果就称为函数的返回值。函数的返回值用 return 语句来实现。

语法格式为:

  return   表达式; 或 return (表达式);

说明:

(1) 表达式的值的类型必须和函数类型一致。

(2) 当程序执行到 return 语句时,把表达式的值反馈给调用函数,同时该函数执行结束,返回到调用点继续执行调用函数后面的语句。

(3) 如果返回值类型不是空类型,那么必须保证函数一定会返回一个值,否则会导致错误。比如下列函数定义有问题,因为当 a<b 的时候,函数没有返回值。

```
int max(int a,int b)
{
    if(a>=b) return a;
```

}

（4）如果返回类型为空类型，则函数中可以不使用 return 语句，也可以写为：

return;

当程序执行到 return 语句时，返回调用函数。

7.1.2　函数调用与参数传递

1. 函数调用

函数调用的一般形式为：

函数名(实际参数表列)

说明：

（1）实际参数必须有确定的值，参数之间用逗号间隔。
（2）实际参数的数量、类型、顺序必须和形参一一对应。
（3）如果被调用的函数无形式参数，则调用时也无实际参数，但函数后的括号不能省略。

调用的形式如下：

（1）函数表达式。

函数作为表达式的一项出现在表达式中，以函数返回值参与表达式的运算，这种形式要求函数必须有返回值。如：

c=3*max(a,b);

函数 max 是表达式的一部分，它的值乘以 3 再赋给 c。

（2）函数语句。

函数单独作为一条语句。这种形式的函数通常完成某些操作而无返回值。如要调用例 7-1 所定义的函数，可以写成：

Hello( );

执行结果是在屏幕上显示一行字符串。

（3）函数参数。

函数作为另一个函数调用的实际参数，这种形式的函数必须有返回值。如要调用例 7-2 所定义的函数求数 3，4，5 三个数中的最大值，可以使用：

m=max(max(3,4),5);

其中 max(3,4)是一次函数调用，它的值作为 max 另一次调用的实参。m 的值是 3，4，5 三数中的最大数。

2. 函数声明

函数声明的一般形式为：

类型说明符　函数名（类型 1 参数名 1，类型 2 参数名 2，…）；

或

类型说明符　函数名（类型 1，类型 2，…）；

说明：

（1）类型说明符必须和函数定义的函数类型一致。

（2）声明中参数的类型必须和函数定义的形参类型一致。

（3）由于编译系统不检查参数名，因此参数名可以任意命名或者不写。

如对例 7-2 进行函数声明，可以说明为：

float max(float x,float y);

或

float max(float,float);

（4）如果被调函数的函数定义出现在主调函数之前，则在调用函数中可以不进行函数声明。例如：

```
#include<stdio.h>
float max(float a,float b)
{
    if (a>b) return a;
    else return b;
}

int main(void)                    /*不必对 max 函数作声明*/
{
    float x,y,z;
    scanf("%f%f",&x,&y);
    z=max(x,y);
    printf("%f",z);
    return 0;
}
```

（5）若在所有函数定义之前，在函数外预先做了函数声明，则在以后的各主调函数中，可不必对被调函数作函数声明。例如：

```
float max(float,float);           /*在所有的函数定义之前声明*/
float min(float,float);

int main(void)
{
    …                             /*不必声明 max,min 函数就可以直接调用*/
    return 0;
}
float max(float a,float b)        /*定义 max 函数*/
{
    …
}
float min(float a,float b)        /*定义 min 函数*/
{
```

        …
}

（6）对库函数的调用不需要再作说明，但必须把该函数的头文件用 include 命令包含在源文件前面。

3. 参数传递

（1）值传递。

函数调用时，调用函数把实参的值传递给被调函数的形参，形参值变化不会影响实参的值，是单向传递数据，即只能从实参传向形参，不能从形参传回实参。

例 7-3　使用函数对任意两个数进行交换。

思路分析：被调函数需要从调用函数中接收两个数进行处理，必须定义两个形式参数；被调函数执行后，对这两个数进行了交换，由于通过简单变量函数不能同时返回两个数据，因此交换后的两个数不能同时返回给调用函数，只能在被调函数中直接显示。

根据分析，可以用如下代码实现两数交换。

```c
#include<stdio.h>
int main(void)
{
    int x,y;
    void swap(int,int);
    printf("Input x,y:");
    scanf("%d%d",&x,&y);
    printf("Swap before:x=%d,y=%d\n",x,y);
    swap(x,y);      /*调用函数交换 x,y*/
    printf("Swap later:x=%d,y=%d\n",x,y);
    return 0;
}

/*定义函数交换 a,b*/
void swap(int a,int b)
{
    int t;
    t=a;
    a=b;
    b=t;
    printf("Swap:a=%d,b=%d\n",a,b);
}
```

运行情况如下：

Input x,y:3 4↙

Swap before:x=3,y=4

Swap:a=4,b=3

Swap later:x=3,y=4

程序执行时，实参 x、y 把值传递给形参 a、b，如图 7.5（a）所示。形参 a、b 实现了数值的交换，但实参的值并没有变化，如图 7.5（b）所示。

（2）地址传递。

函数调用时，调用函数把实参的地址传递给被调函数的形参。实质上仍然是值传递，即把实参的地址值传递给了形参，地址值的传递是单向传递。但由于传递的是地址，使得形参和实参共享同一存储单元的数据，这样对形参的操作实际上就是对实参的操作，形参值的改变可以影响实参。

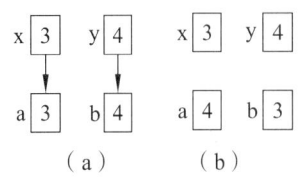

图 7.5　值传递、值交换示意图

由于传递的是地址，因此形参只能使用数组或指针变量。

（3）数组作为函数的参数。

数组作为函数的参数有两种形式，一种是把数组元素（下标变量）作为实参使用；另一种是把数组名作为函数的形参和实参使用。

① 数组元素作为函数实参。由于数组元素是下标变量，与普通变量并无区别。因此它作为函数实参与普通变量使用是完全相同的，在发生函数调用时，把作为实参的数组元素的值传送给形参，实现单向的值传送。

② 数组名作为函数参数。

数组名作函数参数时，实参和形参都应为数组名，此时，实参和形参的传递为"地址传递"，传递时将实参数组的首地址传递给形参数组，这样两个数组就占同一段内存单元，相应的两个数组的相同下标的数组元素也占同一内存单元。因此当形参数组中各元素的值发生变化时，实参数组的数组元素的值也会发生相应变化。

数组名作函数参数时，要求形参和相对应的实参都必须是类型相同的数组（或指向数组的指针变量），都必须有明确的数组说明。

由于形参数组只需要接收实参数组的首地址，因此形参数组定义时可以不指定大小，只需再增加一个形式参数用于接收数组的大小，这样编写的函数更具有通用性。

例 7-4　数组 a 中存放了一个学生 5 门课程的成绩，求该学生的平均成绩。

思路分析：函数需要学生的所有成绩才能计算该生的平均成绩，所以需要把表示学生成绩的数组作为参数；而且为了函数具有通用性，数组的大小最好不固定，使用整型变量参数 n 表示并接收数组的大小。

根据分析，先定义函数求数组 a 的平均值，对应求数组 a 中的成绩平均值的流程图如图 7.6 所示，其中图（a）为总体流程图，图（b）为求成绩平均值函数的流程图，根据流程图，可编写出如下的代码。

```
#include<stdio.h>
float average(float a[],int n)         /*n 表示数组的大小*/
{
    int i;
    float aver,sum=a[0];
    for(i=1;i<n;i++)
```

```
        sum=sum+a[i];
    aver=sum/n;
    return aver;
}

int main(void)
{
    float s[5],aver;
    int i;
    printf("\nInput 5 scores:\n");
    for(i=0;i<5;i++)
        scanf("%f",&s[i]);
    aver=average(s,5);
    printf("Average score is %5.2f",aver);
    return 0;
}
```

运行情况如下：

Input 5 scores:
1 2 3 4 5✓（输入5个数）
Average score is □3.00（□表示空格，输出平均成绩）

函数 average 可以计算任意个数组元素的平均值。

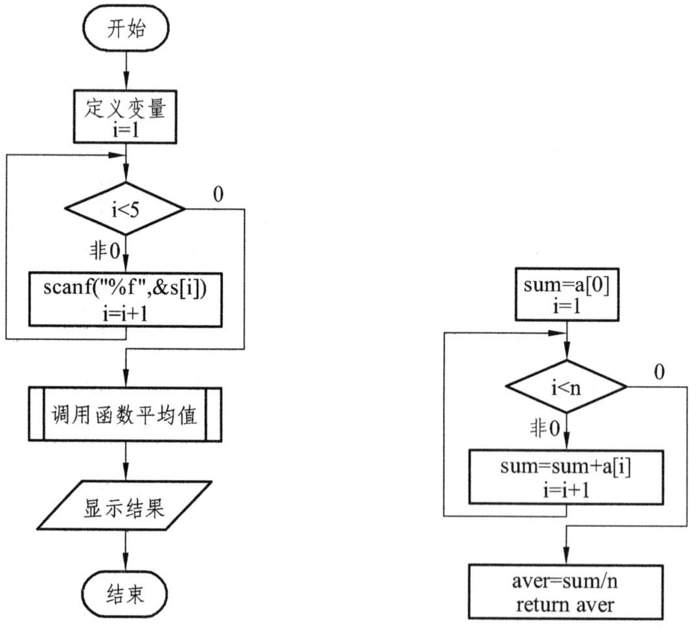

（a）总体流程图　　　　（b）求成绩平均值函数的流程图

图 7.6　求数组 a 中的成绩平均值的流程图

假设实参数组 s 的地址是 1000，则调用函数 average 时 s 的地址值传递给了形参数组 a，使得数组 a 的首地址也是 1000，这样数组 s 和数组 a 占同一段存储单元，如图 7.7 所示，从图 7.7 中可以看出，当形参数组 a 的数组元素值发生改变时，实参数组 s 的数组元素也会发生改变，这也就是地址传递的特点。

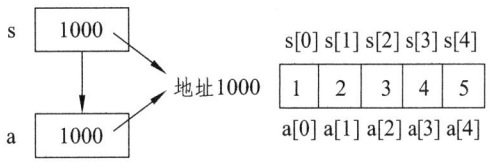

图 7.7 数组地址传递情况

7.1.3 函数定义与调用常见错误

1. 函数定义常见错误

（1）函数形式参数表的参数定义错误。

如：int max(int a,b); 参数 a 和 b 必须分别定义。

（2）函数形式参数表的参数之间分隔符错误。

如：int max(int a;int b); 参数之间应该使用逗号间隔。

（3）函数形式参数表定义时没有指明类型。

如：int　max(a,b); 参数定义必须指明类型。

（4）函数有返回值但没有在函数体中使用 return 语句。

例如：

int max(int a,int b)
{
　　int z;
　　if (a>b) z=a;
　　else z=b;
}

2. 函数调用常见错误

（1）调用函数时实参使用的格式错误。

如调用例 7-2 函数，写为 max(float a,float b)是错误的，实参不能含类型说明。

（2）调用时实参的个数、类型、顺序和形参不一致。

如调用例 7-2 函数，写为 max(4)是错误的，参数个数不够；或写成 max("4","5")也是错误的，参数类型不对。

7.2 函数的嵌套调用和递归调用

7.2.1 函数的嵌套调用

函数的嵌套调用是指在执行被调函数时，被调函数又调用了另外的函数。这与其他语言的子程序嵌套调用的情形是类似的，其嵌套调用情况如图 7.8 所示。

例 7-5 计算 $s=1^K+2^K+3^K+\cdots+N^K$。

思路分析：根据需要计算的公式 $s=1^K+2^K+3^K+\cdots+N^K$，可设 $s=f(sum)=\sum f(n)$，$(n=1, 2, 3, \cdots, N)$；其中 $f(n)=n^K$。因此，可以定义一个求和函数 f(sum) 与求幂函数 f(n)。主函数要计算 s 时，调用求和函数 f(sum)，求和函数 f(sum) 再嵌套调用求幂函数 f(n)。当传递的参数 n 从 1 变化到 N 时，由 f(sum) 调用函数 f(n)，即可计算出 f(1)、f(2)、…、f(N)，最后把 f(1)、f(2)、…、f(N) 累加起来，即可得到所需要计算的和 s=f(sum) 的值。

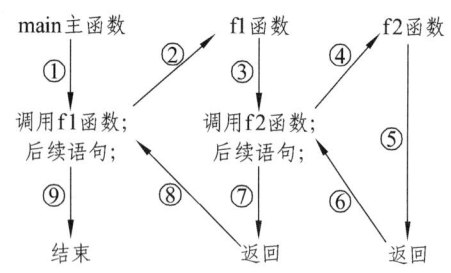

图 7.8　函数嵌套调用示意图

根据分析，分别定义两个函数 f1 和 f2，f1 计算 n 的 K 次幂，f2 计算 f1 的和。计算 1 到 n 的 K 次幂的和的流程图如图 7.9 所示，其中图（a）为总体流程图；图（b）为求 1 到 n 的 K 次幂的和函数流程图；图（c）为求 n 的 K 次幂函数流程图。根据流程图可以编写出 f1 和 f2 函数。程序代码如下：

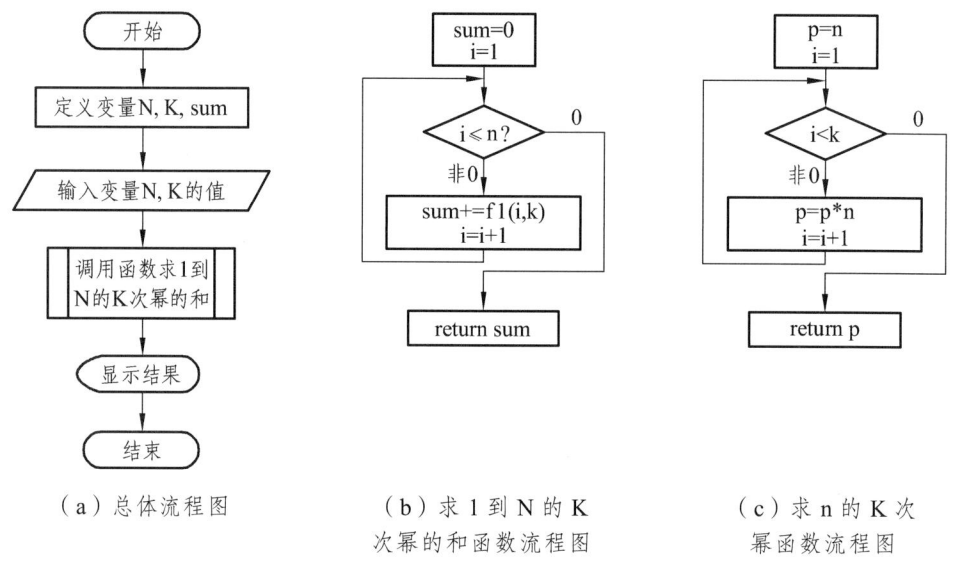

（a）总体流程图　　（b）求 1 到 N 的 K 次幂的和函数流程图　　（c）求 n 的 K 次幂函数流程图

图 7.9　计算 $1^K+2^K+3^K+\cdots+N^K$ 的流程图

```c
/*功能：函数的嵌套调用*/
#include<stdio.h>
long f1(int n,int k)         /*计算 n 的 K 次幂*/
{
    long p=n;
    int i;
    for(i=1;i<k;i++)    p*=n;
    return p;
}

Long f2(int n,int k)         /*计算 1 到 N 的 K 次幂的累加和*/
```

```
{
    long sum=0;
    int i;
    for(i=1;i<=n;i++)    sum += f1(i,k);
    return sum;
}

int main(void)
{
    int N,K;
    long sum;
    printf("Input N and K:");
    scanf("%d%d",&N,&K);
    sum=f2(N,K);
    printf("Sum of %d powers of integers from 1 to %d=%ld\n",K,N,sum);
    getch();
    return 0;
}
```
运行情况如下：

Input N and K:5 4✓

Sum of 4 powers of integers from 1 to 5 =979

7.2.2 函数的递归调用

一个函数在它的函数体内又调用它自身称为递归调用，这种函数称为递归函数。C语言允许函数的递归调用。在递归调用中，主调函数又是被调函数。执行递归函数将反复调用其自身，每调用一次就进入新的一层。

例如有函数 f 如下：

```
int f(int x)
{
    int y;
    z=f(y);
    return z;
}
```

这个函数是一个递归函数。但是运行该函数将无休止地调用其自身，程序中当然不应出现这种情况，应该是有限次的能终止的递归调用。常用的办法是加条件判断，满足某种条件后就不再作递归调用，然后逐层返回。下面举例说明递归调用的执行过程。

例 7-6 用递归法计算 n!。

思路分析：用递归法计算 n!可用下述公式表示：

$$n! = \begin{cases} 1 & (n = 0, 1) \\ n \times (n-1)! & (n > 1) \end{cases}$$

按公式可编程如下：

```
#include<stdio.h>
long fac(int n)
{
    long f;
    if(n<0) printf("n<0,input error");
    else if(n==0||n==1) f=1;
    else f=fac(n-1)*n;
    return f;
}
int main(void)
{
    int n;
    long y;
    printf("\nInput a integer number:\n");
    scanf("%d",&n);
    y=fac(n);
    printf("%d!=%ld",n,y);
    return 0;
}
```

运行情况如下：
Input a integer number:
5✓
5! =120

7.3　内部变量与外部变量

7.3.1　内部变量

在函数内部说明的变量是内部变量，它只在该函数范围内有效。也就是说，只有在包含变量说明的函数内部，才能使用该变量。因此内部变量也称"局部变量"。

例如：
int f1(int a)　　　　/*函数 f1*/
{

```
        int b,c;
        ...
}                      /*a,b,c 作用域：仅限于函数 f1()中*/

int f2(int x)          /*函数 f2*/
{
        int y,z;
        ...
}                      /*x,y,z 作用域：仅限于函数 f2()中*/

int main(void)
{
        int m,n;
        ...
        return 0;
}                      /*m,n 作用域：仅限于函数 main()中*/
```

关于局部变量作用域的说明：

（1）主函数 main 中定义的内部变量，也只能在主函数中使用，其他函数不能使用。同时，主函数中也不能使用其他函数中定义的内部变量。

（2）形参变量也是内部变量，属于被调函数；实参变量，则是调用函数的内部变量。

（3）允许在不同的函数中使用相同的变量名，它们代表不同的对象，分配不同的单元，互不干扰，也不会发生混淆。

（4）在复合语句中也可定义变量，其作用域只在复合语句范围内。

7.3.2 外部变量

在函数外部说明的变量称为外部变量。外部变量不属于任何一个函数，其作用域是从外部变量的定义位置开始，到本文件结束为止。

外部变量可被作用域内的所有函数直接引用，所以外部变量又称"全局变量"。

对于全局变量的说明：

（1）外部变量可加强函数模块之间的数据联系，但又使这些函数依赖这些外部变量，因而使得这些函数的独立性降低。

从模块化程序设计的观点来看这是不利的，因此应该尽量少用外部变量。

（2）在同一源文件中，外部变量和内部变量可以同名。在内部变量的作用域内，外部变量将被屏蔽而不起作用。

（3）外部变量的作用域是从定义点到本文件结束。如果定义点之前的函数需要引用这些外部变量，只需要在函数内对被引用的外部变量进行说明。说明的一般形式为：

extern　　数据类型　　外部变量 1[，外部变量 2，…]；

注意：外部变量的定义和外部变量的说明是两回事。外部变量的定义，必须在所有的函数之外,且只能定义一次;而外部变量的说明,出现在要使用该外部变量的函数内,可以在多个函数中出现。

例 7-7 根据长方体的长(l)、宽(w)、高(h),求长方体体积及正、侧、底三个面的面积。

思路分析:要表示长方体的长、宽、高,需要三个变量 l、w、h;要计算长方体体积和三个侧面的面积,需要四个变量 v、s1、s2、s3。由于函数通过简单变量返回值只能返回一个函数值,因此计算的四个量只能有一个(这里是 v)可以通过简单变量返回,另外三个变量 s1、s2、s3 只能通过全局变量获得。而需要计算的体积和面积,使用体积和面积计算公式即可计算出。

根据分析,可以编写出如下的程序代码。

```
/*功能:利用全局变量计算长方体的体积及三个面的面积*/
#include <stdio.h>
float l,w,h,s1,s2,s3;
float vs()
{
    float v;
    v=l*w*h;
    s1=l*h;
    s2=w*h;
    s3=l*w;
    return v;
}

int main(void)
{
    float v;
    clrscr();
    printf("\nInput length,width and height:\n");
    scanf("%f%f%f",&l,&w,&h);
    v=vs();
    printf("v=%.1f,s1=%.1f,s2=%.1f,s3=%.1f\n",v,s1,s2,s3);
    getch();
    return 0;
}
```

运行情况如下:

Input length,width and height:5 4 3✓(输入长是 5、宽是 4、高是 3)

v=60.0,s1=15.0,s2=12.0,s3=20.0

7.4 内部函数与外部函数

7.4.1 内部函数

在一个文件中定义的函数,只能在本文件中使用,而不能被其他文件使用,这种函数就称为内部函数。

定义一个内部函数,只需在函数类型前加"static"关键字即可,如下所示:
static 类型标识符 函数名(形式参数表列)
{
　　函数体
}

关键字"static"的含义是"静态的",所以内部函数又称静态函数。同时该关键字指明该函数的作用域仅局限于本文件。

使用内部函数的优点是:不同的人编写不同的函数时,不用担心自己定义的函数是否会与其他文件中的函数同名,因为它们之间不存在任何关系。

7.4.2 外部函数

在一个文件中定义的函数,既可以在本文件中使用,又可以被其他文件使用,这种函数就称为外部函数。

定义一个外部函数,只需在函数类型前加"extern"关键字,或不加任何关键字即可,如下所示:
[extern] 类型标识符 函数名(形式参数表列)
{
　　函数体
}

在函数中如果需要调用外部函数,必须在该函数中对调用的外部函数进行声明,声明的格式是:
[extern] 类型标识符 函数名1(形式参数表列1)[,函数名2(形式参数表列2),…];

例 7-8 外部函数的应用。

(1)文件 mainf.c。
/*该函数调用外部函数 inputData,processData,displayData */
#include<stdio.h>
int main(void)
{
　　extern void inputData(…),processData(…),displayData(…);
　　inputData(…);
　　processData(…);
　　displayData(…);

```
        return 0;
}
```
（2）文件 subf1.c。

...

/*定义外部函数 inputData */

extern void inputData(...)

{

...

}

（3）文件 subf2.c。

...

/*定义外部函数 processData */

extern void processData(...)

{

...

}

（4）文件 subf3.c。

...

/*定义外部函数 displayData */

extern void displayData(...)

{

...

}

7.4.3　多个源程序文件的编译和链接

在程序设计时，通常采用模块化的方法进行设计，每个模块对应一个功能，当所有模块都实现后，把所有模块集成在一起，就可以实现程序的所有功能，从而完成整个程序的设计。在模块设计时最好每个模块对应一个文件，即源程序，这样有利于模块的调试和维护，而且可以多人合作进行设计，每人完成几个模块。现在问题是这些源程序文件怎样整合在一起，怎样编译运行？一般来说，可以采用如下的方法完成。

1. 一般过程

多个源程序文件的编译和链接一般过程是：编辑各源文件→创建 Project（项目）文件→设置项目名称→编译、链接、运行、查看结果。

（1）创建 Project（项目）文件。

用编辑源文件相同的方法，创建一个扩展名为 .PRJ 的项目文件。该文件中仅包括将被编译、链接的各源文件名，一行一个，其扩展名 .C 可以缺省。文件名的顺序仅影响编译的顺序，与运行无关。

注意：如果有某个（些）源文件不在当前目录下，则应在文件名前添加路径。
（2）设置项目名称。
打开菜单，选取 Project/Project name，输入项目文件名即可。
（3）编译、链接、运行、查看结果。
其方法与单个源文件相同。编译产生的目标文件，以及链接产生的可执行文件，它们的主文件名，均与项目文件的主文件名相同。
注意：当前项目文件调试完毕后，应选取 Project/Clear project，将其项目名称从"Project name"中清除。否则，以后编译、链接和运行的，始终是该项目文件。

2. 关于错误跟踪

缺省时，仅跟踪当前一个源程序文件。如果希望自动跟踪项目中的所有源文件，则应将 Options/Environment/Message Tracking 开关设置为"All files"。此时，滚动消息窗口中的错误信息，系统会自动加载相应的源文件到编辑窗口中。

也可关闭跟踪（将"Message Tracking"置为"Off"）。此时，只要定位于感兴趣的错误信息上，回车，系统就会自动将相应源文件加载到编辑窗口中。

7.5 编译预处理

所谓编译预处理是指在对源程序进行编译之前，先对源程序中的编译预处理命令进行处理，然后再将处理的结果和源程序一起进行编译，以得到目标代码。

7.5.1 宏定义与符号常量

在 C 语言中，"宏"分为无参数的宏（简称无参宏）和有参数的宏（简称有参宏）两种。

1. 无参宏定义

（1）无参宏定义的一般格式：
　　#define　标识符　语言符号字符串
说明：
① define 为宏定义命令。
② 标识符为所定义的宏名，通常用大写字母表示，以便于与变量区别。
③ 语言符号字符串可以是常数、表达式、格式串等。
④ 宏定义不是 C 语句，所以不能在行尾加分号。否则，宏展开时，会将分号作为字符串的 1 个字符，用于替换宏名。
⑤ 在宏展开时，预处理程序仅按宏定义简单替换宏名，而不做任何检查。如果有错误，只能由编译程序在编译宏展开后的源程序时发现。
⑥ 宏定义命令#define 出现在函数的外部，宏名的有效范围是从定义命令之后，到本文件结束。通常，宏定义命令放在文件开头处。

⑦ 在进行宏定义时，可以引用已定义的宏名。

（2）使用宏定义的优点。

① 可提高源程序的可维护性。

② 可提高源程序的可移植性。

③ 减少源程序中重复书写字符串的工作量。

例 7-9 输入圆的半径，求圆的周长和面积。要求使用无参宏定义圆周率。

```
/*程序功能：输入圆的半径，求圆的周长、面积*/
#define PI 3.1415926 /*PI 是宏名，3.1415926 是用来替换宏名的常数*/
#include<stdio.h>
int main(void)
{
    float radius,length,area;
    printf("Input a radius:");
    scanf("%f",&radius);
    length=2*PI*radius;              /*引用无参宏求周长*/
    area=PI*radius*radius;           /*引用无参宏求面积*/
    printf("length=%.2f,area=%.2f\n",length,area);
    return 0;
}
```

运行情况如下：

Input a radius:3↙

length=18.85,area=28.27

2. 有参宏定义

（1）定义的一般格式。

  #define 宏名（形参表） 语言符号字符串

（2）带参宏的调用和宏展开。

① 调用格式。

  宏名（实参表）

② 宏展开。

用宏调用提供的实参字符串，直接置换宏定义命令行中相应形参字符串，非形参字符保持不变。

（3）说明。

① 定义有参宏时，宏名与左圆括号之间不能留有空格。否则，C 编译系统将空格以后的所有字符均作为替代字符串，而将该宏视为无参宏。

② 有参宏的展开，只是将实参作为字符串，简单地置换形参字符串，而不做任何语法检查。在定义有参宏时，在所有形参外和整个字符串外，均加一对圆括号。

③ 虽然有参宏与有参函数有相似之处，但不同之处更多，主要有以下几个方面：

- 调用有参函数时，是先求出实参的值，然后再复制一份给形参。而展开有参宏时，只是将实参简单地置换形参。

• 在有参函数中，形参是有类型的，所以要求实参的类型与其一致；而在有参宏中，形参是没有类型信息的，因此用于置换的实参，什么类型都可以。有时，可利用有参宏的这一特性，实现通用函数功能。

3. 符号常量

在定义无参宏时，如果"语言符号字符串"是一个常量，那么相应的"宏名"就是一个符号常量。

例如，以下的宏定义，就是符号常量。

```
#define   EOF       -1        /*文件尾*/
#define   NULL      0         /*空指针*/
#define   MIN       1         /*极小值*/
#define   MAX       99        /*极大值*/
#define   STEP      2         /*步长*/
```

7.5.2 文件包含

1. 文件包含的概念

文件包含是指一个源文件中包含另一个源文件。

2. 文件包含处理命令的格式

文件包含处理命令的一般格式如下：

   # include "包含文件名"|<包含文件名>

说明：

（1）编译预处理时，预处理程序将查找指定的被包含文件，并将其复制到#include 命令出现的位置上。

（2）在文件头部的被包含文件，称为"标题文件"或"头部文件"，常以"h"（head）作为后缀，简称头文件。

（3）一条包含命令，只能指定一个被包含文件。如果要包含 n 个文件，则要用 n 条包含命令。但不能包含.obj 文件。

（4）文件包含可以嵌套，即被包含文件中又包含另一个文件。

（5）使用双引号包含文件，系统首先到当前目录下查找被包含的文件，如果没找到，再到系统指定的"包含文件目录"去查找。

（6）使用尖括号包含文件，系统直接到指定的"包含文件目录"去查找。

3. 文件包含的优点

一个比较复杂的程序，通常分为多个模块，每个模块实现一定的功能，这些模块由多个程序员分别编写。有了文件包含处理功能，就可以将多个模块共用的数据（如符号常量和数据结构）或函数，集中到一个单独的文件中。这样，凡是要使用其中数据或调用其中函数的模块，只要使用文件包含处理功能，将所需文件包含进来即可，不必再重复定义它们，从而减少重复劳动，提高效率。

7.5.3 条件编译

条件编译可有效地提高程序的可移植性，并广泛地应用在商业软件中，为一个程序提供各种不同的版本。

1. #ifdef ～ #endif 和#ifndef ～ #endif 命令

（1）一般格式。

　　# ifdef　标识符
　　程序段 1；
　　[# else
　　程序段 2；]
　　# endif

（2）功能。

当"标识符"已经被#define 命令定义过，则编译程序段 1，否则编译程序段 2。

（3）关于#ifndef ～ #endif 命令。

格式与#ifdef ～ #endif 命令一样，功能正好与之相反。

2. #if ～ #endif

（1）一般格式。

　　# if　常量表达式
　　程序段 1；
　　[# else
　　程序段 2；]
　　# endif

（2）功能。

当常量表达式为非 0（"逻辑真"）时，编译程序段 1，否则编译程序段 2。

例 7-10 输入一个口令，根据需要设置条件编译，使之能将口令原码输出，或仅输出若干星号"*"。

```
#define    PASSWORD    0      /*预置为输出星号*/
int main(void)
{
  …
/*条件编译*/
#if    PASSWORD                /*源码输出*/
  …
#else                          /*输出星号*/
```

…
#endif
    …
    return 0;
}

7.6　模块化程序设计举例

利用模块化程序设计的方法完成任务 7 中"学生成绩管理系统"的函数代码设计。

根据前面任务 7 的任务分析，该系统需要完成的功能是：学生成绩的录入、排序、显示、修改、查询和统计。对应的系统结构如图 7.1 所示，下面使用函数分别实现。

由于在管理学生成绩过程中，需要不断操作学生成绩的数据，而且有些操作数据需要更改，因此把学生成绩用数组作为参数传递，可以实现双向传递。对应函数的代码如下：

```c
/*主函数*/
#include <stdio.h>
int main(void)
{
    void inputData(float[],int);      /*声明录入成绩函数 inputData */
    void sortData(float[],int);       /*声明排序成绩函数 sortData */
    void displayData(float[],int);    /*声明显示成绩函数 displayData*/
    void updateData(float[],int);     /*声明修改成绩函数 updateData */
    void findData(float[],int);       /*声明查询成绩函数 findData */
    void calData(float[],int);        /*声明统计成绩函数 calData */
    float student[10];                /*定义表示学生成绩的数组*/
    int n=10,menu=0;                  /*定义学生的人数 n 和菜单项变量 menu*/
    do
    {
        printf("\n");
        printf("学生成绩管理系统菜单\n");
        printf("1.录入学生成绩\n");
        printf("2.排序学生成绩\n");
        printf("3.显示学生成绩\n");
        printf("4.修改学生成绩\n");
        printf("5.查询学生成绩\n");
        printf("6.统计学生成绩\n");
        printf("7.退出系统\n");
        printf("请选择菜单:");
```

```c
            scanf("%d",&menu);
            switch(menu)
            {
                case 1:    inputData(student,n);      /*调用录入成绩函数*/
                           break;
                case 2:    sortData(student,n);       /*调用排序成绩函数*/
                           break;
                case 3:    displayData(student,n);    /*调用显示成绩函数*/
                           break;
                case 4:    updateData(student,n);     /*调用修改成绩函数*/
                           break;
                case 5:    findData(student,n);       /*调用查询成绩函数*/
                           break;
                case 6:    calData(student,n);        /*调用统计成绩函数*/
                           break;
            }
        }
        while(menu!=7);
        return 0;
}

/*定义学生成绩录入函数 inputData*/
void inputData(float s[],int n)
{
        int i;
        for(i=0;i<n;i++)
        {
                printf("输入第%d 个学生的成绩: ",i+1);
                scanf("%f",&s[i]);
        }
}

/*定义学生成绩排序函数 sortData */
void sortData(float s[],int n)
{
        int i,j;
        float temp;
        for(i=0;i<n-1;i++)
```

```
            for(j=n-1;j>i;j--)
                if(s[j]>s[j-1])
                {
                    temp=s[j];
                    s[j]=s[j-1];
                    s[j-1]=temp;
                }
}
```

/*定义学生成绩显示函数 displayData*/
```
void displayData(float s[],int n)
{
    int i;
    for(i=0;i<n;i++)
    {
        printf("%.1f\t",s[i]);
        if((i+1)%5==0) printf("\n");
    }
}
```

/*定义学生成绩修改函数 updateData */
```
void updateData(float s[],int n)
{
    int i;
    char ch;
    for(i=0;i<n;i++)
    {
        printf("第%d 个学生的成绩是：%.1f,修改吗 y/n? ",i+1,s[i]);
        getchar();
        scanf("%c",&ch);
        if(ch=='Y'||ch=='y')
        {
            printf("请输入修改的成绩：");
            scanf("%f",&s[i]);
        }
    }
}
```

/*定义学生成绩查询函数 findData */

```c
void findData(float s[],int n)
{
    void    findMaxData(float[],int);/*声明查询最高分函数*/
    void    findMinData(float[],int);/*声明查询最低分函数*/
    int subMenu;                     /*定义子菜单变量*/
    do
    {
        printf("1.查询最高分\n");
        printf("2.查询最低分\n");
        printf("3.返回主菜单\n");
        printf("请选择子菜单：");
        scanf("%d",&subMenu);
        if(subMenu==1)
            findMaxData(s,n);  /*调用查询最高分函数*/
        else if(subMenu==2)
            findMinData(s,n);  /*调用查询最低分函数*/
    }
    while(subMenu!=3);
}

/*定义学生成绩统计函数 calData */
void calData(float s[],int n)
{
    int i;
    float aver=s[0];
    for(i=1;i<n;i++)
        aver=aver+s[i];
    aver=aver/n;
    printf("这%d 个学生的平均成绩是：%.1f\n",n,aver);
}

/*定义查询学生成绩最高分函数*/
void    findMaxData(float s[],int n)
{
    int i;
    float max=s[0];
    for(i=1;i<n;i++)
            if(s[i]>max) max=s[i];
    printf("学生成绩的最高分是：%.1f\n",max);
}
```

```c
/*定义查询学生成绩最低分函数*/
void    findMinData(float s[],int n)
{
    int i;
    float min=s[0];
    for(i=1;i<n;i++)
        if(s[i]<min) min =s[i];
    printf("学生成绩的最低分是：%.1f\n", min);
}
```

程序运行情况如下：

1. 录入学生成绩
2. 排序学生成绩
3. 显示学生成绩
4. 修改学生成绩
5. 查询学生成绩
6. 统计学生成绩
7. 退出系统

请选择菜单:1✓（调用录入成绩函数，输入10个学生成绩）

输入第1个学生的成绩：50✓

输入第2个学生的成绩：60✓

输入第3个学生的成绩：70✓

输入第4个学生的成绩：80✓

输入第5个学生的成绩：90✓

输入第6个学生的成绩：85✓

输入第7个学生的成绩：75✓

输入第8个学生的成绩：65✓

输入第9个学生的成绩：55✓

输入第10个学生的成绩：100✓

（调用学生录入成绩函数，执行完后返回主函数，由于menu值为1，不等于7，while条件为真，继续循环，显示主菜单）

1. 录入学生成绩
2. 排序学生成绩
3. 显示学生成绩
4. 修改学生成绩
5. 查询学生成绩
6. 统计学生成绩
7. 退出系统

请选择菜单:3✓（调用显示成绩函数，每行显示5个数据）

50.0   60.0   70.0   80.0   90.0
85.0   75.0   65.0   55.0   100.0

（调用学生成绩显示函数，执行完后返回主函数，由于 menu 值为 3，不等于 7，while 条件为真，继续循环，显示主菜单）

1. 录入学生成绩
2. 排序学生成绩
3. 显示学生成绩
4. 修改学生成绩
5. 查询学生成绩
6. 统计学生成绩
7. 退出系统

请选择菜单:2✓（调用排序函数,按从大到小排序）

（调用学生成绩排序函数，执行完后返回主函数，由于 menu 值为 2，不等于 7，while 条件为真，继续循环，显示主菜单）

1. 录入学生成绩
2. 排序学生成绩
3. 显示学生成绩
4. 修改学生成绩
5. 查询学生成绩
6. 统计学生成绩
7. 退出系统

请选择菜单:3✓（调用显示成绩函数，每行显示 5 个数据，显示排序后的结果）

100.0   90.0   85.0   80.0   75.0
70.0   65.0   60.0   55.0   50.0

（调用学生成绩显示函数，执行完后返回主函数，由于 menu 值为 3，不等于 7，while 条件为真，继续循环，显示主菜单）

1. 录入学生成绩
2. 排序学生成绩
3. 显示学生成绩
4. 修改学生成绩
5. 查询学生成绩
6. 统计学生成绩
7. 退出系统

请选择菜单:7✓（由于 menu 值为 7，等于 7，while 条件为假，退出循环，程序执行完毕）

其他菜单下程序的执行情况这里不再一一列出。

【操作小结】

（1）在程序设计中，通常采用自上而下的模块化方法，每个模块对应一个功能，当所有模块都实现后，把模块集成在一起，就可以实现程序的全部功能，从而完成整个程序设计。

（2）在设计这些模块时，每个模块都用一个函数来实现。除了主模块（通常是主函数，即 main 函数）之外，其他模块之间最好没有紧密的联系，即一个模块功能的实现不需要调用另一个模块，所有的功能实现都通过主模块调用其他模块实现。这样的程序结构比较清晰，设计、维护都比较容易。

（3）在设计主函数时，应尽量使用菜单，通过菜单分别调用其他模块，每个模块实现的功能对应一个菜单。这样对整个程序的结构比较好掌控，编写也比较容易。

【课外习题】

一、选择题

1. 函数按定义的角度分，可分为（　　）。
   A. 库函数和用户自定义函数　　B. 有参函数和无参函数
   C. 有返回值函数和无返回值函数　　D. 外部函数和内部函数

2. 下列函数定义正确的是（　　）。

   A. float max(float x,float y);
   {
       return x>y?x:y;
   }

   B. float max(float x,float y)
   {
       return x>y?x:y
   }

   C. float max(float x,float y)
   {
       return x>y?x:y;
   }

   D. float max(float x,float y)
   {
       x>y?x:y;
   }

3. 关于 return 语句，下列说法中不正确的是（　　）。
   A. 函数的返回值是通过 return 语句获得的
   B. 为了使函数的返回值确定，一个函数中只能有一条 return 语句
   C. return 语句后面可以是常量、变量名或表达式，只要有确定的值
   D. C 语言中允许函数没有返回值

4. 按照 C 语言的规定，下列说法正确的是（　　）。
   A. 实参可以是常量、变量或表达式，在传递给形参时，要求实参必须有确定的值
   B. 实参可以为任意类型
   C. 形参可以是常量，变量或表达式
   D. 形参与其对应的实参的个数可以不一致

5. 有函数定义：
   int　max（int a，int b）
   {…}
则不正确的函数调用为：（　　）
   A. max(3,4);　　　　　　　　　B. max('a', 'b');
   C. max("ab","cd")　　　　　　D. max(3, '4');

6. 有函数定义：
   int max（int a，float b，char c）

{…}

则正确的函数声明为：（   ）

A. int max(int,float,char)
B. int max(int,char,float)
C. max(int,float,char)
D. max(int,char,float)

7. 有如下程序：

```
#include<stdio.h>
int x=0;
void f1( )
{
    x++;
    printf("%d",x);
}
void f2( )
{
    int x=0;
    x++;
    printf("%d",x);
}

int main(void)
{
    printf("%d",x);
    f1( );
    x++;
    f2( );
    printf("%d",x);
    return 0;
}
```

程序执行后的结果是（   ）。

A. 0112
B. 0123
C. 0133
D. 0132

8. 有如下程序：

```
long fac(int n)
{
    long f;
    if(n==1||n==2) f=1;
    else f=fac(n-1)+fac(n-2);
    return f;
}
```

那么 fac(5)的值是（   ）。

A. 2   B. 3
C. 4   D. 5

9. 有如下程序：

```
#include<stdio.h>
int x=0;
void f1( )
{
    x++;
    printf("%d",x);
}
void f2( )
{
    x++;
    f1( );
    printf("%d",x);
}

int main(void)
{
    printf("%d",x);
    f2( );
    printf("%d",x);
    return 0;
}
```

程序执行后的结果是（   ）。

A. 0112   B. 0222
C. 0122   D. 0123

10. 下列正确的宏定义是（   ）。

A. #define N 10;   B. #define N a*b;
C. #define N n(n是变量)   D. #define N 10

二、判断题

1. 在自定义函数时，形参可以为变量、数组、指针，但不能为表达式。（   ）
2. 定义函数时，函数体中必须包含 return 语句。（   ）
3. 函数可以嵌套定义，即在一个函数的内部可以定义另一个函数。（   ）
4. return 语句返回的数值类型可以和函数类型不一致，这时系统会把 return 返回的类型自动转换为函数类型。（   ）
5. 调用函数的实参的类型和个数可以和形参不一致。（   ）
6. 定义函数时，函数的类型必须显示指明。（   ）
7. 内部变量和外部变量相同时，内部变量将屏蔽掉外部变量，即只有内部变量有效。（   ）

8. 内部函数只能在定义该函数的文件中能被其他函数调用。（ ）
9. 外部函数在多数 C 源文件中都可以调用。（ ）
10. 宏定义时不能包含参数。（ ）

三、填空题

1. 一个 C 程序包括_____个主函数和_____个子函数。
2. 一个函数由两部分组成，它们是_____和_____。
3. 调用函数实参的个数和类型与被调用函数的形参的个数和类型应该_____对应。
4. 作用域只限于本函数的变量是_____变量。
5. 参数传递分为_____和_____。
6. 内部函数定义时必须在函数首部加关键字_____。
7. 在函数中如果要调用外部函数，必须对调用的函数进行声明，和对内部函数声明的区别是必须在声明语句的最左边加关键字_____。
8. 使用关键字_____可以把一个文件包含到当前文件中。

四、编程题

1. 编写函数求 n 个数的和，即 S=1+2+3+…+n，其中 n 从主调函数传递。
2. 编写函数显示如下图形，要求图形中的字符和图形的行数通过主调函数传递。

```
   *
  ***
 *****
*******
```

3. 编写函数求三角形的面积。
4. 编写函数判断任意输入的三个数能否组成三角形，如果能，再判断是什么类型的三角形。
5. 求方程 $ax^2+bx+c=0$ 的根，用 3 个函数分别求当 b^2-4ac 大于 0、等于 0 和小于 0 时的根并输出结果。从主函数输入 a,b,c 的值。
6. 写一个函数，将两个字符串连接。
7. 编写一个函数，由实参传递一个字符串，统计此字符串中字母、数字、空格和其他字符的个数，在主函数中输入字符串以及输出上述的结果。
8. 利用递归法显示 Fibonacci 数列的前 20 项。其数列规律是前两项都是 1，从第 3 项开始，每 1 项的值为前两项之和，如下所示：

    1 1 2 3 5…

模块 2　总　结

【模块 2 小结】

模块 2 是 C 语言程序设计课程的第二个阶段——程序结构与模块设计阶段。

模块 2 的重点内容是 C 语言程序的顺序、选择、循环三种基本结构的程序设计方法，用数组处理批量数据的方法；函数及模块化程序设计的方法。

在能力方面，学完模块 2 后要求达到具备 C 语言程序三种基本结构设计的能力；具备利用数组处理批量数据的能力；具备用函数实现模块化程序设计的能力。

在知识方面，学完模块 2 后要求达到掌握 C 语言程序三种基本结构的概念和原理；掌握 C 语言程序三种基本结构的设计方法；掌握 C 语言数组的基本概念；掌握批量数据处理的一般方法；掌握 C 语言函数的基本概念；掌握模块化程序设计的一般方法。

在素质方面，学完模块 2 后要求培养学生的分析问题和解决问题的能力；培养学生的团队合作和沟通能力；培养学生的自律和严谨性；培养学生的责任心和保护他人利益的意识。

【模块 2 训练】系统模块设计

由于这是系统程序设计技能训练独立实战的指导性项目之一，是第二学习训练阶段的自主学习独立检验项目，所以这里仅给出指导性建议。

将系统模块设计作为模块 2 的综合训练子项目。划分子项目训练小组，先拟订计划，对新生报到管理系统进行系统功能分析，再进行系统模块规划、画出系统模块结构图，搞清新生报到管理系统处理流程中所有模块的算法设计，画出各模块的程序流程图，为系统实施做准备。最后按训练小组进行汇报、答辩和考核，老师做点评和总结。

模块 3　实用数据处理方法

👉 主要内容

本模块主要内容有 C 语言指针数据类型，构造数据类型，文件数据类型操作及编程应用。其模块训练为"新生报到管理系统"的"系统编程实施"部分，可作为系统程序设计技能训练独立实战的指导性项目之一，它是第三学习训练阶段的自主学习独立检验项目。

✍ 学习要求

能力要求	1. 具备利用指针数据类型进行编程应用的操作能力 2. 具备利用构造数据类型进行编程应用的操作能力 3. 具备利用文件操作实现数据处理的编程应用能力
知识要求	1. 掌握 C 语言指针数据类型的基本概念 2. 掌握利用指针数据类型编写应用程序的一般方法 3. 掌握 C 语言构造数据类型的基本概念 4. 掌握利用构造数据类型编写应用程序的一般方法 5. 掌握 C 语言数据文件的基本概念和操作方法 6. 掌握利用文件进行数据处理的实用程序编写规律
素质要求	1. 培养学生的社会意识和责任感 2. 激发学生的创新意识

学习向导

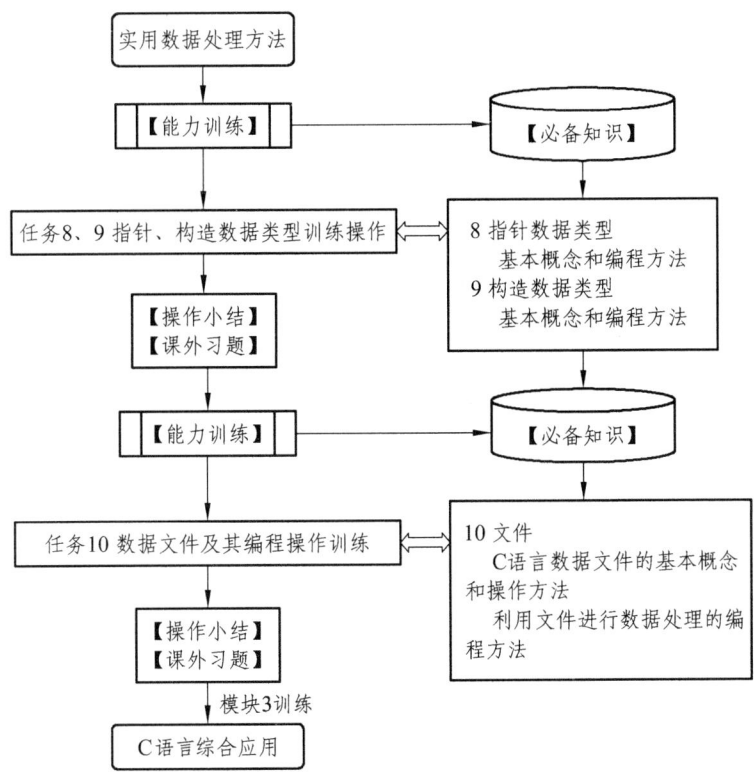

8 指 针

【能力训练】

简单趣味程序演示：最佳存款方案

假设银行整存整取存款不同期限的月息利率分别为：0.63%，期限=1 年；0.66%，期限=2 年；0.69%，期限=3 年；0.75%，期限=5 年；0.84%，期限=8 年。利息=本金*月息利率*12*存款年限。

现在某人手中有 2000 元钱，请通过计算选择一种存钱方案，使得钱存入银行 20 年后得到的利息最多（假定银行对超过存款期限的那一部分时间不付利息）。

趣味程序演示代码见本课程 PPT。

任务 8　学会指针数据类型应用的操作方法

一、任务要求

1. 知识要求

（1）掌握指针变量的定义及引用方法。
（2）掌握指针与数组、指针与函数的关系。
（3）掌握利用指针数据类型编写应用程序的一般方法。

2. 技能要求

具备熟练利用指针数据类型进行编程应用的操作能力。

3. 考核标准

能够理解和利用指针数据类型解决实际问题，会进行编程应用操作。会修改、调试源程序并记录出错情况和运行结果。会撰写高质量的技能训练总结报告。

4. 素质要求

在指针数据类型应用操作过程讲解中，提出程序员的社会责任是不可忽视的。作为一名程序员，我们要有正确的职业道德和社会责任感。在编写程序时，我们要遵守法律法规，不制作和传播违法的程序和信息。同时，我们还要关注社会问题和公共利益，积极参与社会活动和公益事业。通过履行程序员的社会责任，培养学生自己的社会意识和责任感。

二、训练内容

（1）在 C 语言集成环境下，录入本章必备知识部分例题中的程序调试运行，进一步学会利用指针数据类型的使用操作方法，利用指针数据类型进行应用编程和解决实际问题的方法。

（2）对"学生成绩管理系统"项目任务中所涉及的函数，采用指针变量作参数来实现。

例如：在"学生成绩管理系统"程序中，采用指针变量作参数，实现对查找最高分、最低分和不及格成绩的三个函数。程序的首部主要有应包含的头文件、全局变量声明和函数声明。函数定义主要有：主函数；功能菜单显示函数；查找最高分指针访问函数；查找最低分指针访问函数；查找不及格学生成绩指针访问函数等。其程序设计可参考"8.6 指针的应用举例"中的例 8-18。

【必备知识】

阶段性子系统（子程序）引例：
学生成绩管理系统中用指针快速访问内存数据

指针是数据在内存中的地址，数组的指针是指数组在内存中的首地址。用指针指向数组或数组元素，其访问速度快，程序执行效率高。利用指针可以直接对内存中各种不同类型的数据结构进行快速访问和随机处理。在学生成绩管理系统引例中，定义了一个指向学生成绩数组首地址的指针变量 p，调用函数时实参也用指向学生成绩数组首地址的指针变量 p，如图 8.1 所示。

程序运行代码见本课程 PPT。

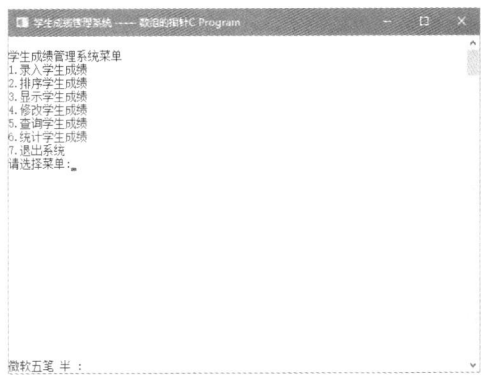

图 8.1 用指针快速访问内存数据

8.1 变量的指针

指针是 C 语言的一个重要概念，也是 C 语言的一个重要数据类型。利用指针可以直接对内存中各种不同的数据结构（诸如链表、树、图等复杂的数据结构）进行快速访问和处理，指针支持内存的动态分配，能直接处理内存地址，为函数间各类数据的传递提供非常有效的手段，利用指针可以使应用程序简洁、紧凑、高效。

8.1.1 指针变量的定义

1. 地址和指针的概念

地址用来标识内存区域中的一个存储单元。

C 程序中的每一个实体，如变量、数组和函数等，都要在内存中占有一段可标识的存储区域。每一个存储区域由若干个字节单元组成，每一个字节单元都有一个"地址"，一个实体在存储区域的"地址"指的是该实体在存储区域中第一个字节单元的地址。在地址所标志的连续内存单元中存放的是数据。

图 8.2 为一段内存分配示意情况。图中右边为使用的变量，左边为内存单元的地址，中间为内存单元中存储的内容。

必须注意：

（1）内存单元的地址与该内存单元中存储的内容的区别。例如：

int a=3,b=4;
float c=4.5,d=8.6;
char e= 'x',f='y';

（2）变量所占存储单元的第一个字节单元的地址就是该变量的地址。例如：

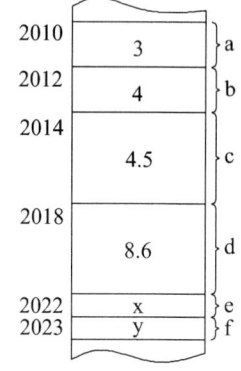

图 8.2 内存分配示意图

a 变量的地址 2010。

c 变量的地址 2014。

e 变量的地址 2022。

（3）系统对不同类型的变量分配的内存单元数不同。例如：

整型变量为 2 个字节。

实型变量为 4 个字节。

字符型变量为 1 个字节。

C 语言允许在程序中使用变量的地址。取地址时用地址运算符"&"进行计算。变量、内存单元的地址与该内存单元中存储的内容之间的关系也可用如下程序运行结果来理解。例如：

```
#include "stdio.h"
int main()
{
    int i=898;
    printf("i=%d\n",i);
    printf("&i=%#x\n",&i);
    return 0;
}
```

执行结果如下：

i=898
&i=0x12ff7c

一般，指针（pointer）指的就是数据在内存中的地址。变量的指针，就是变量的内存地址。指针变量指的是存放地址的变量。

2. 变量的指针和指向变量的指针变量

对一个变量值的存取或访问（访问是指取出其值或向它赋值）方式有两种：

（1）直接访问。用变量名访问变量值。例如通过变量名 i 直接访问其变量值。

（2）间接访问。用该变量的指针来访问变量值，即通过把地址存放在一个变量中，然后先找出地址变量中的值（一个地址），再由此地址找到要访问的变量值的方法，称为"间接访问"。

例如在图 8.3 中，表示了用指针变量 i_pointer 来间接访问变量 i 的情况。指针变量占 3010、3011 两个内存单元。其中存放的数据是变量 i 的地址 2000（一个变量占多个内存单元时，以首地址表示该变量的地址）。我们称 i_pointer 这种存放另一个变量 i 的地址的变量称为指针变量。

变量 i_pointer 指向变量 i，即称为变量 i 的指针。显然，变量的指针其实就是一个变量的地址。

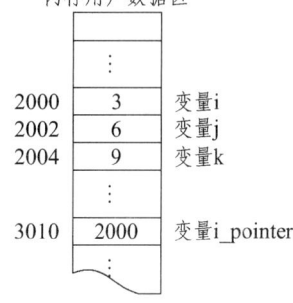

图 8.3　指针变量

指向变量的指针变量就是存放一个变量地址的变量，它用来指向另一个变量。为了表示指针变量和它所指向的变量之间的对应联系，在程序中常用"*"号来定义指针和进行取值运算。

3. 指针变量的定义

指针变量也和其他变量一样必须先定义后使用。指针变量不同于其他类型的变量，它是用来存放地址的，必须用"*"号作指针定义符（或说明符）使之定义为指针类型；指针所指向的变量的数据类型称为基类型。定义的形式如下：

　　　基类型　*指针变量名

例如：int *p; 表示定义了一个指向整型数据的指针变量 p，即 p 是一个存放整型变量的地址的变量。但在没有赋值之前 p 中无值，必须赋值后才有值。

如：

int i, *p;

p=&i;

这时，指针变量 p 指向整型变量 i，p 中的值为 i 的地址值。

注意：p=&i; 是指针变量的初始化方法之一。用赋值语句给指针变量初始化时，赋值语句中的指针变量前不能加"*"号。指针变量中只能存放地址，而不能将一个非地址类型的数据（如常数等）赋给一个指针变量，如：p=2000; 是错误的。

4. 指针变量的初始化

指针变量的初始化是确定指针要指向的对象或要访问数据的方法。

指针变量的初始化有两种方法。除了前面介绍用赋值语句的方法之外，还可在定义指针变量时初始化。在定义指针变量时初始化的一般形式为：

  数据类型 *指针变量名=&变量名；

  例如：定义指针变量时初始化的方法。

  int a; char c;

  int *pa=&a;

  char *pc=&c;

语句 int *pa=&a;char *pc=&c; 的意思是在用指针定义符"*"定义指针变量 pa 和 pc 的同时，用地址运算符"&"分别取得变量 a 和 c 的起始地址值并初始化指针变量。

当然，也可用赋值语句的初始化方法。

  int a; char c;

  int *pa;

  char *pc;

  pa=&a; pc=&c;

语句 int *pa; char *pc; 的意思是先用指针定义符"*"定义指针变量 pa 和 pc，再用地址运算符"&"分别取得变量 a 和 c 的起始地址值后构成赋值语句 pa=&a; pc=&c。

8.1.2 指针变量的引用

在定义了一个指针变量之后就可以对该变量进行各种操作，如给一个指针变量赋一个地址值、输出一个指针变量的地址值、访问指针变量所指向的变量等。

引用指针变量时，要用到与指针有关的两个运算符：地址运算符"&"和指针运算符"*"。

（1）& 为取地址运算符，即取其变量的内存地址，实际上是变量的起始地址。使用方法如下：

  &变量名

（2）* 为指针运算符，或间接访问运算符，即取其指针变量所指向的变量（或对象）的值。使用方法如下：

  *指针变量名

在指针变量的引用中要注意两点：

（1）*p 的含义。"指针定义符"和"指针运算符"都用"*"号表示，但两者的含义不同。例如，定义指针变量*p 时的指针定义符"*"表示定义了一个指向某一类型变量的指针变量 p；但在程序的执行语句中引用的*p，其"*"为指针运算符，表示取其指针变量 p 所指向的变量的值。

（2）在定义指针变量时，若还未规定它指向哪一个变量，此时就不能用*运算符访问该指针变量所指向的变量。当只有在程序中用赋值语句具体规定后，或在定义指针变量时初始化后，才能用*运算符访问指针变量所指向的变量。

例 8-1 引用指针变量，输出两个数的值。

思路分析：程序代码如下。在程序中的 int *pointer_1, *pointer_2; 语句中，先用指针定义符"*"定义了两个指针变量 pointer_1 和 pointer_2，但它们并未指向任何一个整型变量，这里只是提供了两个指针变量，规定它们可以指向整型变量。后面的 pointer_1=&a; 和

pointer_2=&b；语句，其作用就是使 pointer_1 指向变量 a，pointer_2 指向变量 b。最后两个 printf 函数作用是相同的，其中最后一行的*pointer_1 和*pointer_2 就是用指针运算符"*"引用指针变量分别输出两个变量 a 和 b 的值。

```
#include "stdio.h"
int main()
{
    int a,b;
    int *pointer_1, *pointer_2;
    a=100;b=10;
    pointer_1=&a;
    pointer_2=&b;
    printf("%d,%d\n",a,b);
    printf("%d,%d\n",*pointer_1, *pointer_2);
    return 0;
}
```

程序运行结果如下：

100,10

100,10

例 8-2 引用指针变量，使输入的 a、b 两个整数能按先大后小的顺序输出。

思路分析：程序代码如下。先输入两个整数存入 a、b 中，再定义指针变量 p1、p2、P，其中 P 作指针的中间变量，用 p1 和 p2 分别指向变量 a 和 b。if 语句将判定 a、b 两个整数的大小：当 a<b 成立时，则引用指针变量，执行语句{p=p1;p1=p2;p2=p;}来交换数据的地址，而 a 和 b 中的值并未交换。最后直接输出 a 和 b 的值与输入时是相同的；但引用*p1,*p2 作间接访问，按先大后小的顺序输出得到的 max 是 b 的值，min 是 a 的值。图 8.4 为本例的流程图。

```
#include <stdio.h>
int main()
{
    int *p1,*p2,*p,a,b;
    scanf("%d,%d",&a,&b);
    p1=&a;p2=&b;
    if(a<b)
        {p=p1;p1=p2;p2=p;}
    printf("\na=%d,b=%d\n",a,b);
    printf("max=%d,min=%d\n",*p1,*p2);
    return 0;
```

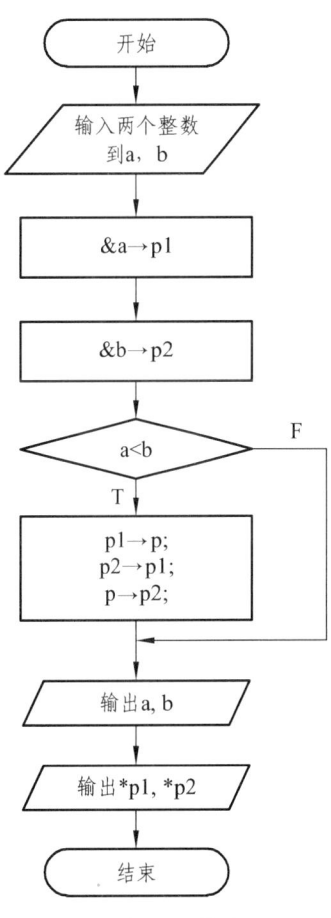

图 8.4　例 8-2 的流程图

}
程序执行情况如下：
5,9
a=5,b=9
max=9,min=5

该程序中，当输入 a=5，b=9 时，由于 a<b，这时只需将指针变量 p1 和 p2 中的地址值进行交换即可，实际上 a 和 b 的内容并未交换，它们仍保持原值。p1 和 p2 中的地址值改变了，P1 的值原为&a，后来为&b，p2 原值为&b，后来变成&a。这样在输出*p1 和*p2 时，max 和 min 实际上是对应地输出了变量 b 和 a 的值。

8.1.3 指针变量作函数参数

函数的参数不仅可以是整型、实型、字符型等数据，还可以是指针类型数据。指针变量作函数参数，功能是将一个变量的地址传送到另一个函数中，从而实现"准地址"传递，使指针变量所指向的变量值能够随函数的运行改变而改变，达到函数间多个值相互传递目的。

简单变量作函数参数的传递方式是一种"单向"的"值传递"，而指针变量作函数参数的传递方式则是一种"地址传递"，可以实现函数间多个数据的"双向传递"。

例 8-3 输入 a、b 两个整数，用指针变量作函数参数将其交换后输出。

思路分析：程序代码如下。先在主调函数中输入两个整数存入 a、b 变量中，用&a,&b 作地址实参去调用被调函数 swap。在 swap 函数中，用指针定义符"*"定义了 x、y 变量作指针形参，用于接收主调函数传递过来的地址&a,&b。设 t 为中间变量，用作地址交换。由于*x 即为 a,*y 即为 b,则执行 {t=*x;*x=*y;*y=t;}语句就等效于执行{t=a;a=b;b=t;}语句，通过指针变量 x、y 交换了所指变量 a、b 的值，最后在主函数中输出交换地址后的 a、b 对应值。

```c
void swap(int *x, int *y)
{
    int t;
    t=*x;*x=*y;*y=t;
}

#include <stdio.h>
int main()
{
    int a,b;
    scanf("%d,%d",&a,&b);
    swap(&a,&b);
    printf("a=%d,b=%d\n",a,b);
    return 0;
}
```
程序执行情况如下：

123,789
a=789,b=123

通过指针变量交换了指针变量所指的变量的值，实现了函数间多个数据的"双向传递"。即在被调函数中通过指针变量访问主调函数中对应的变量，当返回主调函数后，主调函数就得到了这些已经修改过的变量的值。本例中实参与形参一样，都可以定义为指针变量，与用变量的地址作参数的效果是相同的。

8.2 数组的指针

指针和数组在 C 语言中关系非常密切。因为数组在内存中占有一段连续的内存单元，所以，数组的首地址就可以用指针来指向，指针可以指向数组和数组元素。当一个指针指向数组后，对数组元素的访问，既可以使用数组下标（索引）法，也可以使用指针法。虽然用下标访问数组元素时程序更清晰，但是用指针访问数组元素时，速度更快，程序的执行效率更高。

8.2.1 一维数组的指针

数组的指针是指数组的首地址。数组元素的指针是指数组元素的地址。可以定义指向一维数组的指针变量，其类型应与一维数组元素的类型相同，例如：

int a[10]，*p；
float b[20]，*pointer；
对指针变量的赋值为：
p=&a[0];或 p=a;
pointer=&b[0];或 pointer=b;

如图 8.5 所示，如果指针变量 p 指向一维数组 a（即指向数组的第一个元素 a[0]），则 p+1 就指向下一个元素 a[1]。

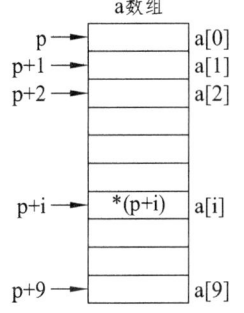

图 8.5 用指针变量引用数组元素

必须注意，这里不是将 p 的地址值简单加 1。如果数组元素是整型，p+1 表示 p 的地址加 2；如果数组元素是实型，p+1 表示 p 的地址加 4；如果数组元素是字符型，p+1 表示 p 的地址加 1。

p+i 指向元素 a[i]，也可以使用*(p+i)访问元素 a[i]。

另外，p+i 也可以记作 a+i，即指向元素 a[i]。指向数组的指针变量也可以带下标，如 p[i] 与*(p+i)等价，表示元素 a[i]。

访问或引用一维数组各元素，可以有两种方法：
（1）下标法（索引法）。常用，很直观，如 a[i] 或 p[i]形式。
（2）指针法。这种方法常用，效率高，如*（a+i）、*（p+i）或*（p）形式。
以上的一维数组名 a，代表数组的首地址，又可称为指针常量或地址常量。

例 8-4 用指针法*(p+i)方式输出一维数组中的全部元素。
程序代码段如下：

```
#include <stdio.h>
int main()
{
    int a[5],*p=a,i;
    for(i=0;i<5;i++)
        *(p+i)=i*i;
    for(i=0;i<5;i++)
        printf("*(p+%d)=%d\n",i,*(p+i));
    return 0;
}
```
程序运行结果如下：

*(p+0)=0

*(p+1)=1

*(p+2)=4

*(p+3)=9

*(p+4)=16

程序中的*(p+i)，可以换成*(a+i)或*(p)形式，以及a[i]或p[i]形式。

使用指针变量指向数组，应注意以下问题：

（1）若指针变量p指向数组a，虽然p+i与a+i、*(p+i)与*(a+i)意义相同，但仍应注意p与a的区别，a代表数组的首地址，是不变的；p是一个指针变量，可以指向数组中的任何元素。例如：

for(p=a; a<(p+10); a++) //a代表数组的首地址，是不变的，称为指针常量或地址常量，a++不合法。

printf("%d", *a);

（2）指针变量可以指向数组中的任何元素，指针的移动可以改变指针变量的值，因此要注意指针变量的当前值。

（3）使用指针变量时，应特别注意避免指针访问越界。指针访问越界，编译器不能发现。

（4）指针变量的运算。

设p、q为同类型指针变量，指针p指向数组a（p=a），指针q指向数组b（q=b），则指针变量的运算规律如下：

① 指针变量的寻址运算。

指针变量与整数相加减，其结果表示指针的移动；两个同类型指针变量相减，其结果是两个指针之间的数组元素的个数；两个同类型指针变量相比较，其结果是两个指针所指数组元素之间的前后关系。例如：

P++、++p、p+=1，向高地址移动，p指向后一个元素。

p--、--p、p-=1，向低地址移动，p指向前一个元素。

p+=n，向高地址移动，p指向后n个元素。

p-=n，向低地址移动，p指向前n个元素。

q-p，如果p、q分别指向a数组的元素a[0]、a[6]，若q-p=6，其结果表示两个指针之间有 6 个数组元素。

q>p，如果 p、q 分别指向 a 数组的元素 a[m]、a[n]，若关系式 q>p 为真，则表示的元素 a[m] 的位置在 a[n]之前。

② 指针变量的取值运算。

p++，相当于(p++)。因为*和++同优先级，++是右结合运算符。

（p++）与(++p)的作用不同。*(p++)：先取*p，再使 p 加 1。*(++p)：先使 p 加 1，再取*p。

(*p)++表示，p 指向的元素值加 1。

如果 p 当前指向数组 a 的第 i 个元素，则：

*(p++)相当于 a[i++]，先取*p，再使 p 加 1。

*(p--)相当于 a[i--]，先取*p，再使 p 减 1。

*(++p)相当于 a[++i]，先使 p 加 1，再取*p。

*(--p)相当于 a[--i]，先使 p 减 1，再取*p。

将++和--运算符用于指针变量十分有效，可以使指针变量自动向前或向后移动，但要特别小心，必须应该弄清楚先取 p 值还是先使 p 加 1。

例 8-5 在被调函数的 for 循环中，引用指针变量访问一维数组元素，从 10 个数中找出其中的最大值和最小值。

思路分析：程序代码如下。本程序采用主函数 main 调用函数 max_min_value 来求最大值和最小值两个结果。而被调函数中的 return 语句只能得到一个返回值，所以先设置 max,min 为全局变量，使之可在函数之间"传递"两个数据 max 和 min 的值。

在主函数中定义数组 number[10]，用 for 循环输入 10 个数。再用语句 max_min_value(number,10); 调用函数 max_min_value。在 max_min_value 函数中定义了两个指针变量 p 和 array_end，p 用来作 for 循环变量，array_end 用来作循环变量的终值，array_end=array+n 是让 array_end 初始化指向数组最后一个元素之后，max=min=*array；是让 max 和 min 得到数组的第一个元素作为初值。用 for 循环和 if- else if 语句，配合指针运算符 "*" 引用指针变量使 max=*p 和 min=*p，反复循环找出其中的最大值和最小值，并返回主函数，最终输出 max 和 min 的值。图 8.6 为本例的流程图。

```
int max,min;        /*全局变量*/
void max_min_value(int array[],int n)
{
 int *p,*array_end;
 array_end=array+n;
 max=min=*array;
 for(p=array+1;p<array_end;p++)
    if(*p>max)max=*p;
    else if (*p<min)min=*p;
 return;
}
#include "stdio.h"
```

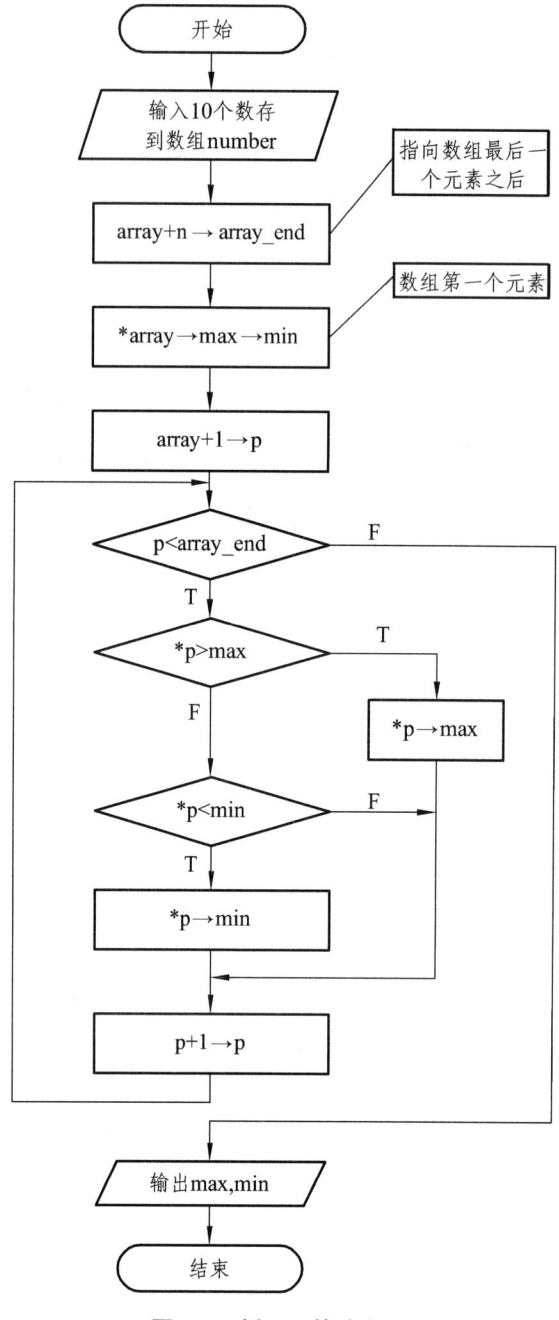

图 8.6　例 8-5 的流程图

```
int main()
{
    int i,number[10];
    printf("Enter 10 integer umbers:\n");
    for(i=0;i<10;i++)
        scanf("%d",&number[i]);
```

```
    max_min_value(number,10);
    printf("\nmax=%d,min=%d\n",max,min);
    return 0;
}
```
程序执行结果如下:

Enter 10 integer umbers:
65 100 8 73 357 21 68 881 35 989
max=989,min=8

8.2.2 二维数组的指针

二维数组比一维数组复杂一些。在二维数组中，整个二维数组有一个首地址；二维数组中的每一行有一个行首地址；每个二维数组元素也有一个元素地址。

根据前面的学习我们知道，二维数组的存储结构是一个一维线性空间，可以把二维数组视为一维数组来处理。所以，可以采用指向二维数组元素的指针或指向二维数组行的行指针这两种指针变量来访问二维数组。

设有整型二维数组 a[3][4]如下:

0 1 2 3
4 5 6 7
8 9 10 11

它的定义为:

int a[3][4]={{0,1,2,3},{4,5,6,7},{8,9,10,11}};

设二维数组 a 的首地址为 1000，各元素的地址及取值如图 8.7 所示。

二维数组 a 又可分解为三个一维行数组，即 a[0]，a[1]，a[2]，每个一维行数组又包含有四个元素。例如 a[0]行数组，含有 a[0][0]，a[0][1]，a[0][2]，a[0][3]四个元素，如图 8.8 所示。

1000 0	1002 1	1004 2	1006 3
1008 4	1010 5	1012 6	1014 7
1016 8	1018 9	1020 10	1022 11

图 8.7　二维数组 a

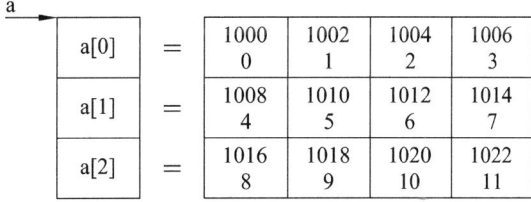

图 8.8　二维数组 a 的分解

二维数组 a 的行数组及行数组首地址如图 8.9 所示。一维行数组 a[0]、a[1]、a[2]，也可分别用 a、a+1、a+2 来表示，其首地址分别为 1000、1008、1016。

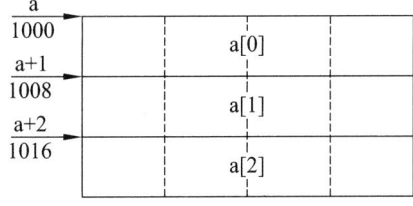

图 8.9　二维数组 a 的行数组及行数组地址表示

从二维数组的角度来看，a 是二维数组名，代表整个二维数组的首地址，也是二维数组第 0 行的行首地址，是指针常量或地址常量，等于 1000。a[0]是第 0 行一维行数组的数组名，代表第 0 行一维行数组的首地址也为 1000。a[0][0]是二维数组 a 的第 0 行第 0 列元素名，地址同样也是 1000。因此，a，a[0]，*a，*(a+0)，&a[0][0]是等效的。

因为在二维数组中不存在元素 a[i]，不能把&a[i]理解为元素 a[i]的地址。所以 C 语言规定，&a[i]是一种地址计算方法，表示数组 a 的第 i 行首地址。因此，&a[i]和 a[i]也是等效的。

同理可得出：a+i，a[i]，*(a+i)，&a[i][0]，&a[i]是等效的。

另外，a[0]也可以看成是 a[0]+0，是一维行数组 a[0]的第 0 号元素的地址，而 a[0]+1 则是 a[0]的第 1 号元素地址，以此类推，如图 8.10 所示。由此可得出 a[i]+j 则是一维行数组 a[i]的第 j 号元素地址，它等于&a[i][j]。

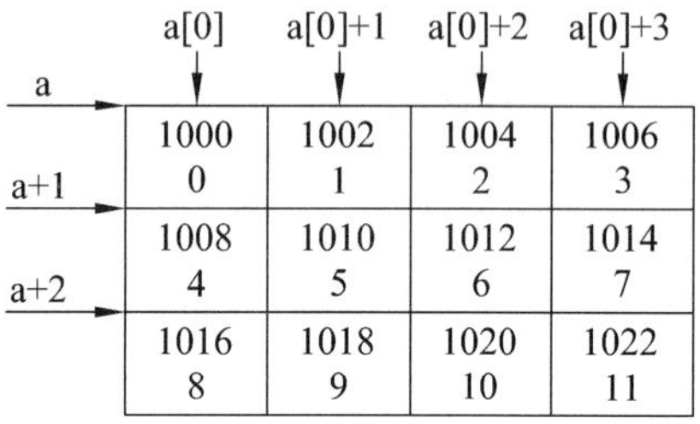

由 a[i]=*(a+i)得 a[i]+j=*(a+i)+j。又因为*(a+i)+j 是二维数组 a 的第 i 行第 j 列元素的地址，所以，该元素的值等于*(*(a+i)+j)。

	a[0]	a[0]+1	a[0]+2	a[0]+3
a	10000	10021	10042	10063
a+1	10084	10105	10126	10147
a+2	10168	10189	102010	102211

图 8.10　二维数组 a 中一维行数组 a[i]的第 j 号元素地址

通过以上分析，可以总结出以下两种二维数组指针变量的定义方法。

（1）指向二维数组元素的指针。

例如：　　int a[3][4];

　　　　　int *p;

　　　　　p=a;

p 是指向二维数组元素的指针变量，这实际上是将二维数组看成是按行连续存放的一维数组。

（2）指向二维数组行的行指针。

指向二维数组行的指针称为行指针，定义为：

数据类型　（*行指针名）[二维数组列数 n]

例如：　　int a[3][4];

　　　　　int (*p)[4];

　　　　　p=a[0];

p 是指向二维数组行的行指针变量，行指针的移动是以行为单位，不能指向数组中第 j 个元素，但可利用行指针引用二维数组行中各元素。访问方法如下：

((p+i)+j)、 (*p+i)+[j]或 p[i][j]。

两种二维数组的指针变量的区别：

（1）指向二维数组元素的指针变量，可以访问任意长度的数组。

（2）指向二维数组行的行指针变量，只能访问固定长度的数组。

例 8-6　通过二维数组行指针变量输出相应的值。

思路分析：程序代码如下。二维数组为 a[3][4]，定义指向二维数组行 a[0]的行指针变量 p，长度为 4。用 i 控制行，j 控制列，在 for 循环中通过引用行指针变量输出二维数组行中各元素的值*(*(p+i)+j))。

```
#include "stdio.h"
int main()
```

```
{
    int a[3][4]={0,1,2,3,4,5,6,7,8,9,10,11};
    int(*p)[4];
    int i,j;
    p=a;
    for(i=0;i<3;i++)
    {
        for(j=0;j<4;j++) printf("%2d   ",*(*(p+i)+j));
        printf("\n");
    }
    return 0;
}
```
程序执行结果如下：

0　1　2　3
4　5　6　7
8　9　10　11

8.2.3　数组名和指针变量作函数参数

数组名代表数组的首地址，数组名可以作函数的实参和形参。因此，在函数调用时用它作实参，把数组首地址传送给形参。这样，实参数组和形参数组共占同一段内存区域。从而在函数调用后，使实参数组与形参数组对应的元素值同步发生变化。

例如：设 array 为实参数组名，arr 为形参数组名。实参向形参传送数组名实际上就是传送数组的地址，形参得到该地址后也指向同一数组，如图 8.11 所示。

```
#include "stdio.h"
int main()
{
    int array[10];
    …
    …
    f(array,10);
    …
    …
    return 0;
}
f(int arr[],int n);
{
    …
    …
```

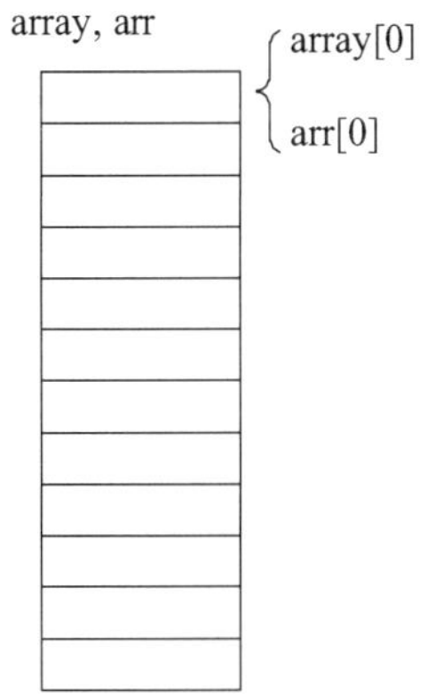

图 8.11　实参数组和形参数组共占同一段内存区域

}

同样，指针变量的值也是地址，数组指针变量的值即为数组的首地址，当然也可作为函数的实参和形参来使用，从而达到"地址传递"，实现函数间多个数据双向互动目的。

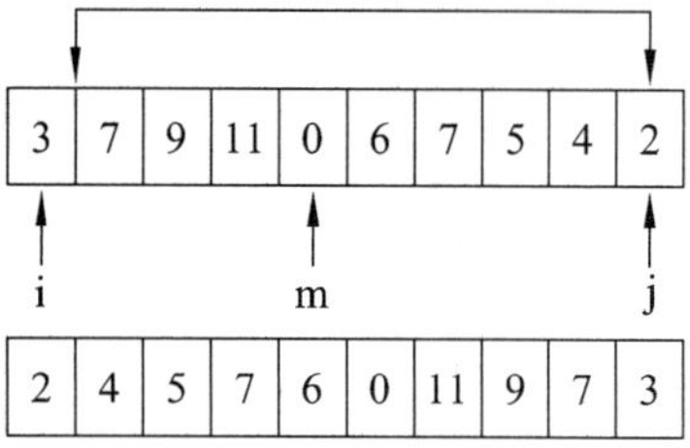

例 8-7 将数组 a 中的 n 个整数按相反顺序存放。

思路分析：数组 a 的存储结构示意图如图 8.12 所示。将 a[0]与 a[n−1]对换，再 a[1]与 a[n−2]对换……直到将 a[(n−1)/2]与 a[n/2]对换。今用循环处理此问题，设两个"位置指示变量"i 和 j，i 的初值为 0，j 的初值为 n−1。将 a[i]与 a[j]交换，然后使 i 的值加 1，j 的值减 1，再将 a[i]与 a[j]交换，直到 i=(n-1)/2 为止。程序的流程图如图 8.13 所示。程序代码如下。

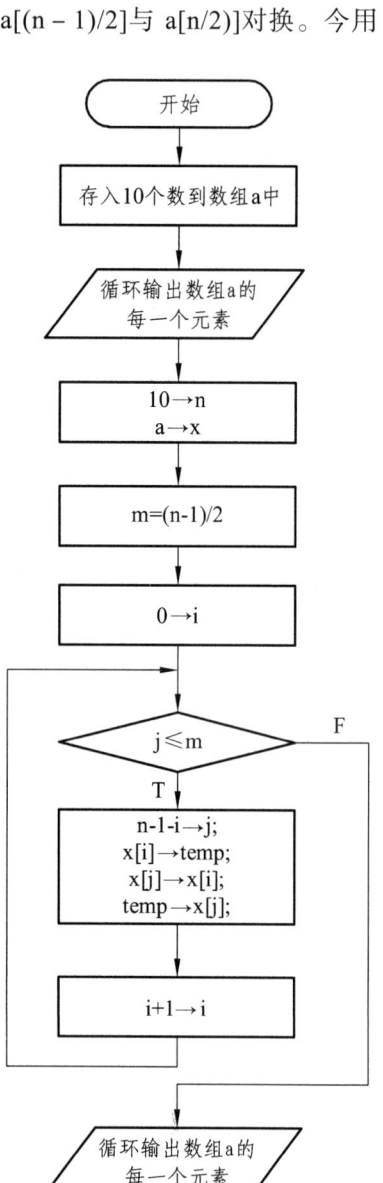

图 8.12　例 8-7 数据存储结构示意图

```
void inv(int x[],int n)    /*形参 x 是数组名*/
{
    int temp,i,j,m=(n-1)/2;
    for(i=0;i<=m;i++)
    {
        j=n-1-i;
        temp=x[i];x[i]=x[j];x[j]=temp;
    }
    return;
}

#include "stdio.h"
int main()
{
    int i,a[10]={3,7,9,11,0,6,7,5,4,2};
    printf("The original array:\n");
    for(i=0;i<10;i++)
        printf("%4d",a[i]);
    printf("\n");
    inv(a,10);
    printf("The array has been inverted:\n");
    for(i=0;i<10;i++)
        printf("%4d",a[i]);
    printf("\n");
    return 0;
}
```

程序运行结果如下：

图 8.13　例 8-7 流程图

The original array:
 3 7 9 11 0 6 7 5 4 2
The array has been inverted:
 2 4 5 7 6 0 11 9 7 3

请读者对本题用指针变量作为实参进行改写并运行。

综上所述，为了实现函数调用中对实参数组的修改，主调函数的实参和被调函数的形参必须是地址值，而地址值可以使用数组名或指针变量。用数组名或指针变量构成实参数组和形参数组可有以下四种组合情况。

（1）实参和形参都为数组名。

```
int main()                     f(int m[],int n)
{                              {
  int a[10];                     …
  …                            }
  f(a,10);
  …
}
```

（2）实参用数组名，形参用指针变量。

```
int main()                     f(int *m ,int n)
{                              {
  int a[10];                     …
  …                            }
  f(a,10);
  …
}
```

（3）实参和形参都用指针变量。

```
int main()                     f(int *m,int n)
{                              {
  int a[10],*p;                  …
  p=a;                         }
  …
  f(p,10);
  …
}
```

（4）实参用指针变量，形参用数组名。

```
int main()                     f(int m[],int n)
{                              {
  int a[10],*p;                  …
  p=a;                         }
```

```
    …
    f(p,10);
    …
}
```

8.3　字符串的指针

在 C 语言中，只有字符变量，没有字符串变量，字符串一般是存放在字符数组中的，为了对字符串进行各种操作，可以定义一个字符数组，另外还可以定义一个字符指针。

因为字符数组名代表字符数组的首地址，也是存放字符串的起始地址，这是一个地址常量。若将字符数组名赋给一个指向字符类型的指针变量，让字符类型指针指向字符数组在内存中的首地址（起始指针），则对字符数组中字符串的表示和访问就可以用指向字符数组的指针变量来实现。例如：

char str[20]= "I love china!"，*s=str;

这样，就可用指向字符数组的指针变量 s 来操作字符数组 str。

字符数组名代表字符串的名字，它是一个地址常量，所以字符串就是一个指针量。同理，借用定义指向字符数组的指针变量的方法，直接用字符指针变量对字符串进行说明，通过字符指针来处理字符串，而不用字符数组。因此，可以将"字符指针变量"看成是"字符串变量"，它能进行字符串的整体赋值，也可以输出一个字符串，用字符指针使得字符串的处理变得更加方便和灵活。例如：

char *sp="I love china!";

定义字符指针变量 sp 使之指向一个字符串的首地址，并同时用字符串常量对从字符指针开始的内存区域进行初始化。需要注意，字符指针变量 sp 只存放字符串的首地址，而不是字符串本身。但字符串中各字符可通过字符指针来引用，如*（sp+0）、*（sp+1）、…也可以写成 sp[0]、sp[1]、…虽然这里没有定义字符数组，但对字符串的处理仍遵循字符数组形式来处理，但含义与数组方式有所不同。

例 8-8　用指向字符数组的指针变量 s 来实现对字符数组的操作。

思路分析：定义指向字符数组 str 的指针变量 s，s=str 表示将字符数组的首地址传递给指针变量 s。针对输入的字符串，用指针变量 s 进行整体输出。

```
#include "stdio.h"
int main()
{
    char str[20],*s=str ; /* s=str 则表示将字符数组的首地址传递给指针变量 p */
    gets(str); //C11 中推荐用新的函数 gets_s()替代
    printf("%s\n",s);
    return 0;
}
```

程序运行结果如下:

Good morning!

Good morning!

例 8-9 用字符指针变量对两个字符串常量进行交换。

思路分析:定义并初始化两个字符指针变量 ch1、ch2,temp 作两个字符串常量交换时的中间指针变量。最后再用指针变量 ch1、ch2 输出交换后的两个字符串常量。

```
#include<stdio.h>
int main()
{
    char *ch1="China", *ch2="Luzhou",*temp;
    printf("ch1=%s\tch2=%s\n",ch1,ch2);
    temp=ch1; ch1=ch2; ch2=temp;
    printf("ch1=%s\tch2=%s\n",ch1,ch2);
    return 0;
}
```

程序运行结果如下:

ch1=China   ch2=Luzhou

ch1=Luzhou   ch2=China

例 8-10 用指向字符数组的指针变量处理两个字符串的合并。

思路分析:定义指向字符数组 str1、str1 的指针变量 ptr1、ptr2。对输入的两个字符串 str1 和 str2 进行合并,首先要移动指针到 str1 串尾,使 str1 串的尾和 str2 串的头连接,对连接后的新串写入串的结束标志,再用指针变量 ptr1、ptr2 进行输出。

```
#include<stdio.h>
int main()
{
    char str1[50],str2[20],*ptr1=str1,*ptr2=str2;
    printf("Input str1:");
    gets(str1);
    printf("Input str2:");
    gets(str2);
    printf("str1----------------str2:\n");
    printf("%s.......%s\n",ptr1,ptr2);
    while(*ptr1) ptr1++;               /*移动指针到串尾*/
    while(*ptr2) *ptr1++=*ptr2++;      /*串连接*/
    *ptr1='\0';                        /*写入串的结束标志*/
    ptr1=str1;ptr2=str2;
    printf("str1--------------------------------str2:\n");
    printf("%s.......%s\n", ptr1,ptr2);
    return 0;
```

}

程序运行结果如下:

Input str1:I love China!

Input str2:I love Luzhou!

str1-----------------str2:

I love China!.......I love Luzhou!

str1----------------------------------str2:

I love China!I love Luzhou!.......I love Luzhou!

需要注意的是，串复制时，串 1 的长度应大于等于串 2；串连接时，串 1 的长度应大于等于串 1 与串 2 的长度之和。

8.4 函数的指针

8.4.1 指向函数的指针

在 C 语言中，指针变量除能指向前面介绍的数据对象外，还能指向函数。因为一个函数在内存中占有一段连续的内存区，函数名就代表该函数的首地址，即函数执行的入口地址。所以，可以定义一个指针变量来指向函数的首地址，通过该指针变量调用此函数，这种指针变量就称为指向函数的指针，即函数指针。

函数指针是指向函数入口地址的指针。函数指针变量的定义形式为：

数据类型（*函数指针变量名）（函数参数表列）;

像其他指针一样，函数指针变量也指向特定的数据类型，即函数类型，它由被指函数的返回值的类型确定，而与函数名无关。例如：

void (*pf)(char,int);

这个语句将 pf 定义为指向函数的指针变量，指针变量 pf 指向函数返回值为 void 类型，它所指向的函数带有一个 char 类型参数，一个 int 类型参数。

用函数指针变量形式调用函数的步骤如下：

（1）先定义函数指针变量。

（2）把被调函数的入口地址（函数名）赋给该函数指针变量。

（3）用函数指针变量形式调用函数。

通过函数指针变量调用函数时，有以下两种调用形式。

（1）显式调用形式，又叫指针调用：

（*函数指针变量名）（实参表）

例如：

(*pf)('c',90);

（2）隐式调用形式，因为"函数指针变量名=函数名"，所以又叫函数名调用：

函数指针变量名（实参表）

例如：

pf('c',90);

需要注意，函数指针变量不能进行算术运算，这是与数组指针变量不同的。

例 8-11 定义函数指针变量，使用函数指针变量显式调用和隐式调用两种形式调用函数。

思路分析：函数指针变量的定义，先定义一个函数 fun，形参为一个 char 类型，一个 int 类型，返回值为 void 类型。再定义一个指向函数的指针变量 pf，指向函数返回值为 void 类型，它所指向的函数带有一个 char 类型参数，一个 int 类型参数。给函数指针 pf 赋值为 fun 函数的地址（函数名代表函数的地址）。使用函数指针变量显式调用和隐式调用两种形式来调用 pf 指向的 fun 函数，完成 char a 和 int b 的不同输出。程序代码如下：

```
#include"stdio.h"
int main()
{
    void (*pf)(char, int);// 定义一个函数指针变量，它所指向的函数形参带有一个 char
    //类型，一个 int 类型，返回类型为 void
    void fun(char ,int); //定义一个函数，形参为一个 char 类型，一个 int 类型，返回类型
    //为 void
    pf=fun;//给函数指针变量 pf 赋值为 fun 函数的地址（函数名代表函数地址）
    (*pf)('c',90);//显式调用 pf 指向的函数
    pf('a',80); //隐式调用 pf 指向的函数
    return 0;
}
void fun(char a,int b)
{
    printf("The argument is %c and %d.\n",a,b);
}
```

程序运行结果如下：

The argument is c and 90.

The argument is a and 80.

例 8-12 用函数指针变量求两个实数的和。

思路分析：先定义函数 plus，形参 x、y 和返回值均为 float 类型。再定义一个指向函数的指针变量 pf，其指向函数的返回值和两个参数均为 float 类型。给函数指针 pf 赋值为 plus 函数的地址。c=(*pf)(a,b);语句含义为调用 pf 指向的 plus 函数，函数返回值为两个实数之和。程序代码如下：

```
float plus(float x, float y)/*定义函数 plus，形参 x 和 y 均为 float 类型*/
{
    return (x+y);
}


#include"stdio.h"
```

```c
int main()
{
    float a,b,c,(*pf)(float, float);/*定义函数指针变量 pf*/
    pf=plus;/*给函数指针变量 pf 赋值为 plus 函数的地址*/
    scanf("%f%f",&a,&b);
    c=(*pf)(a,b);
    printf("a+b=%f\n",c);
    return 0;
}
```
程序运行结果如下：

67 98
a+b=165.000000

8.4.2 返回指针值的函数

在 C 语言中，函数可以返回一个整型值、实型值、字符型值，也可以是一个指针型值，即地址值。这种返回指针型值的函数称为指针型函数。返回指针型值的函数的一般定义形式为：

  数据类型 *函数名（参数表列）；

函数名前面的*表示函数的返回值是一个指向该数据类型的指针。注意，此时说明的是函数，而不是指针。

例 8-13 使用指针型函数求两个变量的最大值。

思路分析：先在主函数中定义指针型函数名 max，再定义返回值为指向整型的指针型函数 max。用变量 a 和 b 的地址作实参调用函数 max 后，函数返回指向最大值的指针，最后输出两个变量中的最大值。程序代码如下：

```c
#include <stdio.h>
int main()
{
    int a,b,*pmax; /* 指针 pmax 指向最大值变量 */
    int *max( ); /* 定义指针型函数名 max */
    printf("Enter a b:\n");
    scanf("%d%d",&a,&b);
    pmax=max(&a,&b); /* 调用 max 时实参为变量 a 和 b 的地址 */
    printf("max=%d\n",*pmax);
    return 0;
}
int *max(a,b) /* 返回值为指向整型的指针型函数 max */
int *a,*b; /* 函数的形式参数为整型指针 */
```

```
{
    int *p;
    p=*a>*b?a:b; /* p 为指向最大值的指针 */
    return(p); /* 返回指针 p */
}
```
程序运行结果如下：
Enter a b:
32 89
max=89

8.5 指针数组和多级指针

8.5.1 指针数组

指针也是一个变量，一组指针变量的集合即可构成数组。一个数组，若其元素均为指针类型数据，则称为指针数组，也就是说，指针数组中的每一个元素都是一个指针变量。一维指针数组的定义形式为：

类型名 *数组名[数组长度]；

数组长度为常量表达式。要注意指针数组与数组的行指针变量相区别。

例如：

char *p[5];

是一个具有 5 个以指针变量为元素的数组。

指针数组主要用于管理同种类型的指针变量，特别方便于处理多个字符串，可以节省存储空间；还可以作为 main 函数的形参。

存放一个字符串用一维数组，存放若干个字符串要用二维数组。但定义和使用指针数组，用各字符串对它进行初始化，即把各字符串中第一个字符的地址赋给指针数组的各元素，再进行其他处理（如排序）或输出，使对多个字符串的处理变得更加方便灵活。

例 8-14 使用指针数组控制输出字符串。

思路分析：本例中，定义一个指针数组 p[5]，通过 for 循环，把第 i 个字符串中第一个字符的地址 names[i]赋给指针数组的第 i 个元素*(p+i)，再用指针数组控制输出各字符串。程序代码如下：

```
#include<stdio.h>
int main(void)
{
    char names[5][40],*p[5];
    int i;
    for(i=0;i<5;i++)
    {
```

```
            printf("Input name[%d]:",i);
            *(p+i)=names[i];     //*(p+i)是指针数组的第 i 个元素，即是指针。
            scanf("%s",*(p+i));
        }
        for(i=0;i<5;i++)
            printf("names[%d]=%s\n",i, *(p+i));
    return(0);
}
```

程序运行结果如下：

Input name[0]:Wanghai

Input name[1]:Zhangxiaolin

Input name[2]:Mawenwen

Input name[3]:Tongyong

Input name[4]:Lijianying

names[0]=Wanghai

names[1]=Zhangxiaolin

names[2]=Mawenwen

names[3]=Tongyong

names[4]=Lijianying

指针数组还可以作为 main 函数的形参。C 语言规定：main 函数的形参只能有两个，习惯上这两个参数写为 argc 和 argv，带形参的 main 函数的一般形式如下：

int main(int argc,char *argv[])

main 函数是操作系统调用的，实参只能由操作系统命令行给出。当要运行一个可执行文件时，从 DOS 提示符下键入文件名，再输入实际参数，即可把实际参数传递到 main 函数的形参中，命令行的一般形式如下：

命令名 参数 1 参数 2 … 参数 n

命令名和各参数之间要用空格分隔。命令名为可执行文件名，此文件包含 main 函数，即是由 main 函数经编译而成的.exe 文件。完整的命令名还应包括盘符、路径。

main 函数的形参只能有两个，而命令行中输入的实际参数可以有多个。main 函数中的 argc 参数表示命令行中包括命令名在内的参数个数，其值在输入命令行时由系统按实际参数的个数自动赋予。argv 参数是一个字符指针数组，各元素的值依次为命令行中各字符串的首地址，字符指针数组的长度是参数个数。

例 8-15 编写一个 echo.c 程序并编译成可执行文件 echo.exe，用以实现"参数回送"，即执行 echo 命令后在屏幕上输出命令名 echo 后的字符串。例如，在 DOS 状态下，输入 c:>echo China Beijing 2011-10-01，回车后，屏幕上则立刻输出 China Beijing 2011-10-01。

思路分析：先编辑以下程序，并保存为 echo.c 文件。echo.c 中的指针数组为 argv，用以保存命令行中的字符串。循环体中的"++argv;"语句实现了输出文件名 echo 后的字符串。对 echo.c 进行编译后，再将可执行文件 echo.exe 拷贝到 c 盘根目录下。转入 DOS 命令提示符状态，输入 c:>echo China Beijing 2011-10-01，回车执行 echo 后，屏幕上则立刻输出 China

Beijing 2011-10-01。程序代码如下。

```
/*echo.c*/
#include<stdio.h>
int main(int argc,char *argv[])
{
    while(argc>1)
    {
        ++argv;
        printf("%s\n", *argv);
        --argc;
    }
    return(0);
}
```

程序运行结果如下：

```
C:\>echo China Beijing 2011-10-01
China Beijing 2011-10-01
```

8.5.2 多级指针

如果一个指针变量的值是另一个指针变量的地址，则称这个指针变量为指向指针的指针变量。

在前面已经介绍过，通过指针访问变量称为间接访问。由于指针变量直接指向变量，所以称为"一级指针"。而如果通过指向指针的指针变量来访问变量则构成"二级指针"，我们称之为指针的指针，如图 8.14 所示。这样，以后访问一个变量就可以有三种方法：直接访问、一次间接访问、二次间接访问。

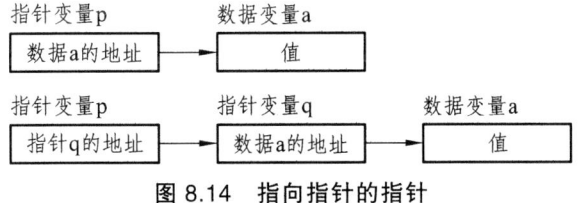

图 8.14 指向指针的指针

指向指针的指针变量定义的一般形式如下：

    类型名 **指针变量名;

例如：char **p;

表示指针变量 p 是指向一个字符型指针变量的指针。

指向指针的指针变量与指针数组有着密切的关系，引入这个概念的目的，主要就是用来操作指针数组的。

例 8-16 利用多级指针来操作指针数组。

思路分析：从图 8.15 可以看到，name 是一个指针数组，它的每一个元素都是一个指针

（地址）。数组名 name 代表该指针数组的首地址，name+i 是元素 name[i]的地址，p 就是指向指针数据的指针变量。printf 函数语句里的第一个*p 输出 name[i]的值（地址），第二个*p 以字符串形式（%s）输出*p 所指向的字符串。

程序代码如下：

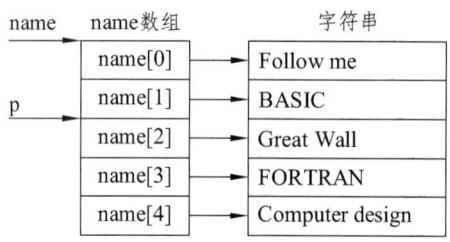

图 8.15　指向指针数据的指针变量 p

```
#include<stdio.h>
int main(void)
{
    char *name[4]={"Follow me","BASIC","FORTRAN","Computer design"};
    char **p;
    int i;
    for(i=0;i<4;i++)
    {
        p=name+i;
        printf("%#x=%s\n",*p,*p);
    }
    return (0);
}
```

程序运行结果如下：

0x420050=Follow me

0x420048=BASIC

0x42003c=FORTRAN

0x420028=Computer design

例 8-17　利用多级指针来操作指针数组元素输出数据。

思路分析：定义指针数组*num[5]，初始化为 a[5]中各元素的地址，p 是指向指针数组的指针变量。**p 指向*num，*num 再指向 a。程序代码如下：

```
#include <stdio.h>
int main(void)
{
    int a[5]={1,3,5,7,9};
    int *num[5]={&a[0],&a[1],&a[2],&a[3],&a[4]};
    int **p,i;
```

```
        p=num;
        for(i=0;i<5;i++)
        {
            printf("%d\t",**p);
            p++;
        }
        printf("\n");
        return(0);
}
```
程序运行结果如下：
1 3 5 7 9

8.6 指针的应用举例

例 8-18 采用指针变量作参数来实现"学生成绩管理系统"中查找最高分、最低分和不及格成绩这三个函数。

思路分析：本例对"学生成绩管理系统"中，查找最高分、最低分和不及格成绩的三个函数，采用指针变量作参数来实现。程序的首部主要有应包含的头文件、全局变量声明和函数声明。函数定义主要有：主函数；功能菜单显示函数；查找最高分指针访问函数；查找最低分指针访问函数；查找不及格学生成绩指针访问函数等。程序各部分的代码设计如下。

```c
//应包含的头文件
#include <stdio.h>
#include<stdlib.h>
#include <conio.h>

//全局变量声明和函数声明
int menu,num;
float student[100];
void shoumenu();//显示主菜单
void seekMax(float *,int);//查找最高分指针访问函数
void seekMin(float *,int);//查找最低分指针访问函数
void NoPass(float *,int);//查找不及格学生成绩指针访问函数

//主函数
int main(void)
{
    int i;
```

```c
    printf("请输入学生人数:\n");
    scanf("%d",&num);
    printf("请依次输入学生成绩:\n");
    for(i=0;i<num;i++)
        scanf("%f",&student[i]);
    shoumenu();
    return(0);
}

//功能菜单显示函数
void shoumenu()
{
    int i;
    printf("请选择功能:\n");
    printf("1  查找最高分:\n");
    printf("2  查找最低分:\n");
    printf("3  查找不及格学生:\n");
    printf("4  退出系统\n");
    scanf("%d",&menu);
    switch(menu)
    {
        case 1:
            seekMax(student,num);
            break;
        case 2:
            seekMin(student,num);
            break;
        case 3:
            NoPass(student,num);
            break;
        case 4:
            break;
        default:
            printf("您输入的功能代码有误，请重新输入！\n");
            shoumenu();
    }
}

//查找最高分指针访问函数
```

```
void seekMax (float *pscore,int stusize)
{
    float max=*pscore;
    int i,flag=0;
    system("cls");
    for(i=1;i<stusize;i++)
      {
          if(max<*(pscore+i))
          {
              max=*(pscore+i);
              flag=i;
          }
      }
    //gotoxy(20,5);vc 下的 conio.h 中没有相应的 gotoxy()；这只在 tc,bc 中才有
    printf("成绩最高的是：%.1f\n",*(pscore+flag));
    //gotoxy(20,10);
    printf("查找最高分成功，按任意键返回上级菜单!");
    shoumenu();
}

//查找最低分指针访问函数
void seekMin(float *pscore,int stusize)
{
    float min=*pscore;
    int i,flag=0;
    system("cls");
    for(i=1;i<stusize;i++)
    {
      if(*(pscore+i)<min)
      {
         min=*(pscore+i);
         flag=i;
      }
    }
    //gotoxy(20,5);vc 下的 conio.h 中没有相应的 gotoxy()；这只在 tc,bc 中才有
    printf("成绩最低的是：%.1f\n",*(pscore+flag));
    //gotoxy(20,10);
    printf("查找最低分成功，按任意键返回上级菜单!");
    shoumenu();
```

}

//查找不及格学生成绩指针访问函数
```
void NoPass(float *pscore,int stusize) {
    int i,flag=0;
    system("cls");
    // gotoxy(20,5);
    printf("不合格成绩：\n");
    for(i=0;i<stusize;i++)
    {
       if(*(pscore+i)<60)
          {
                printf("第%d 个学生：%6.1f\n",i+1,*(pscore+i));
                flag=1;
          }
     }
    if(!flag)
    {
       // gotoxy(35,5);
       printf("没有不及格成绩！\n");
    }
  // gotoxy(20,10);
    printf("\n 查找不及格成绩成功，按任意键返回上级菜单!");
    shoumenu();
}
```

程序运行情况如下：
请输入学生人数:
5

请依次输入学生成绩:
67
89
75
100
59

请选择功能:
1 查找最高分:

2 查找最低分:
3 查找不及格学生:
4 退出系统

1
成绩最高的是：100.0
查找最高分成功，按任意键返回上级菜单!请选择功能:

1 查找最高分:
2 查找最低分:
3 查找不及格学生:
4 退出系统

2
成绩最低的是：59.0
查找最低分成功，按任意键返回上级菜单!请选择功能:

1 查找最高分:
2 查找最低分:
3 查找不及格学生:
4 退出系统

3
不合格成绩：
第 5 个学生：59.0
查找不及格成绩成功，按任意键返回上级菜单!请选择功能:

1 查找最高分:
2 查找最低分:
3 查找不及格学生:
4 退出系统

4

【操作小结】

（1）常用的指针有：变量的指针、数组的指针、函数的指针、指针数组和多级指针。注意有关指针的定义形式区别：

```
int *p;        //变量的指针
int (*p)[];    //行指针（数组指针）
int *p[];      //指针数组
int *p();      //函数返回值是指针
int (*p)();    //指向函数的指针
```

引用指针变量时，要用到与指针有关的两个运算符：地址运算符"&"和指针运算符"*"。

"指针定义符"和"指针运算符"都用"*"号表示，但两者的含义不同。

（2）指针赋值：将一个变量的地址赋给一个指针变量。

  p=&a;   //将变量 a 的地址赋给 p

  p=array;   //将数组 array 的首地址赋给 p

  p=&array[i];   //将数组 array 第 i 个元素的地址赋给 p

  p=max;   //max 为已定义的函数，将 max 的入口地址赋给 p

  p1=p2;   //p1 和 p2 都是指针变量，将 p2 的值赋给 p1

注意：

① 指针变量中只能存放地址，而不能将一个非地址类型的数据（如常数等）赋给一个指针变量，如：p=2000；是错误的。

② 指针变量可以有空值，即该指针变量不指向任何变量：即 p=NULL;

（3）指针运算：指针变量加（减）一个整数。例如：p++、p--、p+i、p-i、p+=i、p-=i。一个指针变量加（减）一个整数并不是简单地将原值加（减）一个整数，而是将该指针变量的原值（是一个地址）和它指向的变量所占用的内存单元字节数加（减）。

两个指针变量可以相减。如果两个指针变量指向同一个数组中的元素，则两个指针变量值之差是两个指针之间的元素个数。

两个指针变量比较。如果两个指针变量指向同一个数组中的元素，则两个指针变量可以进行比较。指向前面的元素的指针变量"小于"指向后面的元素的指针变量。

【课外习题】

一、问答题

1. 什么是变量的指针和指向变量的指针变量？
2. 简述&和*两个运算符的意义。
3. 引用一个数组元素的两种方法分别是什么？
4. 下列程序的输出结果是什么？

```
#include "stdio.h"
int main(void)
{
    int a[5]={1,2,3,4,5};
    int *ptr=(int *)(&a+1);
    printf("%d,%d \n",*(a+1),*(ptr-1));
    return 0;
}
```

5. 数组的指针和数组元素的指针的意义分别是什么？

二、选择题

1. 变量的指针，其含义是指该变量的（ ）。

  A. 值   B. 地址   C. 名   D. 一个标志

2. 若有语句 int *point,a=4;和 point=&a;下面均代表地址的一组选项是（ ）。

  A. a,point,*&a   B. &*a,&a,*point

C.*&point,*point,&a　　　　　　D. &a,&*point ,point

3. 若定义了 int i,j,*p,*q;下面（　　　）的赋值是合法的。

A. i=&j　　　B. *q=&j　　　C. q=&p　　　D. p=&i

4. 若定义了 int a[10],i=3,*p=&a[5];下面不能表示为 a 数组元素是（　　　）。

A. p[-5]　　　B. a[i+5]　　　C. *p++　　　D. a[i − 5]

5. 若有以下说明和语句，且 0<=i<10,则下面哪个是对数组元素的错误引用（　　　）

　　int a[]={1,2,3,4,5,6,7,8,9,0}, *p, i;
　　p=a;

A. *(a+i)　　　B. a[p-a]　　　C. p+i　　　D. *(&a[i])

6. 若有以下说明和语句，且 0<=i<10,则下面哪个是对数组元素地址的正确表示（　　　）

　　int a[]={1,2,3,4,5,6,7,8,9,0}, *p,i;
　　p=a;

　　A.&(a+1)　　　B.a++　　　C.&p　　　D.&p[i]

7. 以下程序的输出结果是_____。

```
#include <stdio.h>
int main(void)
{
    int a[]={1,2,3,4,5,6},*p;
    p=a;
    *(p+3)+=2;
    printf("%d,%d\n",*p,*(p+3));
    return(0);
}
```

　　A.0,5　　　B.1,5　　　C.0,6　　　D.1,6

8. 若有以下说明和语句，则 p2 − p1 的值为(　　　)。

　　int a[10], *p1, *p2;
　　p1=a;
　　p2=&a[5];

A. 5　　　　　B. 6　　　　　C. 10　　　　　D. 没有指针与指针的减法

9. 下列程序段的输出是（　　　）。

　　int a[6]={1,2,3,4,5,6};
　　int x,　*p=a;
　　x=(*p)*(*p+2)*(*p+4);
　　printf("%d",x);

A. 13　　　B. 14　　　C. 15　　　D. 16

10. 若有以下定义：int *p, *q, x, y; 则_____是合法的运算。

A. p=**&&p　　　B. p=&x　　　C. p=&q　　　D. p=*q

三、判断题

1. 通过指针变量就能间接地得到它所指的变量的内容。(　　　)

2. 程序段 char *s="abcde"; s+=2;printf("%d",s); 的运行结果是输出字符'c'的地址。(　　)

3. 设有说明 int (* ptr)[m]; 其中 ptr 是具有 m 个指针元素的一维指针数组，每个元素都只能指向整型量。(　　)

4. int (*a[10])(int) 是一个有 10 个指针的数组，指向一个整形函数并有一个整形参。(　　)

5. int (*a)[10]; 是一个指向有 10 个整型数数组的指针。(　　)

四、填空题

1. 下面程序用指针 p 输出 p 所指向的数组元素的其后所有元素。

```
int main(void)
{
    int a[10]={6, -1,3,2,5,7,6,12, -1, -3};
    int i, j, *p;
    p=a+4;
    for(i=0;i<=5;i++)
        printf("%d", _____);
    return 0;
}
```

2. 已知有以下的说明：

　　int a[]={8,1,2,5,0,4,7,6,3,9};

那么 a[*(a+a[3])]的值为_____。

3. 当以下程序输入 0-5 3 时，程序依次输出哪三个数?_____、_____、_____

如果把 SIZE 改成 5，输入 89,34,25, -1,22，程序依次输出哪五个数?_____、_____、_____、_____、_____。

```
#include <stdio.h>
#define SIZE   3
void swap(int *a,int *b);
int main(void)
{
    int data[SIZE];
    int i,j;
    for(i=0;i<SIZE;i++)
        scanf("%d",&data[i]);
    for(i=0;i<SIZE-1;i++)
        for(j=i+1;j<SIZE;j++)
            if(data[i]>data[j])
                swap(&data[i],&data[j]);
    for(i=0;i<SIZE;i++)
        printf("%d  ",data[i]);
    return 0;
}
```

```
void swap(int *a,int *b)
{
    int temp;
    temp=*a;
    *a=*b;
    *b=temp;
}
```
4. 以下程序的输出结果是_____。
```
# include  < stdio.h >
int main(void)
{
    int i;
    char *s="a\\\\n";
    for( i=0; s[i]!='\0';i++)
        printf("%c ",*(s+i));
    return 0;
}
```
5. 一个指向整数指针的指针 a 的定义为_____ 。

五、编程题

1. 用指针方法处理，输入 3 个整数，按由小到大的顺序输出。

2. 输入 10 个整数，将其中最小的数与第一个数对换，把最大的数与最后一个数对换。编写 3 个函数：①输入 10 个数；②进行处理；③输出 10 个数。

3. 有 n 个数，使其前面个数顺序向后移 m 个位置，最后 m 个数变成前面 m 个数。

9 构造数据类型

C 语言除了丰富的基本数据类型（包括下面将要介绍的枚举类型）之外，还有前面已经学过数组类型（要求数组成员必须具有相同类型的数据）、结构类型、共用类型等多种构造数据类型。构造数据类型又叫组合类型或聚合类型，C 语言允许用户根据需要自己建立一些组合数据类型，用它来定义变量。它们一般是由一些不同类型的数据按照实体属性的应用规则组合构造而成的数据结构，非常实用但结构比较复杂。

【能力训练】

简单趣味程序演示：新娘和新郎

三对情侣参加婚礼，三个新郎为 A、B、C，三个新娘为 X、Y、Z。有人不知道谁和谁结婚，于是询问了六位新人中的三位，但听到的回答是这样的：A 说他将和 X 结婚；X 说她的未婚夫是 C；C 说他将和 Z 结婚。这人听后知道他们在开玩笑，全是假话。请编程找出谁将和谁结婚。

趣味程序演示代码见本课程 PPT。

任务 9.1 学会结构体数据类型的使用方法

一、任务要求

1. 知识要求

（1）掌握结构体数据类型及结构体类型变量的定义及使用方法。
（2）掌握结构体数组的使用方法。
（3）掌握结构体指针的使用方法。

2. 技能要求

具备熟练利用结构体数据类型进行编程应用的操作能力。具备使用结构体数据类型来表示学生实体对象的能力；具备使用结构体数组类型来表示学生的多门课程成绩的能力；具备使用指向结构体变量的指针变量来访问指定学生所有课程的成绩的能力。

3. 考核标准

结构体数据类型定义格式正确。各结构体数据类型中所确定的成员名称和类型合理。能够理解和利用结构体数据类型解决实际问题，并会进行编程应用的操作。用于访问结构体数组元素的程序能够正确地输出指定学生的相关信息。会修改、调试源程序并记录出错情况和运行结果。会撰写高质量的技能训练总结报告。

二、训练内容

（1）在 C 语言集成环境下，录入本章必备知识部分例题中的程序调试运行，进一步学会结构体数据类型的使用操作方法、利用结构体数据类型进行应用编程和解决实际问题的方法。

（2）建立用于表示学生课程成绩实体的结构体数据类型 struct scoreOfCourse，其中包含的基本成员有：课程名称（courseName）、课程成绩（score）。

（3）建立用于表示学生实体的结构体数据类型 struct student，其中包含的基本成员有：学号（stuID）、学生姓名（stuName）、班级名称（className）以及表示多门课程成绩的结构体数组。

（4）建立用于表示多位学生的结构体数组：struct student students[n]，其中 n=5，表示 5 位同学。

（5）编写程序按照输入的学生学号在学生结构体数组中查询输出指定学生的学号、姓名以及各课程的名称和成绩。

注意：本次实训中建立的表示学生课程成绩实体的结构体类型 struct scoreOfCourse 和表示学生实体的结构体类型 struct student 可用于下一次上机实训，请于本次实训结束后保存好。

任务 9.2　学会链表的基本操作方法

一、任务要求

1. 知识要求

（1）掌握链表及其结点元素的基本结构。

（2）掌握链表的基本操作方法：动态构建链表、在链表中进行遍历输出各结点数据信息。

2. 技能要求

具备熟练使用结构体类型来表示学生链表中结点的操作能力；具备以动态的方式建立多位学生的相关信息（学生基本信息和课程成绩信息）的能力；具备将包含学生相关信息的结点结构体变量链接成为一条单链表的能力；具备根据输入的学生学号在上述单链表中查询输出指定学生的相关信息的能力。

3. 考核标准

能正确确定学生链表中结点的数据域和地址域。能动态地建立表示多位学生的单链表。能编写程序正确地取出指定学生的相关信息。能够理解和利用链表解决实际问题，并会进行编程应用的操作。会修改、调试源程序并记录出错情况和运行结果。会撰写质量高的技能训练总结报告。

二、训练内容

（1）在 C 语言集成环境下，录入本章必备知识部分例题中的程序调试运行，进一步学会链表的基本操作方法、利用链表进行应用编程和解决实际问题的方法。

（2）定义用于表示学生链表中结点的结构体类型 struct studentNode，注意其中的数据域的类型应该是上一次上机练习中所定义的结构体类型 struct student，地址域的类型应该是指向结构体类型的指针类型 struct studentNode *。

提示：所定义的表示链表结点的结构体类型中的数据域成员中可采用结构体类型 struct student。例如：

```
struct scoreOfCourse        struct student                      struct studentNode
{                           {                                   {
    char courseName[17];        char stuID[17];                     struct student    studentInfo;
    int score;                  char stuName[10];                   struct studentNode *next;
};                              char className[20];             };
                                struct scoreOfCourse scores[3];
                            };
```

（3）编写一个用于动态建立学生链表的函数，要求该函数能返回其所建立的单链表的头指针。

提示：

函数原型

struct studentNode   *createLinkedList();

函数体

struct studentNode *head, *p, *rear;

…;//省略了部分代码

//动态申请结点内存空间

p = (struct studentNode *)malloc(sizeof(struct studentNode));

//为结点结构体变量的成员赋值

printf("请输入学生信息：\n");

scanf(…);//省略部分代码

//初始化地址域

p->next = NULL;

head = p; // 头指针指向第一个结点

rear = p;

printf("\n 是否继续输入学生信息？（Y/N）\n");

scanf(" %c",&c);

```
while(c == 'Y')
{
    //动态申请结点内存空间
    p = (struct studentNode *)malloc(sizeof(struct studentNode));
    //为结点结构体变量的成员赋值
    printf("请输入学生信息：\n");
    scanf(…);//省略部分代码
    p->next = NULL;
    // 将新结点链入尾结点后面，然后移动尾指针
    rear->next = p;
    rear = rear->next;
    printf("\n 是否继续输入学生信息？（Y/N）\n");
    scanf(" %c",&c);
}
return (head);
```

（4）编写一个函数，用于根据用户输入的学生学号在链表中查询该学号的学生信息，其返回类型应该是指向学生信息结构体类型的指针类型 struct student *。

提示：

函数原型

```
struct student *searchStudentInfo(struct studentNode *head,char stuID[17]);
```

函数体：注意是从链表的头指针开始搜索，其中主要代码如下：

```
struct studentNode *p;
p = head;
while (p != NULL && strcmp(stuID,p->studentInfo.stuID) != 0)
{
    p = p->next;
}
return(&p->studentInfo);
```

（5）编写主函数，在其中调用链表构造函数构造学生链表；调用查询函数，并能输出所找到的学生信息。

任务 9.3　学会枚举数据类型的基本操作方法

一、任务要求

1. 知识要求

（1）掌握枚举数据类型的基本特点及其声明的基本方法。

（2）掌握枚举数据类型变量的赋值、枚举数据类型变量比较的方法。

2. 技能要求

具备熟练利用枚举数据类型进行编程应用的操作能力。具备正确声明表示一年 12 个月的枚举数据类型的能力。具备正确地判断用户所输入的月份属于什么季节的能力。

3. 考核标准

能够正确声明枚举数据类型，并能正确定义该数据类型的变量。能够为枚举数据类型变量赋值和进行比较运算。能够理解和利用枚举数据类型解决实际问题，进行编程应用操作。会修改、调试源程序并记录出错情况和运行结果。会撰写高质量的技能训练总结报告。

二、训练内容

（1）在 C 语言集成环境下，录入本章必备知识部分例题中的程序调试运行，进一步学会枚举数据类型的使用操作方法、利用枚举数据类型进行应用编程和解决实际问题的方法。

（2）建立表示 12 个月的枚举类型 enum months。

提示：

  enum months{Jan=1,Feb,Mar,Apr,May,June,July,Aug,Sep,Oct,Nov,Dec};

（3）编写主函数，在其中接收用户输入的月份信息，然后判断输出该月所属的季节。

提示：

```
int main(void)
{
    enum months month;
    int inputData = 0;
    printf("请输入月份（1 至 12):\n");
    scanf("%d",&inputData);
    if (inputData >= 1 && inputData <=12)
    {
        month = (enum months)inputData;
        //根据月份判断输出该月属于哪个季节
    }
    else
    {
        printf("月份输入有误！应该为 1 到 12 的整数。\n");
    }
    return 0;
}
```

【必备知识】

阶段性子系统（子程序）引例：
学生成绩管理系统中不同类型的组合数据处理

如果要对多个学生的多种信息中不同类型的数据进行处理，如每个学生的信息包含学号、姓名、性别、年龄、成绩等；成绩中又有英语、数学、语文等多门课程的分数，这就需要用到自定义的组合数据类型（结构体类型），用它来定义变量。在学生成绩管理系统引例中，对学生信息引入学号、姓名、成绩时先声明学生结构体类型 struct students，再定义学生结构体类型数组 s[]，并定义指向学生结构体类型数据的指针变量 p，如图 9.1 所示。

程序运行代码见本课程 PPT。

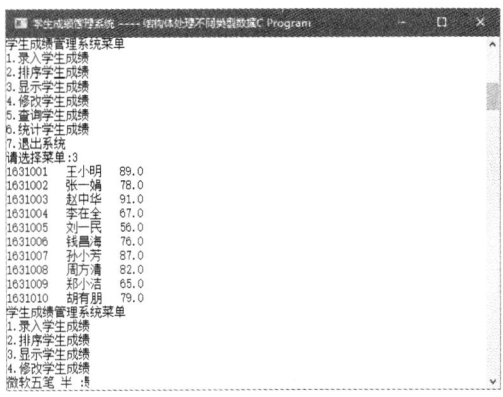

图 9.1　不同类型的组合数据处理

9.1　结构体类型

在前面我们已经学习了基本数据类型（如整型、实型、字符型等），也学习了一种构造数据类型——数组。在数组中要求其中每个元素的数据类型必须是相同的。但在现实问题中，表示一个实体对象所具备的一组属性往往不一定是同一种类型的，比如表示一本书，书名是字符型数据，价格是实型数据，如图 9.2 所示。

isbn	bookName	price	publisher
987-7-302-10853-5	C语言程序设计	32.00	清华大学出版社

图 9.2　书实体属性

针对上述需求，当我们需要使用不同类型的数据来表示一个实体属性的不同方面的信息时，就需要使用到本章将要学习的结构体类型。

9.1.1 结构体类型的声明

在 C 语言中没有直接提供实现上述功能的现成的数据类型，而需要程序员自己建立所需的结构体数据类型。在 C 语言中声明结构体数据类型的具体语法结构如下：

```
struct 结构体名
{
    数据类型名    成员名 1;
    数据类型名    成员名 2;
      …            …
    数据类型名    成员名 n;
};
```

在上述声明结构体数据类型的语法结构中，要注意以下几点：

（1）声明结构体数据类型的一般语法形式可简记为：

```
struct 结构体名
    {成员表列};
```

"struct 结构体名"合在一起作为一个结构体类型名称，其中 struct 是关键字，不能省略。

（2）"{…}"中为"成员表列"，每一个子项就是一个成员（分量或数据项），即结构体中的一个域，成员的声明格式为：

数据类型名   成员名 i;

对结构体内部的各成员必须作类型声明，并且在每一成员的声明之后都必须有分号。

（3）成员的类型可以是系统内置的标准类型（基本数据类型），也可以是另一个预先已经定义好的结构体类型。

（4）"结构体名"和"成员名"的命名规则与变量名相同。

（5）在结构体类型的声明最后的分号是不能省略的。

按照上述的结构体类型的定义，我们可以定义一个结构体名称为 book 的结构体类型：

```
struct book
{
    char    isbn[17];
    char    bookName[20];
    float   price;
    char    publisher[30];
};
```

在"struct book"结构体类型中拥有 4 个成员，成员名分别是 isbn（书号）、bookName（书名）、price（单价）和 publisher（出版社）。

在定义了结构体类型之后，"struct 结构体名"就是一个完整的类型名称，它和其他标准类型（如 int、char 等）一样可以用来定义变量。

9.1.2 结构体变量的定义

在定义了一个结构体类型之后，该类型的变量并不存在，即系统并不会为之分配实际的内存空间。只有在定义了该结构体类型的变量之后,才会在内存中拥有相应的内存空间,并在其中存放具体的数据。定义结构体类型的变量可采用以下 3 种方法。

1. 先声明结构体类型再定义变量

此方法在 C 语言中是比较传统的方法,即先定义后使用。例如,在声明了上述的 struct book 结构体类型之后,就可以使用该结构体类型来定义如下的变量:

  <u>Struct book</u> <u>book1 , book2</u>;
  结构体类型名 变量 1 变量 2

在定义了变量 book1 和 book2 之后,系统会为这两个变量按照 struct book 结构体类型的内部结构分别分配相应的内存单元。

2. 在声明类型的同时定义变量

这种定义方法的一般形式为:

  struct 结构体名
    {成员表列}变量名表列;

例如,通过下述这段代码就同时定义了两个 struct book 结构体类型的变量 book1 和 book2。

```
struct book
{
    char    isbn[17];
    char    bookName[20];
    float   price;
    char    publisher[30];
}book1,book2;
```

3. 直接定义结构体类型变量

这种定义方法和第 2 种定义形式有点类似,只不过是在定义结构体类型时不给出结构体名称,其一般形式如下:

  struct
    {成员表列}变量名表列;

关于结构体类型及其变量有以下几点需要说明:

(1)类型与变量是不同的概念。在编译时,对类型是不分配空间的,只对变量分配空间,即类型是不存在于内存空间中的。由于类型并没有存在于内存中,当然也不能对类型进行赋值、存取或运算。

(2)对于一个结构体类型变量中的成员(即分量),可以通过"变量名.成员名"的形式进行访问。

(3)结构体类型变量中的成员名可以与程序中的变量名相同,但两者不代表同一对象,即两者在内存中拥有不同的内存单元。

9.1.3 结构体变量的引用

在定义了结构体变量之后，我们就可以在程序中访问这个结构体变量了。对变量的访问主要包括给变量赋值和读取变量的值，但结构体变量不同于一般的变量，对其访问具有如下特别规则：

（1）不能将一个结构体变量作为一个整体进行输入和输出。

例如，若已经定义了结构体类型 struct book 的变量 book1，并且该结构体变量的各成员都已经具有初值，现在试图要对结构体变量 book1 整体进行操作，按照如下语句写法赋值和输出 book1 变量中各成员值，将会导致错误。

scanf("%s%s%f%s",&book1);
printf("%s,%s,%f,%s\n",book1);

（2）只能对结构体变量中的各成员分别进行输入和输出。引用结构体变量各成员的基本格式如下：

   结构体变量名．成员名

上述格式中"."是成员（分量）运算符，它在所有的运算符中优先级最高，因此可以把"变量名.成员名"看成整体。以此格式引用结构体变量的各成员时，就可以把结构体变量的成员作为一个普通变量来访问了。

按照上述规则，若要对上述结构体变量 book1 输入/输出其各成员的值，可采用以下语句：

scanf("%s%s%f%s",book1.isbn,book1.bookName,&book1.price,book1.publisher);
printf("ISBN 号：%17.17s\n 书名：%20.20s\n 价格：%4.2f\n 出版社：%30s\n",book1.isbn,book1.bookName,book1.price,book1.publisher);

其输出结果如图 9.3 所示。

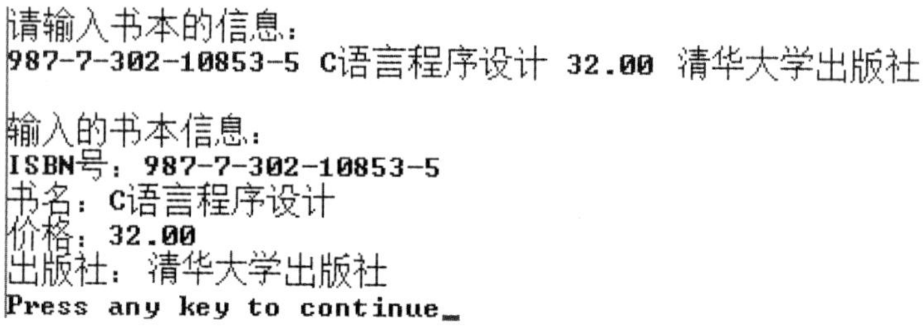

```
请输入书本的信息：
987-7-302-10853-5 C语言程序设计 32.00 清华大学出版社
输入的书本信息：
ISBN号：987-7-302-10853-5
书名：C语言程序设计
价格：32.00
出版社：清华大学出版社
Press any key to continue_
```

图 9.3　输入/输出结构体变量成员

在上述示例中，"&结构体变量名.成员名"表示对结构体变量中的成员变量的地址的引用格式，此格式可用于在 scanf 函数中对普通变量的输入。另外应该注意的是当结构体变量的成员变量是字符数组时，成员变量名本身就代表的是成员变量的首地址，所以在输入时无须再加上取地址符号"&"。

根据需要，可以引用结构体变量成员的地址，也可以引用结构体变量的地址。结构体变量的地址主要用于做函数参数，传递结构体变量的地址。

（3）必须注意，如果结构体变量的某成员本身又是一个结构体类型的变量，则只能通过多级的分量运算，对最低一级的成员进行引用。此时引用的格式扩展为：

   结构体变量名.成员名.子成员名.....最低 1 级子成员名

其中，各级成员都是某种已经定义了的结构体类型的变量。

例如：在结构体类型 struct book 中增加一个表示出版日期的结构体类型 struct date 的成员变量 publishDate，代码如下：

```
struct date
{
    int    year;
    int    month;
    int    day;
};
struct book
{
    char    isbn[17];
    char    bookName[20];
    float   price;
    char    publisher[30];
    struct date publishDate;
}book1;
```

在上述代码中定义了一个结构体类型 struct book 的变量 book1，若要访问该变量中表示出版日期的成员时，应该采用以下形式：

访问出版年份：book1.publishDate.year

访问出版月份：book1.publishDate.month

访问出版日期：book1.publishDate.day

（4）对结构体变量的成员像普通变量一样，可根据其类型决定允许进行的各种运算。

（5）对同类型结构体变量可互相赋值。

9.1.4 结构体变量的初始化

对于结构体变量的初始化，其实就是在定义该结构体变量的同时，在所定义的结构体变量名后面用赋值运算符对其中的各成员进行初始化。其初始化格式如下：

结构体变量名 = {初值表列}

在初始化时，所给出的初值表列中的初值在顺序和类型上应该和结构体类型成员的顺序和类型一致，否则将导致初始化错误。

例如，下列代码实现了在定义结构体变量时对其成员的初始化。

struct book book1={"987-7-302-10853-5","C 程序设计",32.00,"清华大学出版社"};

需要注意的是，如果某成员本身又是结构体类型的变量，则该成员的初值为一个初值表列。例如：

struct books book2={"987-7-302-10853-5","Java 程序设计",30.00,"清华大学出版社",{2011,5,18}};

9.2 结构体数组与结构体指针

在我们的程序中，经常会操作一个由多个实体组成的集合，比如查询一个班的每一位同学的家庭地址，再如查询一个图书馆中所有书籍的价格。这些操作所涉及的操作对象就是由多个实体（学生或书籍）组成的集合。

该怎样来表示这种数据对象呢？前面我们学过的数组就可以表示一组数据对象。如果数组中元素的类型是结构体类型，那么这样的数组就称为结构体数组。结构体数组与以前介绍过的数值型数组的不同之处，在于它的每个数组元素都是一个结构体类型的变量，它们都分别包括各自的成员（分量）项。

9.2.1 结构体数组

通过前面的学习，我们都知道该怎样定义一个数组，比如一维数组的定义格式：

  类型说明符 数组名[常量表达式];

那么在结构体数组的定义中，只需要将其中的类型说明符更换为结构体类型名称即可。

例 9-1 定义一个数组，其每个元素的类型是上一节中所定义的结构体类型 struct book。

思路分析：先声明一个结构体类型 struct book，再定义一个结构体数组 books，长度为 3。用 for 循环通过 scanf 语句输入 3 本书的信息，最后在 for 循环中输出其输入的书本信息。程序代码如下所示。

```c
#include <stdio.h>
struct book
{
    char isbn[17];
    char bookName[20];
    float price;
    char publisher[30];
};

int main(void)
{
    int i;
    struct book books[3];
    printf("请输入 3 书本的信息：\n");
    for (i = 0 ; i < 3 ; i++)
    {
        scanf("%s%s%f%s",books[i].isbn,books[i].bookName,&books[i].price, books[i].publisher);
    }
```

```
        printf("输入的书本信息：\n");
        for (i = 0 ; i < 3 ; i++)
        {
            printf("ISBN 号：%17.17s\n 书名：%-20.20s\n 价格：%4.2f\n 出版社：%-30.30s\n",
        books[i].isbn,books[i].bookName,books[i].price,books[i].publisher);
        }
        return 0;
}
```
上述程序代码的执行结果如图 9.4 所示。

```
请输入3书本的信息：
987-7-302-10853-5 C语言程序设计 32.00 清华大学出版社
988-8-403-11345-6 Java程序设计 33.00 电子工业出版社
998-7-435-12353-9 汇编语言程序设计 28.00 清华大学出版社
输入的书本信息：
ISBN号：987-7-302-10853-5
书名：       C语言程序设计
价格：32.00
出版社：              清华大学出版社
ISBN号：988-8-403-11345-6
书名：       Java程序设计
价格：33.00
出版社：              清华大学出版社
ISBN号：998-7-435-12353-9
书名：       汇编语言程序设计
价格：28.00
出版社：              清华大学出版社
```

图 9.4 结构体数组的使用

在上述的例子中，定义结构体数组时并没有对数组中的每个结构体变量进行初始化操作，其实我们在定义结构体数组时也可以对作为数组元素的结构体类型变量进行初始化。例如（假如已经定义了结构体类型 struct book）：

struct book books[3]={{"987-7-302-10853-5","C 语言程序设计",32.00,"清华大学出版社"},
 {"988-8-403-11345-6","Java 程序设计",33.00,"清华大学出版社"},
 {"998-7-435-12353-9","汇编语言程序设计",28.00,"清华大学出版社"}};

上述代码即可实现在定义结构体数组 books 时，对其中的结构体类型的数组元素进行初始化。从上述代码可以看到结构体数组初始化的格式为：

 类型说明符　结构体数组名[n] = {{初值表 1},{初值表 2},...,{初值表 n}};

下面再举一个简单例子来说明结构体数组的定义和引用。

例 9-2　要求根据书籍的 ISBN 号码查询书名、出版社名称和出版日期。

思路分析：假设一共有 5 本书，接收输入书籍的 ISBN 号码，若找到该号码，则输出该号码对应的书名、出版社和出版日期，若没有找到，则给出提示信息。程序如下：

```
#include <stdio.h>
#include <string.h>
struct date
{
```

```c
        int year;
        int month;
        int day;
    };
    struct book
    {
        char isbn[20];
        char bookName[20];
        float price;
        char publisher[30];
        struct date publishDate;
    };

    int main(void)
    {
        struct book books[5]={{"987-7-302-10853-5","C语言程序设计",32.00,"清华大学出版社 ",{2010,5,6}},{"988-8-403-11345-6","Java 程序设计",33.00," 清华大学出版社 ",{2009,10,6}},{"998-7-435-12353-9"," 汇编语言程序设计",28.00,"清华大学出版社 ",{2010,10,6}},{"968-7-435-12353-8","C# 程序设计",27.00," 清华大学出版社 ",{2010,10,6}},{"928-7-435-12353-9"," 单片机程序设计",22.00," 清华大学出版社 ",{2009,8,6}}};
        char isbnReceived[20];
        int found = -1;
        int i = 0;
        printf("请输入要查询的书籍 ISBN 号码：");
        scanf("%s",isbnReceived);
        for (i = 0 ; i < 5 ; i++)
        {
            if (strcmp(isbnReceived,books[i].isbn) == 0)
            {
                found = i;
                break;
            }
        }
        if (found == -1)
            printf("对不起，没有找到你需要的书籍。\n");
        else
            printf(" 书名：%20.20s\n 出版社：%30s\n 出版日期：%d 年%d 月%d 日\n",books[found].bookName,books[found].publisher,books[found].publishDate.year,books[found]
```

.publishDate.month,books[found].publishDate.day);
　　return 0;
}

上述程序运行结果如图 9.5 所示。

```
请输入要查询的书籍ISBN号码：988-8-403-11345-6
书名：Java程序设计
出版社：清华大学出版社
出版日期：2009年10月6日
Press any key to continue
请输入要查询的书籍ISBN号码：2299-332-221-2415
对不起，没有找到你需要的书籍。
Press any key to continue_
```

图 9.5　查询结果

说明：

（1）本例中在定义结构体数组 books 时就对数组中的各结构体元素进行了初始化。

（2）在上述程序中使用了由 string.h 头文件中定义的字符串比较函数 strcmp(str1,str2)，该函数的返回值为一整数：若为 0，表示两字符串参数相等；若小于 0，则表示前者小于后者；若大于 0，则表示前者大于后者。

9.2.2　结构体指针

前面我们还学习过指针变量。例如一个指向整型变量的指针变量的值，即是该整型变量在内存中的起始地址。对于一个结构体变量，我们同样可以定义一个指针变量指向它，此时指针变量的值就是该结构体变量所占据的内存段的起始地址。我们把这种指向结构体类型变量的指针变量称为结构体指针变量，这种指针就称为指向结构体的指针或结构体指针。

结构体指针变量定义的一般形式：

　　struct 结构体名　*结构体指针变量名

关于指向结构体变量的指针，我们将从以下三个方面进行介绍：

（1）通过指向结构体变量的指针去访问该结构体变量内部的成员。

（2）通过指向结构体数组元素的指针去访问每个结构体数组元素的内部成员。

（3）借助于指向结构体变量的指针，实现作为实参的结构体变量向函数形参的地址传递。

首先用一个例子来说明，通过指向结构体变量的指针去访问结构体变量内部的成员。

例 9-3　实现一个能够修改书籍价格的简单应用。

思路分析：本例说明用通过指向结构体变量的指针去访问该结构体变量内部的成员。在本例中，用"struct book *p;"语句定义了结构体指针变量 p，用"p = &book1;"语句把 book1 的地址赋给 p，使 p 指向结构体变量 book1。程序代码如下。

```c
#include <stdio.h>
#include <string.h>
struct date
{
    int year;
```

```c
        int month;
        int day;
};
struct book
{
        char isbn[20];
        char bookName[20];
        float price;
        char publisher[30];
        struct date publishDate;
};

int main(void)
{
        struct book book1;
        struct book *p;
        p = &book1;
        strcpy(book1.isbn,"987-7-302-10853-5");
        strcpy(book1.bookName,"C 语言程序设计");
        book1.price = 32.00;
        strcpy(book1.publisher,"清华大学出版社");
        book1.publishDate.year = 2010;
        book1.publishDate.month = 5;
        book1.publishDate.day = 6;
        printf("修改前的书籍信息：\n");
        printf("ISBN 号：%17.17s\n 书名：%20.20s\n 价格：%4.2f\n 出版社：%-30.30s\n 出版日期：%d 年 %d 月 %d 日 \n",(*p).isbn,(*p).bookName,(*p).price,(*p).publisher,(*p).publishDate.year,(*p).publishDate.month,(*p).publishDate.day);
        (*p).price = 28.00;
        (*p).publishDate.year = 2011;
        (*p).publishDate.month = 8;
        (*p).publishDate.day = 16;
        printf("==============================\n");
        printf("修改后的书籍信息：\n");
        printf("ISBN 号：%17.17s\n 书名：%20.20s\n 价格：%4.2f\n 出版社：%-30.30s\n 出版日期：%d 年%d 月%d 日 \n",(*p).isbn,(*p).bookName,(*p).price,(*p).publisher,(*p).publishDate.year,(*p).publishDate.month,(*p).publishDate.day);
```

return 0;
}
程序运行结果如图 9.6 所示。

```
修改前的书籍信息：
ISBN号：987-7-302-10853-5
书名：C语言程序设计
价格：32.00
出版社：清华大学出版社
出版日期：2010年5月6日
================================
修改后的书籍信息：
ISBN号：987-7-302-10853-5
书名：C语言程序设计
价格：28.00
出版社：清华大学出版社
出版日期：2011年8月16日
Press any key to continue_
```

图 9.6 结构体指针应用

当一个结构体变量的地址已赋给相同类型的结构体指针变量时，根据前面我们所学过的知识，有以下三种等价形式可访问一个结构体变量中的成员：

（1）结构体变量．成员名

（2）(*p).成员名

（3）p->成员名

在第三种访问方式中，"->"称为指针的指向运算符，优先等级和结合方向同成员运算符"."，在其左侧只能是指向结构体变量或结构体数组的指针变量，否则将会出错。

当指针变量指向的是结构体数组或者结构体数组中的元素时，我们同样可以使用"(*p).成员名"或者"p->成员名"形式去访问作为结构体数组中的元素的结构体类型变量的成员。下面通过一个例子来说明这种用法。

例 9-4 使用指向结构体数组（元素）的指针来输出每个数组元素（结构体变量中的成员）信息。

思路分析：本例说明用通过指向结构体数组元素的指针去访问每个结构体数组元素的内部成员。在本例中表示了指针的指向运算符"->"的用法。

程序代码如下：

```c
#include <stdio.h>
#include <string.h>
struct date
{
    int year;
    int month;
    int day;
};
struct book
{
    char isbn[20];
    char bookName[20];
```

```c
        float price;
        char publisher[30];
        struct date publishDate;
    };

    int main(void)
    {
        struct book books[5]={{"987-7-302-10853-5","C语言程序设计",32.00,"清华大学出版社 ",{2010,5,6}},{"988-8-403-11345-6","Java 程 序 设 计 ",33.00," 清 华 大 学 出 版 社 ",{2009,10,6}},{"998-7-435-12353-9"," 汇 编 语 言 程 序 设 计 ",28.00," 清 华 大 学 出 版 社 ",{2010,10,6}},{"968-7-435-12353-8","C# 程 序 设 计 ",27.00," 清 华 大 学 出 版 社 ",{2010,10,6}},{"928-7-435-12353-9"," 单 片 机 程 序 设 计 ",22.00," 清 华 大 学 出 版 社 ",{2009,8,6}}};
        struct book *p;
        printf("所有的书籍信息：\n");
        printf("ISBN              书名            单价      出版社           出版日期\n");
        for (p = books ; p <= books + 4 ; p++)
        {
            printf("%-20.20s%-20.20s%-8.2f%-18.18s%d 年   %d 月   %d 日 \n",p->isbn,p->bookName,p->price,
            p->publisher,p->publishDate.year,p->publishDate.month,p->publishDate.day);
        }
        return 0;
    }
```

程序运行结果如图 9.7 所示。

```
所有的书籍信息：
ISBN                书名              单价      出版社          出版日期
987-7-302-10853-5   C语言程序设计      32.00     清华大学出版社   2010年5月6日
988-8-403-11345-6   Java程序设计       33.00     清华大学出版社   2009年10月6日
998-7-435-12353-9   汇编语言程序设计   28.00     清华大学出版社   2010年10月6日
968-7-435-12353-8   C#程序设计        27.00     清华大学出版社   2010年10月6日
928-7-435-12353-9   单片机程序设计    22.00     清华大学出版社   2009年8月6日
Press any key to continue_
```

图 9.7 指向结构体数组的指针应用

在上述程序中应该注意以下几个问题：

（1）结构体数组 books 的名称"books"代表的是结构体数组在内存中的起始地址，并且由于数组元素的类型是结构体类型 struct book，因此可以直接将结构体数组的名称赋值给指向结构体 struct book 的指针变量 p。

（2）由于结构体数组 books 的元素类型与指针变量 p 所指对象的类型都是结构体类型 struct book，因此在执行了 p = books; 语句之后，books + 4 得到的地址是在结构体数组中的第 5 个结构体变量元素的起始地址，而 p++的效果是将指针变量 p 的内容修改为下一个结构体数组元素的起始地址。

（3）在通过指向结构体数组元素的指针变量 p 的指向运算符 "->" 访问数组元素（结构体变量的成员）时，要注意以下几种运算的差异。

① p->price：得到的是 p 指向的结构体变量中的成员 price 的值，即书籍的价格。

② p->price++：得到 p 指向的结构体变量中的成员 price 的值，用完该值后使它加 1。

③ ++p->price：得到 p 指向的结构体变量中的成员 price 的值加 1，然后再使用它。

④ (++p)->price：先使 p 指向下一个结构体数组元素，然后再得到它指向的元素中的 price 成员值。

⑤ (p++)->price：先得到 p->price 的值，然后使 p 指向下一个结构体数组元素。

在 C 语言中，通过一个函数将实参传递给该函数的形参时可以采用两种方式：传值与传地址。当我们采用结构体变量和指向结构体变量的指针变量（或数组名称）作为函数实际参数时，前者采用的是"值传递"方式，将结构体变量所占的内存单元中的内容全部顺序传递给形参；而后者是采用的"传地址"方式，将结构体变量（或数组）的地址（即指针变量的值）传递给形参。

关于上述两种参数传递方式的区别，我们通过以下例子来进行说明。

例 9-5 编写一个函数，实现对包含有 5 本书籍信息的数组，按照单价升序排序；再编写一个函数用于输出指定书籍的所有信息。

思路分析：本例说明借助于指向结构体变量的指针，实现作为实参的结构体变量向函数形参的地址传递。程序代码如下：

```c
#include <stdio.h>
#include <string.h>
struct date
{
    int year;
    int month;
    int day;
};
struct book
{
    char isbn[20];
    char bookName[20];
    float price;
    char publisher[30];
    struct date publishDate;
};
void showBookInfo(struct book bookInfo);
void sortBooksByPrice(struct book *p);
void exchangeBookInfo(struct book *,struct book *);

int main(void)
```

```c
{
    struct book books[5]={{"987-7-302-10853-5","C 语言程序设计",32.00,"清华大学出版社",{2010,5,6}},{"988-8-403-11345-6","Java 程序设计",33.00,"清华大学出版社",{2009,10,6}},{"998-7-435-12353-9","汇编语言程序设计",28.00,"清华大学出版社",{2010,10,6}},{"968-7-435-12353-8","C# 程序设计",27.00,"清华大学出版社",{2010,10,6}},{"928-7-435-12353-9","单片机程序设计",22.00,"清华大学出版社",{2009,8,6}}};
    struct book *p;
    int i = 0;
    printf("排序前所有的书籍信息：\n");
    printf("ISBN              书名              单价      出版社         出版日期\n");
    for (i = 0 ; i < 5 ; i++)
    {
        showBookInfo(books[i]); // 输出一个结构体变量的各成员的值。
    }
    p = books; // 指针 p 指向 books 数组的第一个结构体元素。
    sortBooksByPrice(p); // 对指针 p 所指向的结构体数组中的元素进行排序。
    printf("排序后所有的书籍信息：\n");
    printf("ISBN              书名              单价      出版社         出版日期\n");
    for (i = 0 ; i < 5 ; i++)
    {
        showBookInfo(books[i]); // 输出一个结构体变量的各成员的值。
    }
    return 0;
}

/*此函数将一个结构体变量的各成员的值输出*/
void showBookInfo(struct book bookInfo)
{
    struct book *p;
    p = &bookInfo;
    printf("%-20.20s%-20.20s%-8.2f%-18.18s%d 年%d 月%d 日 \n",p->isbn,p->bookName,p->price,
        p->publisher,p->publishDate.year,p->publishDate.month,p->publishDate.day);
}

/*对结构体数组中的元素按照价格升序排序*/
void sortBooksByPrice(struct book *p)
{
```

```c
    struct book *init,*q;
    for (init = p ; p < init + 5 ; p++)
    {
        for(q = p + 1 ; q < init + 5 ; q++)
        {
            if (p->price > q->price)
            {
                exchangeBookInfo(p,q);
            }
        }
    }
}

/*本函数实现两个结构体指针所指向的结构体变量中对应成员的值互换*/
void exchangeBookInfo(struct book *p,struct book *q)
{
    struct book tmpBook;
    strcpy(tmpBook.isbn,p->isbn);
    strcpy(tmpBook.bookName,p->bookName);
    tmpBook.price = p->price;
    strcpy(tmpBook.publisher,p->publisher);
    tmpBook.publishDate.year = p->publishDate.year;
    tmpBook.publishDate.month = p->publishDate.month;
    tmpBook.publishDate.day = p->publishDate.day;

    strcpy(p->isbn,q->isbn);
    strcpy(p->bookName,q->bookName);
    p->price = q->price;
    strcpy(p->publisher,q->publisher);
    p->publishDate.year = q->publishDate.year;
    p->publishDate.month = q->publishDate.month;
    p->publishDate.day = q->publishDate.day;

    strcpy(q->isbn,tmpBook.isbn);
    strcpy(q->bookName,tmpBook.bookName);
    q->price = tmpBook.price;
    strcpy(q->publisher,tmpBook.publisher);
    q->publishDate.year = tmpBook.publishDate.year;
    q->publishDate.month = tmpBook.publishDate.month;
```

```
q->publishDate.day = tmpBook.publishDate.day;
}
```
程序运行结果如图 9.8 所示。

```
排序前所有的书籍信息:
ISBN              书名              单价      出版社            出版日期
987-7-302-10853-5  C语言程序设计       32.00     清华大学出版社    2010年5月6日
988-8-403-11345-6  Java程序设计        33.00     清华大学出版社    2009年10月6日
998-7-435-12353-9  汇编语言程序设计    28.00     清华大学出版社    2010年10月6日
968-7-435-12353-8  C#程序设计         27.00     清华大学出版社    2010年10月6日
928-7-435-12353-9  单片机程序设计      22.00     清华大学出版社    2009年8月6日
排序后所有的书籍信息:
ISBN              书名              单价      出版社            出版日期
928-7-435-12353-9  单片机程序设计      22.00     清华大学出版社    2009年8月6日
968-7-435-12353-8  C#程序设计         27.00     清华大学出版社    2010年10月6日
998-7-435-12353-9  汇编语言程序设计    28.00     清华大学出版社    2010年10月6日
987-7-302-10853-5  C语言程序设计       32.00     清华大学出版社    2010年5月6日
988-8-403-11345-6  Java程序设计        33.00     清华大学出版社    2009年10月6日
Press any key to continue
```

图 9.8 指向结构体类型的指针应用

从上面的例子中，我们可以总结出以下两点：

（1）当以结构体变量做实参向函数的形参传递时，所采用的是"值传递"，并且在函数内部对形参结构体变量的修改不会影响到实参结构体变量。

（2）当以指向结构体变量的指针变量作为实参向函数的形参传递时所采用的是"传地址"，并且在函数内部通过形参对结构体变量内部成员的修改将会影响到实参结构体变量的成员的值。

具体来讲，在上述例子中用于显示某一结构体变量各成员值的函数 void showBookInfo(struct book bookInfo)中形参是结构体变量 bookInfo，而实参是一个作为结构体数组元素的结构体变量，故所采用的参数传递方式就是"值传递"。

用于实现对结构体数组中元素实现按价格升序排序的函数 void sortBooksByPrice(struct book *p)中，形参是指向结构体变量的指针变量，而实参是指向结构体变量的指针，故参数传递方式是"传地址"。另外实现两个结构体指针所指结构体变量成员值交换的函数 void exchangeBookInfo(struct book *p,struct book *q)也采用的是同样的参数传递方式，这两个函数如此设计的主要原因，就是我们需要将在函数体内对结构体变量成员的修改效果传递到实参变量之中。

9.3 用结构体指针处理链表

在上一节对结构体数组中元素按照指定成员值升序排序的例子中，我们看到当需要进行两个结构体数组元素的交换时（在函数 exchangeBookInfo(struct book *p,struct book *q)中）需要临时开辟一个和结构体数组元素一样大小的内存空间，并执行大量的赋值语句才能实现两个结构体数组元素的交换。这样的操作在结构体数组中并不是高效的。

另外，在上一节对结构体数组元素排序的例子中，我们必须预先就向系统申请 5 个结构体 struct book 类型变量的内存空间。但在实际应用中往往并不能预先知道要处理的书籍的种类数，也就不能预先向系统申请多少个结构体变量所占用的空间。为处理这种情况，我们在本节将引入一种新的数据结构——链表。

9.3.1 链表的概念

与数组这种数据结构相比较，链表有一个很重要的特点，即在建立链表之前可以不必预先知道在链表中将有多少个元素。可以在程序的运行过程中根据需要临时地向系统申请内存空间用以创建链表中的一个元素。为了使用好链表这种数据结构，我们首先要掌握链表的基本结构。

图 9.9 中给出了一种简单的单链表结构。

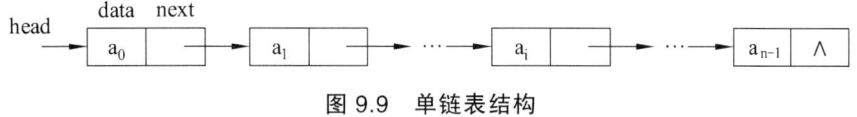

图 9.9 单链表结构

从图 9.8 中我们可以看出单链表具有以下结构：

（1）元素节点。单链表和数组类似，都是由一个一个的元素构成的。只不过单链表的元素称为节点，并且单链表的节点具备如图 9.10 所示的结构。

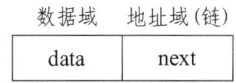

图 9.10 单链表的节点结构

在单链表的节点结构中，必须包含两个大的部分：数据域（data）与地址域（next），其中数据域根据需要可以存放一些实际需要的数据（a_i），而地址域也叫链，用以存放下一结点的地址。

（2）头指针 head。头指针是访问一个单链表的起点。头指针应该是一个指针类型的变量，它所指向的应该是单链表中第一个结点的地址。

（3）在单链表中还有一个特殊的结点，即表尾结点。该结点的结构和单链表中的其他普通结点的结构是一样的，所不同的是它的地址域的值为"NULL"，表示在其后就再没有下一个结点了。

从上述链表的结构特点来看，在 C 语言中使用结构体类型来描述链表的结点结构是非常合适的。比如我们可以定义如下的结构体类型：

```
struct date                struct book                    struct bookNode
{                          {                              {
    int    year;               char    isbn[17];              struct book        bookData;
    int    month;              char    bookName[20];          struct bookNode  * next;
    int    day;                float   price;             };
};                             char    publisher[30];
                               struct date publishDate;
                           };
```

在上述定义结构体类型的代码中，我们定义的 struct bookNode 结构体类型就可以用于描述一个单链表的结点结构,其中的数据域成员由另一个结构体类型 struct book 的变量来充当，而地址域成员由一个指向结构体类型 struct bookNode 的指针变量来充当。

下面我们通过一个例子来说明如何建立和输出一个简单链表。

例 9-6 建立一个由三个书籍信息结点构成的简单链表，然后输出每种书籍的信息。

思路分析：本例说明如何建立和输出一个简单链表（静态链表）。

在下列程序中，我们首先建立了三个孤立的结点（每个结点都是结构体类型 struct bookNode 的变量），之所以说它们是孤立的，是因为它们的地址域（结构体指针变量 next）的值都为 NULL。本示例采用如下代码，请读者注意是如何把结点链接起来的。

// 建立单链表

head = &node1;

node1.next = &node2;

node2.next = &node3;

访问链接好的单链表（由头指针 head 指向）中的每个结点的数据域，我们采用了以下的简单算法：

（1）初始化浮动指针 p 为头指针 head 所指结点。

（2）判断指针变量 p 的值是否等于 NULL。若不等，则访问输出指针 p 所指结点的数据域（即结构体类型 struct book 的变量 bookInfo）；若相等，则跳转到第（4）步。

（3）执行 "p = p->next;"，然后重复第（2）步。

（4）结束本算法。

程序代码如下：

```
#include <stdio.h>
#define NULL 0
struct date
{
    int year;
    int month;
    int day;
};
struct book
{
    char isbn[20];
    char bookName[20];
    float price;
    char publisher[30];
    struct date publishDate;
};
struct bookNode
{
    struct book bookInfo;
    struct bookNode *next;
};
```

```c
void showBookInfo(struct book bookInfo);

int main(void)
{
    struct bookNode *head,*p;
    struct bookNode node1={{"987-7-302-10853-5","C 语言程序设计",32.00,"清华大学出版社",{2010,5,6}},NULL};
    struct bookNode node2={{"988-8-403-11345-6","Java 程序设计",33.00,"清华大学出版社",{2009,10,6}},NULL};
    struct bookNode node3={{"998-7-435-12353-9","汇编语言程序设计",28.00,"清华大学出版社",{2010,10,6}},NULL};
    // 建立单链表
    head = &node1;
    node1.next = &node2;
    node2.next = &node3;
    // 初始化浮动指针 p
    p = head;
    // 输出单链表上每个结点的数据域信息
    printf("输出所有的书籍信息：\n");
    printf("ISBN         书名          单价     出版社        出版日期\n");
    while(p!=NULL)
    {
        showBookInfo(p->bookInfo); // 输出每个结点的数据域
        p = p->next;
    }
    return 0;
}

void showBookInfo(struct book bookInfo)
{
    struct book *p;
    p = &bookInfo;
    printf("%-20.20s%-20.20s%-8.2f%-18.18s%d 年%d 月%d 日\n",p->isbn,p->bookName,p->price,
    p->publisher,p->publishDate.year,p->publishDate.month,p->publishDate.day);
}
```

程序运行的结果如图 9.11 所示。

```
输出所有的书籍信息：
ISBN              书名              单价      出版社            出版日期
987-7-302-10853-5  C语言程序设计      32.00    清华大学出版社    2010年5月6日
988-8-403-11345-6  Java程序设计       33.00    清华大学出版社    2009年10月6日
998-7-435-12353-9  汇编语言程序设计    28.00    清华大学出版社    2010年10月6日
Press any key to continue
```

图 9.11　单链表的建立和输出

在上述例子中链表的结点是预先就创建好了的，是属于"静态链表"。但实际应用中往往需要在程序运行过程中临时创建新的结点，要实现这个功能就必须要能够在程序中动态地向系统申请并用于存储链表结点的内存空间。下面我们就将引入动态内存分配和动态链表的概念。

9.3.2　动态内存分配

在 C 语言中要实现动态链表，就必须要借助于 C 语言编译系统的库函数提供的动态内存分配相关的函数。表 9.1 中为这些函数的基本用法。

表 9.1　动态内存分配相关函数

函数名称	返回类型	参数列表	功能描述
malloc	void *	unsigned int size	在内存的动态存储区中分配一个长度为 size 的连续空间，并返回一个指向此空间的起始地址的指针。若内存分配不成功，则返回空指针 NULL
calloc	void *	unsigned n, unsigned size	在内存的动态存储区中分配 n 个长度为 size 的连续空间，并返回一个指向分配域起始地址的指针。若内存分配不成功，则返回空指针 NULL
free	void	void *p	释放由参数指针 p 指向的内存区域

利用动态内存分配的相关函数，就可以建立动态链表，并对动态链表进行一些相关操作（如插入结点、删除结点等）。

9.3.3　链表的基本操作

运用链表的基本知识，可以在应用程序中对链表进行基本操作。本节将对链表的基本操作划分为建立链表、遍历链表、删除链表中的一个结点，在链表中插入一个结点。

1. 建立动态链表和遍历链表

建立动态链表的基本思路：在建立链表的每一个结点前，都必须先使用动态内存分配函数，向系统申请分配动态内存空间。在内存分配成功的情况下，再建立结点并为结点的各成员赋值，然后将所建立的结点链入当前的链表之中。

遍历链表的基本思路：对链表中的每个结点必须访问，且仅访问一次。

按照以上思路，下面我们举例说明动态链表建立和遍历输出单链表的每个结点数据信息的方法。

例 9-7　设计一个用于建立动态书籍信息单链表并输出所有建立的书籍信息的应用程序。

思路分析：在编写代码之前，我们先把此例中建立动态链表的算法描述如下：

① 询问是否输入书籍信息，若是，则跳转到第②步；若不是，则跳转到第⑦步。
② 按照链表结点大小申请动态内存空间，申请成功则进入第③步。
③ 使指针 p 指向刚申请到的内存空间，并对该结点结构体类型变量的各成员赋值，并使头指针 head 指向该结点（此为链表的第一个结点），使尾指针 rear 也指向该结点（此时链表中仅一个结点，既是表头也是表尾结点），进入第④步。
④ 询问是否继续输入书籍信息，若是，则跳转到第⑤步；否则直接跳转到第⑦步。
⑤ 按照链表结点大小申请动态内存空间，申请成功则使指针 p 指向它，并对该结点结构体类型变量的各成员赋值。然后执行 "rear.next = p; rear = p;"，进入第⑥步。
⑥ 重复执行第④步。
⑦ 结束本算法。

本算法可用图 9.12 所示的流程图来表示。

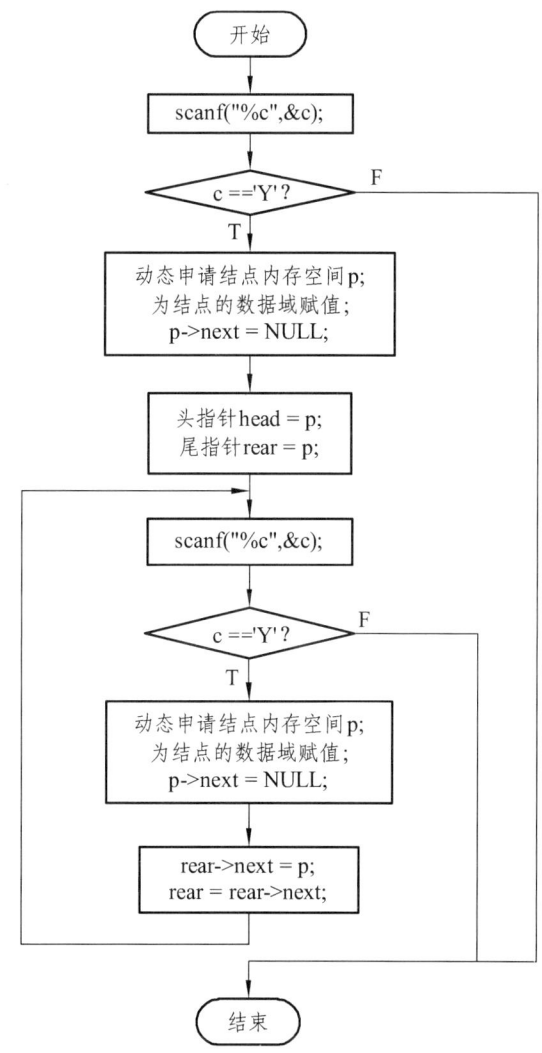

图 9.12 动态链表建立算法流程图

遍历链表输出结点信息的算法描述如下：

① 从头指针 head 开始，先初始化浮动指针 p 为 head，即 p = head。

② 然后判断 p 是否等于 NULL，若不等，就访问 p 所指结点的数据域，即输出 p->bookInfo 的各成员的值，转向第③步；若相等，则结束遍历算法。

③ 访问完成后移动 p，即执行 "p = p->next;"，重复步骤②；

本算法可用图 9.13 所示的流程图表示。

本例程序代码如下：

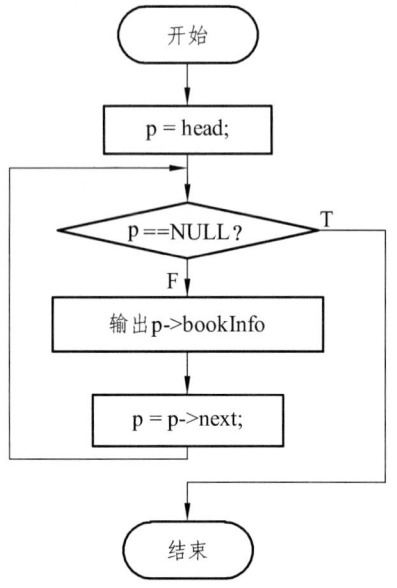

图 9.13 遍历链表算法流程图

```
#include <stdio.h>
#include <malloc.h>
#define NULL 0
struct date
{
    int year;
    int month;
    int day;
};
struct book
{
    char isbn[20];
    char bookName[20];
    float price;
    char publisher[30];
    struct date publishDate;
};
struct bookNode
{
    struct book bookInfo;
    struct bookNode *next;
};
struct bookNode * createLinkedList();//建立动态单链
//表的函数声明
    void showBookInfo(struct book bookInfo);//显示结构
//体类型 struct book 的变量成员信息的函数声明
    int main(void)
    {
        struct bookNode *head,*p;
         // 建立动态单链表
        head = createLinkedList();
        // 初始化浮动指针 p
        p = head;
```

```c
        // 遍历输出单链表上每个结点的数据域信息
        printf("输出所有的书籍信息：\n");
        printf("ISBN          书名          单价     出版社            出版日期\n");
        while(p!=NULL)
        {
            showBookInfo(p->bookInfo);
            p = p->next;
        }
        return 0;
    }

    void showBookInfo(struct book bookInfo)
    {
        struct book *p;
        p = &bookInfo;
        printf("%-20.20s%-20.20s%-8.2f%-18.18s%d 年%d 月%d 日 \n",p->isbn,p->bookName,
p->price,
        p->publisher,p->publishDate.year,p->publishDate.month,p->publishDate.day);
    }

    struct bookNode * createLinkedList()
    {
        struct bookNode *head, *p, *rear;
        char c;
        // 初始化头指针
        head = NULL;
        printf("是否输入书籍信息？（Y/N）\n");
        scanf("%c",&c);
        if (c == 'Y')
        {
            //动态申请结点内存空间
            p = (struct bookNode *)malloc(sizeof(struct bookNode));
            //为结点结构体变量的成员赋值
            printf("请输入书籍信息（ISBN 号 书名 价格 出版社 年 月 日）：\n");

scanf("%s%s%f%s%d%d%d",p->bookInfo.isbn,p->bookInfo.bookName,&p->bookInfo.price,
p->bookInfo.publisher,&p->bookInfo.publishDate.year,&p->bookInfo.publishDate.month,
&p->bookInfo.publishDate.day);
            p->next = NULL;
```

```
            head = p; // 头指针指向第一个结点。
            rear = p;
            printf("是否继续输入书籍信息？（Y/N）\n");
            scanf(" %c",&c); // 输入格式控制：%号前的空格可跳过上一次 scanf 函数所输
//入的回车符
            while(c == 'Y')
            {
                //动态申请结点内存空间
                p = (struct bookNode *)malloc(sizeof(struct bookNode));
                //为结点结构体变量的成员赋值
                printf("请输入书籍信息（ISBN 号  书名  价格  出版社  年  月  日）：\n");

    scanf("%s%s%f%s%d%d%d",p->bookInfo.isbn,p->bookInfo.bookName,&p->bookInfo
    .price,p->bookInfo.publisher,&p->bookInfo.publishDate.year,&p->bookInfo.publishDate.mo
nth,&p->bookInfo.publishDate.day);
                p->next = NULL;
                // 将新结点链入尾结点后面，然后移动尾指针
                rear->next = p;
                rear = rear->next;
                printf("是否继续输入书籍信息？（Y/N）\n");
                scanf(" %c",&c); // 格式控制：%号前的空格可跳过上一次 scanf 函数所输
//入的回车符
            }
        }
        return (head);
    }
```

程序运行结果如图 9.14 所示。

```
是否输入书籍信息？（Y/N）
Y
请输入书籍信息（ISBN号 书名 价格 出版社 年 月 日）：
987-7-302-10853-5 C语言程序设计 32.00 清华大学出版社 2010 5 6
是否继续输入书籍信息？（Y/N）
Y
请输入书籍信息（ISBN号 书名 价格 出版社 年 月 日）：
988-8-403-11345-6 Java程序设计 33.00 清华大学出版社 2009 10 6
是否继续输入书籍信息？（Y/N）
Y
请输入书籍信息（ISBN号 书名 价格 出版社 年 月 日）：
998-7-435-12353-9 汇编语言程序设计 28.00 清华大学出版社 2010 10 6
是否继续输入书籍信息？（Y/N）
N
输出所有的书籍信息：
ISBN                书名              单价    出版社          出版日期
987-7-302-10853-5   C语言程序设计     32.00   清华大学出版社  2010年5月6日
988-8-403-11345-6   Java程序设计      33.00   清华大学出版社  2009年10月6日
998-7-435-12353-9   汇编语言程序设计  28.00   清华大学出版社  2010年10月6日
Press any key to continue
```

图 9.14　建立动态单链表并遍历输出

在上述的例子中我们一共定义了三个函数：int main(void)、void showBookInfo(struct book bookInfo)和 struct bookNode * createLinkedList()，在 main 函数中负责调用 createLinkedList 函数来创建一个动态单链表，调用 showBookInfo 函数显示单链表中一个结点的数据域的信息。其中要注意以下几个问题：

① 如何将函数 createLinkedList 所创建的单链表准确传递给 main 函数呢？如果采用在 main 函数中定义一个 head 指针（struct booNode *类型），然后通过 void createLinkedList(head) 方式传递进入创建单链表函数，那么在 createLinkedList(head)函数内部所创建的单链表将无法通过参数 head 传递回 main 函数中。正确的做法应该如本例中所采用的在 struct booNode * createLinkedList 函数内部以 return 语句返回 struct booNode 类型的指针变量的方式，将所创建的单链表头指针返回给 main 函数。

② 在本例中还使用#define 命令行定义了 NULL（代表 0）来表示"空地址"，因为所创建单链表的表尾结点的地址域（next）的值必须为 NULL。

③ 为获取动态创建结点空间的大小，我们还使用了"求字节数运算符"sizeof，用以求得表示链表结点的结构体类型 struct bookNode 的大小，并以此作为动态内存空间申请函数 malloc 的参数。

④ 最后应该注意的是，在本例中用于控制是否继续输入书籍信息的字符变量 c 的赋值格式。在第一次通过语句"scanf("%c",&c);"为字符变量 c 赋值时，%号前没有空格，而在后续的赋值语句"scanf(" %c",&c);"中%号前专门留有一个空格，此空格在本例中用于跳过上一次输入字符时敲入的"回车"符。

在创建了动态单链表之后，就可以在所创建的单链表上进行删除和插入结点的操作，下面就将分别介绍在单链表上删除和插入结点操作的方法。

2. 对链表的删除操作

在链表中删除指定结点的操作可描述如下：从链表的头指针开始，沿着结点的链，按照一定的删除条件查找到符合条件的结点，然后将该结点从链表中断开（要保证删除该结点后剩下的结点构成一条完整的链表），并将该结点的数据域输出。

根据所要删除的结点在链表中的位置，我们可以把删除操作分为两种：头删除和中间/尾删除。图 9.15 给出了这两种操作的示意图。

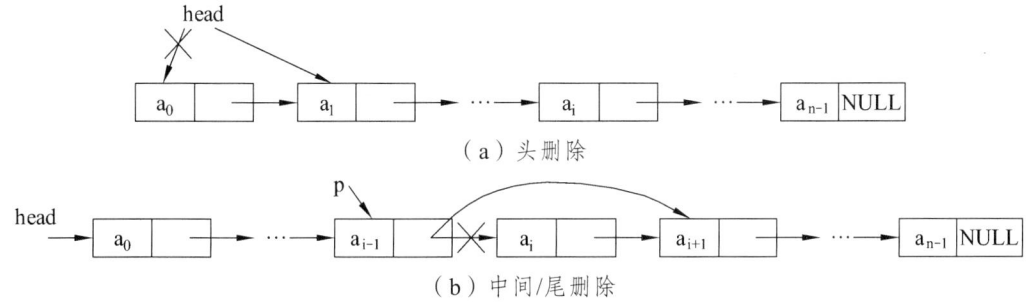

图 9.15 链表中的头删除与中间/尾删除示意图

从图 9.15 中可以看出，做头删除时，所要删除的是链表的第一个结点，需要修改头指针 head 指向链表中原来的第二个结点；而做中间/尾删除时头指针保持不变。下面我们先归纳出这两种删除所要做的基本操作，然后再通过一个例子来说明这两种操作。

做头删除时要完成的基本操作有：

p = head;

head = head->next;

输出 p->data;

做中间/尾删除时要完成的基本操作有：[假设所要删除的是图 9.15（b）中数据域为 a_i 的结点，且 head != NULL]

p = head; q = head->next;

while(q != NULL && q->data != ai)

{

  p = p->next;

  q = p->next;

}

if (q != NULL)

{

  p->next = q->next;

  输出 q->data;

}

else{ 输出没有找到指定结点;}

注意：上述基本操作的归纳只是一个示意，并不是在 C 语言中删除一个链表中指定结点时的实际的操作代码。

下面我们通过一个例子来说明这两种删除操作。

例 9-8 在前面所构建的书籍动态单链表中定义一个删除指定 ISBN 号的书籍信息的函数。

思路分析：若在链表中找到指定 ISBN 号的书籍，则将它从链表中删除，并将该书籍的信息输出；若在链表中找不到所指定 ISBN 号的书籍，则输出"没有找到指定 ISBN 号的书籍!"。本函数必须返回经过删除操作处理后的单链表的头指针。

本例题中删除结点的函数的算法描述如图 9.16 所示。

main 函数和删除结点的函数程序代码如下（其他代码可参考上一节的例题）：

① main 函数代码。

#include <stdio.h>

#include <string.h>

#include <malloc.h>

#define NULL 0

struct date

 {

  int year;

  int month;

  int day;

 };

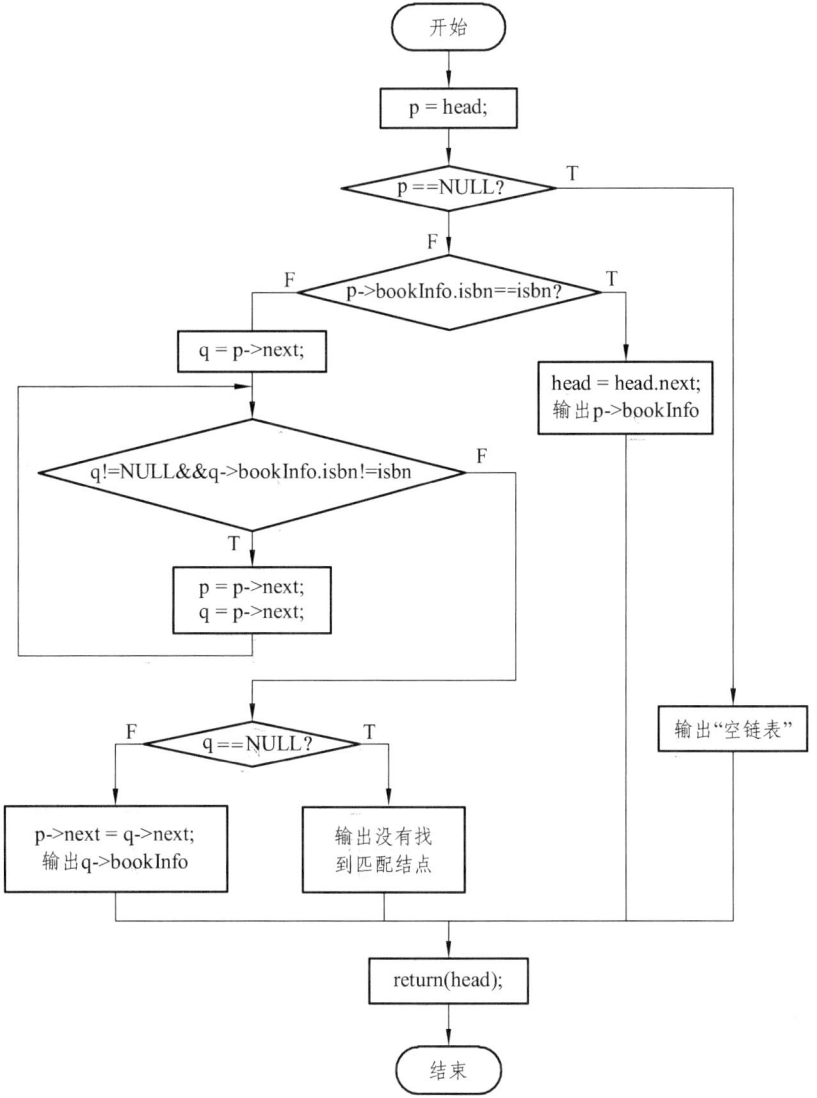

图 9.16　链表中的头删除与中间/尾删除流程图

```
struct book
{
    char isbn[20];
    char bookName[20];
    float price;
    char publisher[30];
    struct date publishDate;
};
struct bookNode
{
    struct book bookInfo;
```

```c
    struct bookNode *next;
};
struct bookNode * createLinkedList();
void showBookInfo(struct book bookInfo);
struct bookNode * deleteNode(struct bookNode * head,char isbn[20]);

int main(void)
{
    struct bookNode *head,*p;
    char deleteIsbn[20];
    // 建立动态单链表
    head = createLinkedList();
    // 初始化浮动指针 p
    p = head;
    // 输出单链表上每个结点的数据域信息
    printf("输出所有的书籍信息：\n");
    printf("ISBN          书名          单价     出版社          出版日期\n");
    while(p!=NULL)
    {
        showBookInfo(p->bookInfo);
        p = p->next;
    }
    // 删除指定 ISBN 号的书籍所在结点
    printf("\n 输入要删除书籍的 ISBN 号：\n");
    scanf("%20s",deleteIsbn);
    head = deleteNode(head,deleteIsbn);
    // 初始化浮动指针 p
    p = head;
    // 输出单链表上每个结点的数据域信息
    printf("\n 经过删除操作后，输出所有的书籍信息：\n");
    printf("ISBN          书名          单价     出版社          出版日期\n");
    while(p!=NULL)
    {
        showBookInfo(p->bookInfo);
        p = p->next;
    }
    return 0;
}
```
② 删除结点函数的代码。

```c
struct bookNode * deleteNode(struct bookNode * head,char isbn[20])
{
    struct bookNode *p,*q;
    p = head;
    q = NULL;
    if (p != NULL)
    {
        if (strcmp(isbn,p->bookInfo.isbn) == 0)
        {
            // 头删除
            head = head->next;
            // 输出被删除结点中的书籍信息
            printf("\n 删除了以下书籍信息：（头删除）\n");
            showBookInfo(p->bookInfo);
        }
        else
        {
            q = p->next;
            while(q != NULL && strcmp(isbn,q->bookInfo.isbn)!=0)
            {
                p = p->next;
                q = p->next;
            }
            if (q != NULL)
            {
                p->next = q->next;
                // 输出被删除结点中的书籍信息
                printf("\n 删除了以下书籍信息：（中间/尾删除）\n");
                showBookInfo(q->bookInfo);
            }
            else
            {
                printf("\n 没有找到指定 ISBN 号的书籍信息！\n");
            }
        }
    }
    else
    {
        printf("\n 单链表为空链表！\n");
```

}
   return(head);
}
程序运行结果如图 9.17 ~ 9.20 所示。

图 9.17　空链表的删除效果图

图 9.18　链表中的头删除效果图

图 9.19　链表中的中间/尾删除效果图

图 9.20　没有找到匹配结点的效果图

3. 对链表的插入操作

对链表的插入是指将一个结点插入到一个已经存在的链表中。在单链表中的插入操作可分解为两个动作：确定插入位置和完成插入。

在单链表中插入一个结点，根据不同的插入位置，可分为两大类情况：一是空表插入/头插入，二是中间插入/尾插入。在完成插入操作时，这两种情况所要做的动作有所不同，下面我们分别予以说明。

① 空表插入/头插入。

若单链表为空，插入一个结点，头指针 head 指向被插入的结点，此为空表插入；若单链表为非空，在头指针 head 所指结点之前（即在第一个结点前）插入一个新结点，插入后该新结点成为单链表的第一个结点，头指针 head 指向该结点，此为头插入。这两种插入情况都将改变单链表的头指针 head。

插入过程如图 9.21 所示。

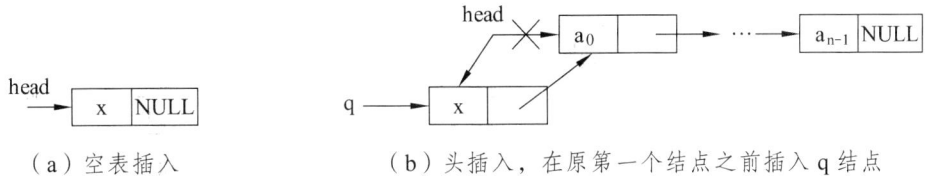

（a）空表插入　　　　　　（b）头插入，在原第一个结点之前插入 q 结点

图 9.21　空表插入/头插入示意图

上图中数据域为 x 的结点即为被插入的新结点，插入后，头指针 head 都将指向该结点。空表插入/头插入过程中所要做的操作可归纳如下（假设插入前由指针 q 指向将要被插入的新结点）：

q->next = head;

head = q;

② 中间插入/尾插入。

若所要插入结点的位置处于链表中间或者在表尾结点后面插入，此时称中间插入/尾插入，在这两个位置时所做的操作是相同的，并且对链表的头指针 head 都没有影响。其插入过程如图 9.22 所示。

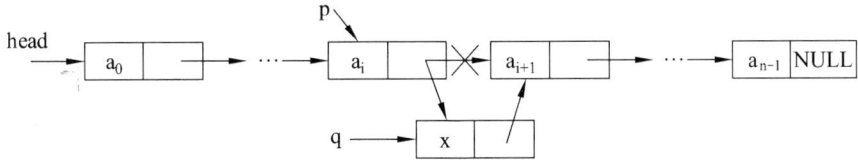

图 9.22　中间插入/尾插入示意图（中间插入，在 p 结点之后插入 q 结点）

在上图中，新结点所要插入的位置为在链表中指针 p 所指结点之后的位置，所要完成的操作应该分为两步：第一步确定指针 p 所指向的结点；第二步完成插入。操作步骤可归纳如下（假设插入前新结点由指针 q 指向，指针 p 已经指向了插入位置（数据域为 a_i 与数据域为 a_{i+1} 的两结点之间）：

q->next = p->next;

p->next = q;

注意：确定指针 p 的位置可根据不同的插入要求确定。下面我们通过一个例子说明在链表中的插入操作。

例 9-9 建立一个存放各种书籍信息的单链表，要求最后得到的单链表中表示各书籍信息的结点按照书籍价格的升序排列。

思路分析：本例插入函数的算法描述如图 9.23 所示。

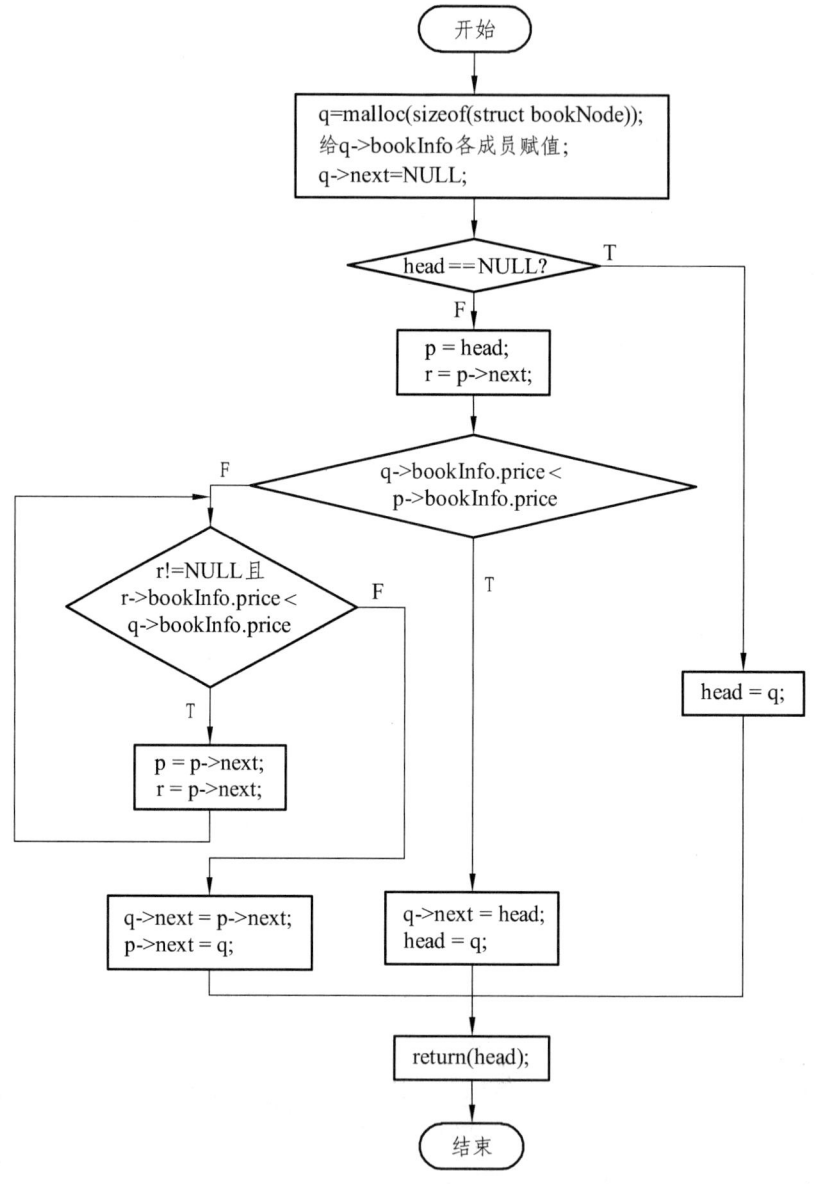

图 9.23 插入算法流程图

这里只列出了 main 函数和插入结点函数 insertNode 的代码，其他代码可参考前面的例题。

① main 函数程序代码。

```
int main(void)
{
```

```c
        struct bookNode *head,*p;
        struct book bookInfo;
        char c;
        head = NULL;
        printf("是否输入书籍信息？（Y/N）\n");
        scanf("%c",&c);
        while(c == 'Y')
        {
            //为书籍结构体变量的成员赋值
            printf("\n 请输入书籍信息（ISBN 号 书名 价格 出版社 年 月 日）：\n");
scanf("%s%s%f%s%d%d%d",bookInfo.isbn,bookInfo.bookName,&bookInfo.price,
bookInfo.publisher,&bookInfo.publishDate.year,&bookInfo.publishDate.month,
&bookInfo.publishDate.day);
            //插入新结点
            head = insertNode(head,bookInfo);
            printf("\n 是否继续输入书籍信息？（Y/N）\n");
            scanf(" %c",&c);// 输入格式控制：%号前的空格可吸收上一次 scanf 函数所输
//入的回车符
        }
        // 初始化浮动指针 p
        p = head;
        // 输出单链表上每个结点的数据域信息
        printf("输出所有的书籍信息：\n");
        printf("ISBN            书名            单价    出版社          出版日期\n");
        while(p!=NULL)
        {
            showBookInfo(p->bookInfo);
            p = p->next;
        }
        return 0;
}
```

② 插入结点函数 insertNode 的代码。

```c
struct bookNode * insertNode(struct bookNode * head,struct book bookInfo)
{
    struct bookNode *p,*q,*r;
    //动态申请新结点内存空间
    q = (struct bookNode *)malloc(sizeof(struct bookNode));
    //初始化新结点结构体变量的成员
    transferBookInfo(&q->bookInfo,&bookInfo);// 数据域
```

```c
        q->next = NULL;// 地址域
        if (head == NULL)
        {
            head = q; //空表插入
        }
        else
        {
            //确定插入位置，从头指针开始，在现有链表中寻找第一个价格比当前插入书
//籍的价格高的对应结点
            p = head;
            r = p->next;
            if (q->bookInfo.price < p->bookInfo.price)
            {
                //头插入
                q->next = head;
                head = q;
            }
            else
            {
                //中间插入/尾插入
                //先确定插入位置
                while(r != NULL && r->bookInfo.price < q->bookInfo.price)
                {
                    p = p->next;
                    r = p->next;
                }
                //完成插入动作
                q->next = p->next;
                p->next = q;
            }
        }
        return(head);
    }
```

另外附上在插入结点函数中使用的书籍信息赋值的函数代码。

```c
    void transferBookInfo(struct book *target,struct book *source)
    {
        // 书籍结构体变量传值
        strcpy(target->isbn,source->isbn);
        strcpy(target->bookName,source->bookName);
```

```
            target->price = source->price;
            strcpy(target->publisher,source->publisher);
            target->publishDate.year = source->publishDate.year;
            target->publishDate.month = source->publishDate.month;
            target->publishDate.day= source->publishDate.day;
}
```

程序运行结果如图 9.24 所示。

```
请输入书籍信息（ISBN号 书名 价格 出版社 年 月 日）：
987-7-302-10853-5 C语言程序设计 32.00 清华大学出版社 2010 5 6

是否继续输入书籍信息？（Y/N）
Y
请输入书籍信息（ISBN号 书名 价格 出版社 年 月 日）：
988-8-403-11345-6 Java程序设计 33.00 清华大学出版社 2009 10 6

是否继续输入书籍信息？（Y/N）
Y
请输入书籍信息（ISBN号 书名 价格 出版社 年 月 日）：
998-7-435-12353-9 汇编语言程序设计 28.00 清华大学出版社 2010 10 6

是否继续输入书籍信息？（Y/N）
N
输出所有的书籍信息：
ISBN              书名              单价     出版社           出版日期
998-7-435-12353-9 汇编语言程序设计   28.00   清华大学出版社   2010年10月6日
987-7-302-10853-5 C语言程序设计     32.00   清华大学出版社   2010年5月6日
988-8-403-11345-6 Java程序设计      33.00   清华大学出版社   2009年10月6日
Press any key to continue
```

图 9.24 插入操作结果图

从程序的运行结果可以看出，输入书籍信息时没有按照价格升序排列，但最后的结果链表中各结点是按照书籍价格的升序排列的。

在本例中插入函数 insertNode(struct bookNode * head,struct book bookInfo)可以处理三种插入情况：空表插入；头插入；中间/尾插入。其中各种插入的主要代码分别归纳如下：

	//头插入	//中间/尾插入
//空表插入	q->next = head;	q->next = p->next;
head = q;	head = q;	p->next = q;

以上介绍了单链表的构建、遍历（查询）、删除和插入等基本操作的原理和方法。在实际应用中，单链表的操作往往是这些基本操作的综合应用，限于篇幅，这里不再讨论，更深入的内容请读者参考其他相关资料。

9.4 枚举类型

在应用程序中，如果要表示一位学生的性别时，用整数 0 表示"女"，用整数 1 表示"男"，显然很不直观。为此，我们可以利用枚举类型数据，为表示性别的 0 和 1 赋予直观的符号。

9.4.1 枚举类型的概念

1. 枚举类型的声明

假如一个变量的取值只是有限的几种值，此时就可以把该变量定义为枚举类型。声明枚举类型的基本格式为：

  enum 枚举类型名 {枚举元素表列}；

其中枚举元素表列由有限多个枚举常量构成，各枚举常量之间以逗号隔开。例如，声明一个表示一周7天的枚举类型：

  enum weekdays {Sunday,Monday,Tuesday,Wednesday,Thursday,Friday,Saturday}；

其中，enum 为保留字，weekdays 为枚举类型名，而"enum weekdays"合在一起表示一个枚举类型。枚举类型是一种基本数据类型，而不是一种构造类型。

2. 枚举类型变量的定义

声明枚举类型之后，有三种方式可以定义枚举类型变量。

（1）先声明枚举类型，再定义枚举类型变量。例如：

  enum weekdays {Sunday,Monday,Tuesday,Wednesday,Thursday,Friday,Saturday}；
  enum weekdays workday;

（2）在声明枚举类型的同时定义枚举类型变量，例如：

  enum weekdays {Sunday,Monday,Tuesday,Wednesday,Thursday,Friday,Saturday}workday;

（3）直接定义枚举类型。例如：

  enum {Sunday,Monday,Tuesday,Wednesday,Thursday,Friday,Saturday}workday;

3. 枚举类型变量的使用

（1）枚举类型变量的初始化。在定义时和定义之后，都可以为这些变量赋枚举元素表列中的枚举常量值，例如：

  workday=Monday;

  weekend=Saturday;

（2）关于枚举类型及其变量有以下几点说明。

① 枚举元素是枚举常量。在枚举元素表列中，只能是用户自定义的标识符，每一个标识符均是枚举常量，而不能是数值常量或字符常量，也不是字符串。它们不是变量，不能对它们赋值。

② 枚举元素作为常量，它们是有整数值的。一般地，按定义时的顺序来确定它们的值，分别为 0，1，2，…例如，上面的例子中枚举元素 Sunday 的值为 0，Monday 的值为 1。如果执行以下代码：

  workday = Monday;
  printf("%d\n",workday);
  printf("%d\n",Monday);

将会输出两个 1。可见在声明上述枚举类型之后，枚举常量是作为整型常量来处理的。但也要注意，我们也可以在声明枚举类型时改变枚举常量的值，例如：

enum weekdays {Sunday=7,Monday=1,Tuesday,Wednesday,Thursday,Friday,Saturday};
如此声明之后，枚举常量 Sunday 的值为 7，Monday 的值为 1，其后的枚举常量值顺序加 1。

③ 枚举常量可以按定义时的顺序号做比较判断。

④ 虽然枚举常量在 C 程序中是作为整型常量来处理的，可以将枚举常量赋值给一个枚举变量，但是我们却不能直接将一个整数赋值给一个枚举变量。

例如，如果执行语句"workday = 1;"将会出现如下所示的枚举变量赋值错误提示：

`error C2440: '=' : cannot convert from 'const int' to 'enum weekdays'`

表示出现了一个错误编号为 C2440 的整型常量转换为枚举类型 enum weekdays 的转换错误。如果需要将一个整数赋值给枚举变量，可采用强制类型转换的形式来实现，例如：

workday = (enum weekdays)1;

⑤ 在同一个应用程序中的同一个作用域下，如果定义了两个不同的枚举类型，要求在这两个不同的枚举类型的枚举元素表列中不能出现同名的枚举常量，否则将会出现重名冲突。

9.4.2 枚举类型应用举例

下面将用一个简单例子来说明枚举类型的常见用法。

例 9-10 编写一个程序接收用户输入的月份，然后根据用户输入的月份输出该月份所属的季度名称。

思路分析：在本例中，使用了枚举类型的声明、枚举类型变量的定义和赋值、枚举类型变量与枚举类型元素的比较等。

本例的程序流程图如图 9.25 所示。

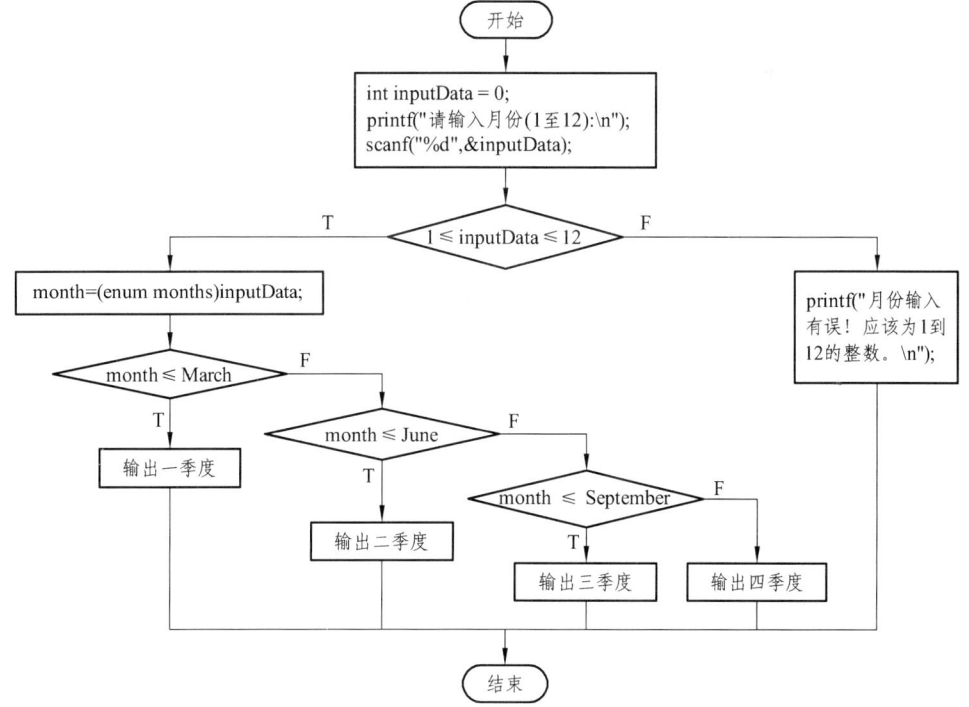

图 9.25 月份季度转换算法

程序代码如下：

```c
#include <stdio.h>
enum months{January=1,February,March,April,May,June,July,August,September,October,November,December};

int main(void)
{
    enum months month;
    int inputData = 0;
    printf("请输入月份（1 至 12):\n");
    scanf("%d",&inputData);
    if (inputData >= 1 && inputData <=12)
    {
        month = (enum months)inputData;
        if (month <= March)
            printf("所输入月份属于第一季度。\n");
        else if(month <= June)
            printf("所输入月份属于第二季度。\n");
        else if(month <= September)
            printf("所输入月份属于第三季度。\n");
        else
            printf("所输入月份属于第四季度。\n");
    }
    else
    {
        printf("月份输入有误！应该为 1 到 12 的整数。\n");
    }
    return 0;
}
```

程序运行结果如图 9.26 所示。

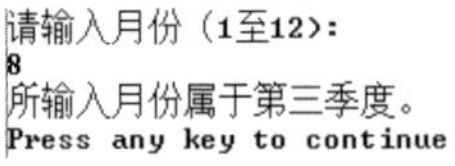

```
请输入月份（1至12）：
8
所输入月份属于第三季度。
Press any key to continue
```

图 9.26　月季度转换结果图

【操作小结】

（1）本单元的主要内容是组合数据类型的定义和操作，包括结构体类型的声明和结构体类型变量的定义、引用，以及结构体数组和结构体指针变量的定义和使用；使用结构体指针处理链表；枚举类型及应用。

（2）链表是常见的数据结构，单链表的动态建立、查询、删除以及插入既是基本操作，又是重点和难点内容。在这些操作中整合了前面的结构体类型、指针的定义和使用，并且还涉及了一些简单的算法。比如排序算法、删除结点的算法、插入结点算法等。要掌握好这些基本的操作，就必须充分理解指针变量在各种场合下的作用和用法，比如作为形式参数时的作用是传地址，在指向一个结构体变量时可以访问该变量的成员等。

（3）有时也需要几种不同类型的变量共占（覆盖）同一段内存单元的结构，这就是共用体类型，其类型声明和变量定义，与结构体类型的方式基本相同，本质差别在于内存的使用方式上。

共用体类型声明的一般形式为：
  union 共用体名
    {成员表列}；

（4）C语言除了提供标准数据类型、构造数据类型外，还允许用户用 typedef 关键字声明新的数据类型名代替已有的数据类型名。因为有些数据类型名形式不太适应人们的习惯；有些数据类型名形式又比较复杂，难以理解，容易写错。C 语言允许程序设计者用一个简单的名字去代替复杂形式的类型名。使用关键字 typedef 就可以使用户自定义新的数据类型名，这样有利于增强程序的可读性、通用性和移植性。

新数据类型名声明的一般形式为：
  typedef 原类型名 新类型名

限于篇幅，本书没有安排共用体数据类型和使用关键字 typedef 声明新类型名的内容，读者可参考相关文献。

【课外习题】

一、问答题

1. 结构体类型变量与数组变量有何异同？
2. 能否将结构体数组的变量名直接赋值给指向结构体数组的指针变量？为什么？
3. 单链表中各结点在内存中是否是依次连续存放的呢？

二、单选题

1. 下列程序的输出结果是_____。

```
struct TT
{
    int n1;
    char n2;
    float n3;
    int u1[2];
    char u2[2];
};

int main(void)
{
```

```
        printf ( "%d\n", sizeof ( struct TT ));
        return 0;
}
```
A）13   B）12   C）7   D）9

2. 下列程序的输出结果是_____。
```
struct LH
{
int n;
struct LH *m;
}p[4];

int main(void)
{
    int i;
    for ( i = 0 ; i < 3; i++ )
    {
        p[i].n = i;
        p[i].m = &p[i+1];
    }
    p[i].m = p;
    printf ( "%d,%d\n", ( p[1].m ) ->n, p[3].m->n ) ;
    return 0;
}
```
A）1,2   B）1,3   C）2,0   D）程序出错

3. 下列程序的输出结果是_____。
```
struct ST
{
    int x;
    int *y;
}
*p;
int dt[4]={10,20,30,40};
struct ST aa[4]={50, &dt[0], 60, &dt[1], 70, &dt[2], 80, &dt[3]};

int main(void)
{
    p = aa;
    printf ( "%d", ++p->x ) ;
    printf ( "%d", ( ++p ) ->x ) ;
```

```
        printf("%d", ++(*p->y));
        return 0;
    }
```
A）10 20 20　　　　　B）50 60 21　　　　C）51 60 21　　　　D）60 70 31

三、判断题

判断以下各说法是否正确。

1. 结构体类型数组的各元素在内存中靠每个结构体类型元素中的地址域而链接起来。（　　）

2. 假设有如下图所示的单链表：

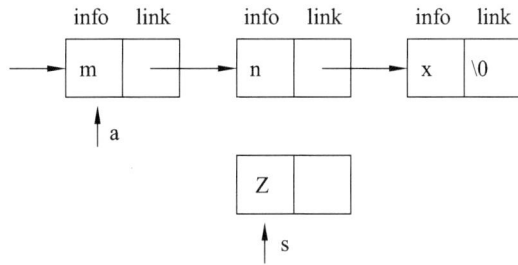

则以下三组语句是等效的。（　　）

　　第一组：s->link=a->link->link；a->link->link=s；

　　第二组：a=a->link；s->link= a->link；a->link=s；

　　第三组：s->link= a->link->link；a=(*a).link；(*a).link =s；

3. 第 2 题中的三组语句都是将指针 s 所指结点插入单链表的尾部。（　　）

四、填空题

1. 设有以下说明语句：

struct stu

{

int a ;

float b ;

}stutype ;

则结构体类型的关键字是_____；用户定义的结构体类型是_____；用户定义的结构体类型名是_____；结构体成员名有_____。

2. 若已建立如图所示的单向链表：

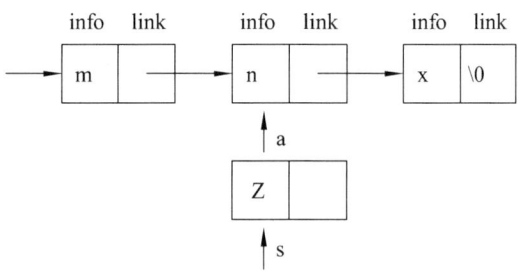

则通过语句序列：_____能将 s 所指的结点插入链

表尾部，构成新的单向链表。

五、编程题

1. 声明一个结构体类型 struct student，用于表示学生实体，其中应该包含学号、姓名、班级、联系电话和入学成绩。

2. 编写一个函数，可以实现接收用户输入信息，然后用输入内容对上一题中的结构体类型 struct student 的变量的各成员进行赋值，并以结构体变量名和指向结构体的指针变量两种方式输出学生的学号、姓名、班级、联系电话和入学成绩。

3. 定义一个元素类型为第 1 题中声明的结构体类型的结构体数组，在其中存放 5 位同学的相关信息，然后编写一个函数用于输出此数组中的所有学生信息。

4. 动态建立一个链表，每个结点中存放学生的学号、姓名、班级、联系电话和入学成绩。要求能输出所有学生的信息。

5. 对第 4 题中建立的学生链表实现以下操作：输入一个学生学号，然后在链表中找到该学号对应的结点，并在输出该学生信息后删除该结点。

10 C 语言文件操作

【能力训练】

简单趣味程序演示：验证哥德巴赫猜想

验证：2 000 以内的正偶数都能够分解为两个素数之和（即验证哥德巴赫猜想对 2 000 以内的正偶数成立）。

趣味程序演示代码见本课程 PPT。

任务 10　学会 C 语言文件操作的基本方法

一、任务要求

1. 知识要求

（1）熟悉文件、缓冲文件以及文件指针的基本概念。
（2）掌握缓冲文件的打开、关闭、读、写函数的正确使用方法。
（3）掌握 C 语言文件操作的基本步骤和相应程序编写的基本规律。

2. 技能要求

具备对 C 语言文件操作函数的基本使用和编写相应程序的能力。

3. 考核标准

通过 C 语言集成环境和 DOS 环境，能够理解文件、缓冲文件及文件指针的概念。能够熟练使用缓冲文件的打开、关闭、读、写等相关函数，完成相应程序的编写操作。会修改、调试源程序并记录出错情况和运行结果。会撰写质量高的技能训练总结报告。

4. 素质要求

在 C 语言文件操作讲解过程中，提出文件操作的复杂性，拓展学生的思维结构，引导学生了解中国领先的量子通信技术，增强学生的民族自豪感，提升文化自信，并激发学生的创新意识。

二、训练内容

（1）在 C 语言集成环境下，录入本章必备知识部分例题中的程序调试运行，进一步学会缓冲文件的打开、关闭、读、写等相关函数的操作方法,利用它们进行应用编程和解决实际问题的方法。

(2)将一个磁盘文件中的信息复制到另一个磁盘文件中。

思路分析:利用字符读写函数构成的语句"fputc(fgetc(in),out);"复制磁盘文件。先在 C 盘根目录下建立 file1.txt 和 file1.txt 的空白文件,先在 file1.txt 中录入字符如"computer and c"并保存。然后再在 C 编译环境下运行下面的程序,按提示先输入原有磁盘文件名 c:file1.c 后回车,再输入新复制的磁盘文件名 c:file2.c 后回车,程序运行结果就将 file1.c 文件中的内容复制到 file2.c 中去。程序运行结束后进入 DOS 状态,在 C 盘根目录下再用 type 命令打开 file1.txt 和 file2.c 文件,或在 Windows 状态用记事本也可打开这两个文件,可将其内容再显示出来验证比较。参考程序如下:

```
#include <stdio.h>
int main()
{
    FILE*in,*out ;      //  定义文件指针
    char ch,infile[10],outfile[10];
    printf("Enter the infile name:\n");
    scanf("%s",infile);
    printf("Enter the outfile name:\n");
    scanf("%s",outfile);

    if((in=fopen(infile,"r"))==NULL)
    { //   判断文件是否正确读操作
        printf("Cannot open infile\n");
        exit(0);
    }

    if((out=fopen(outfile,"w"))==NULL)
    { //   判断文件是否正确写操作
        printf("Cannot open outfile\n");
        exit(0);
    }

    //判断文件是否结束,如果不结束,则读文件 in 的内容写入文件 out 中
    while(!feof(in))
        fputc(fgetc(in),out);
    fclose(in);      //关闭文件
    fclose(out);
    return 0;
}
```

程序运行情况如下:

Enter the infile name:

file1.c↙　　　（输入原有磁盘文件名）
Enter the outfile name:
file2.c↙　　　（输入新复制的磁盘文件名）
程序运行结果是将 file1.c 文件中的内容复制到 file2.c 中去。可以用下面命令验证：
c:\>type file1.c
computer and c　　　（file1.c 中的信息）
c:\>type file2.c
computer and c　　　（file2.c 中的信息）

（3）以上程序是按文本文件方式处理的。也可以用此程序来复制一个二进制文件，只需将两个 fopen 函数中的"r"和"w"分别改为"rb"和"wb"即可。

（4）将一个磁盘文件中的信息复制连接到另一个磁盘文件信息的后面。

分析以上各程序的算法，用框图表示出来，解释产生该结果现象的相关知识点及实现语句。

【必备知识】

阶段性子系统（子程序）引例：
学生成绩管理系统中数据文件的长期保存

每次运行程序都需要输入或输出大量的数据，如果用以前学过的输入或输出方法就很不方便。常用的最好方法就是利用文件操作函数设计对数据文件进行输入或输出操作与处理的实用程序，即用数据文件实现数据的长期保存与反复使用。通过手工录入大量学生信息，可在磁盘中以数据文件的形式长期保存；也可以导入某个路径下原来存放的学生信息数据文件。在学生成绩管理系统引例中，将录入的学生信息保存于 D 盘 student.txt 文件，可供程序随时进行调用、显示、排序、统计、查询、修改、增删等加工操作，如图 10.1 所示。

程序运行代码见本课程 PPT。

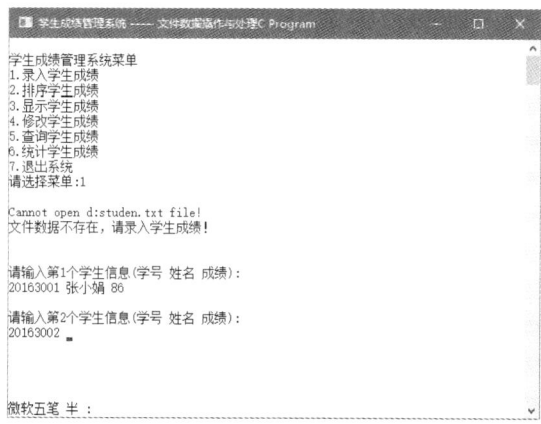

图 10.1　数据文件的长期保存

10.1 C 语言文件概述

10.1.1 C 语言文件及其分类

变量和数组中的数据是临时的。这些数据在程序运行结束后会消失，而文件可以用来永久地保存大量的数据。如果有些数据需要反复使用或永久保存，就应该考虑使用文件来完成。

许多实用 C 程序都包含文件操作处理，通常将大量的数据长期保存在磁盘文件中，在运行应用程序时，再从外存调入内存，程序对这些数据进行检查、分析、修改和其他处理，再保存到磁盘文件上。

文件是指存放在外部存储器上的数据的集合。操作系统对外部介质中的数据是以文件形式进行管理的。实际上，一个应用程序在运行过程中常常要从文件中读取信息，并将运行结果存储到文件中。

从不同的角度可对文件作不同的分类，从用户的角度看，文件可以分为普通文件和设备文件两种。普通文件是指存储在磁盘或其他外部介质上的有序数据集，其中对源文件、目标文件、可执行文件称为程序文件，对专门用于输入/输出数据的文件称为数据文件，本单元主要讨论的就是这种文件。设备文件是指与主机相连的各种外部设备，操作系统把外部设备也看成是一个文件来管理。键盘是标准输入文件，显示器是标准输出文件，它们都是设备文件。

C 语言中的文件是一种无结构的流式文件，特点是不分记录和块，将文件视为信息流，即整个文件就是一串字符流（字符序列）或二进制流（字节序列），其输入/输出的数据流的开始和结束仅受程序控制而不受物理符号（如回车、换行符）的控制，增加了程序中具体读写位置受控处理的灵活性。C 语言文件根据数据的组织形式，可分为 ASCII 文件（文本文件）和二进制文件。内存中数据存储均为二进制形式，而外存中数据存储可为 ASCII 码形式或二进制形式。磁盘中的 ASCII 文件数据以字符为单位存储，按字符的 ASCII 码值格式一个字节存放一个字符，这种形式便于字符的输入/输出处理，但占用的外存空间较多，且要花费内、外存储形式的转换时间。磁盘中的二进制文件数据以字节为单位存储，按数据在内存中的存储形式原样输出到磁盘上存放，优点是可以节省外存储空间和内、外存储形式的转换时间，但又不能直接输出字符形式。

根据 C 语言编译系统提供的文件处理方法，磁盘文件有缓冲文件系统和非缓冲文件系统。对于缓冲文件系统，由系统自动在内存区为正在使用的文件开辟一个缓冲区，一般为 512 字节。对非缓冲文件系统，依赖于操作系统对文件进行读写，系统则不自动在内存区开辟确定大小的缓冲区，而由程序为每个文件设定文件缓冲区。ANSI C 标准规定采用缓冲文件系统。

C 语言文件按其操作方式可分为一般文件和标准文件。一般文件属于普通文件，多指数据文件。标准文件属于设备文件，标准文件只有三个：标准输入文件（键盘），标准输出文件（显示器），标准出错信息文件，并规定出错信息显示在屏幕上。这三个文件的文件指针分别为 stdin，stdout，stderr。

本单元主要讨论缓冲型一般数据文件的操作方法。

10.1.2 C语言文件的操作步骤

由于标准文件和一般文件的特点不同,具体操作步骤也有些差异。在对一般文件的操作时,需要严格依次进行文件的打开、读写、关闭三个步骤。这样可以有效保护数据,防止数据意外丢失。

1. 标准文件的操作步骤

在 C 语言中,没有输入/输出语句,对标准文件的读写都是用库函数来实现的。ANSI C 规定了标准输入/输出函数,用它们对标准文件进行读写。使用这些库函数时,只要先包含 stdio.h 即可。

标准文件的特点是这类文件使用前不必打开,使用后不必关闭;因为系统将它在启动系统时自动打开,在退出系统时自动关闭,并且自动为这三个标准文件分配缓冲区,指定文件指针。因此,使用标准文件十分方便,这也是在前面所讲述的内容中没有涉及文件打开和关闭操作的原因。到现在为止,所使用的读写函数(即输入/输出函数)都是针对标准文件的,而对于一般文件(即非标准文件)的操作将在后面作重点阐述。

在 C 语言中,针对标准文件的操作,提供了如下多种大家用得比较熟悉的读写函数(即输入/输出函数):

字符读写函数:getchar 和 putchar

字符串读写函数:gets 和 puts(注:C11 中推荐用新的函数 gets_s()替代 gets(),详见 6.3.3)

格式化读写函数: scanf 和 printf

需要注意的是,使用 getchar 和 scanf 函数时,应该尽量避免缓冲区中剩余字符对下次输入造成的影响。

2. 一般文件的操作步骤

一般文件是指除了上述的标准文件以外的文件,包括设备文件和磁盘文件,通常特指保存于磁盘上的缓冲型数据文件。

一般文件的特点是操作前需要先打开文件,操作后要及时关闭文件。打开文件和关闭文件由专门的函数来实现。

执行打开文件函数打开文件的操作,就是在内存中建立文件的缓冲区。如果打开文件成功,则内存建立了一个缓冲区,这时打开文件函数将返回一个地址值,将它赋给一个已经定义的文件指针,让它指向该文件。如果打开文件失败,则内存中不建立缓冲区,这时打开文件函数返回 NULL。一旦文件被打开后,便可以对该文件进行读或写操作。对于一般文件来讲,打开文件是进行读写操作的前提。

打开的文件操作完成后,要及时关闭文件,关闭文件由专门的关闭文件函数来实现。及时关闭文件可以及时释放所占用的内存空间,还可以保证文件内容的安全。关闭文件是将文件从内存中清除,送回到磁盘中。因此,不要把关闭文件看成是删除文件,应该养成及时关闭不用文件的好习惯。

在 C 语言中提供了多种针对缓冲型一般数据文件操作的读写函数:

字符读写函数 : fgetc 和 fputc

字符串读写函数：fgets 和 fputs
数据块读写函数：fread 和 fwrite
格式化读写函数：fscanf 和 fprintf

这些函数的格式、功能和使用方法将在后面陆续重点讨论。

10.1.3　C 语言文件的操作控制

在文件操作中，一个很重要的问题就是对文件和内容的定位操作控制，这里主要依靠文件指针与读写指针。区别、理解和掌握这两种不同的指针对文件操作是很重要的。

1. 文件指针

在 C 语言中，对一般文件的操作都要定义一个文件类型指针指向该文件，以便于通过它对所指的文件进行各种相关操作，这个文件类型指针简称为文件指针。

文件指针是一种指向 C 文件的关联指针，用它来标识被打开的文件在内存中的位置。文件指针是一个地址值，该项地址是系统分配给打开文件的内存缓冲区的首地址，被打开的每一个文件都有一个唯一的地址值与该文件对应。当打开多个文件时，每个文件的文件指针是不会相同的。一个文件被打开后，其对应的文件指针在整个文件操作过程中保持不变，一直到文件被关闭，则文件指针被释放。下次再打开该文件时，系统又重新分配一块内存空间，所对应的文件指针一般不会与上次相同。

从前面可知，标准文件也有文件指针：stdin、stdout、stderr，只不过它们是系统自动指定的。

在对缓冲型一般数据文件的操作中，首先要用打开文件函数来打开一个文件，该函数将在打开文件成功时返回一个内存地址值，将该值赋值给对应程序段中已经定义的文件类型指针变量，于是在以后对该文件的操作中，都将使用该文件指针，所以文件指针是实现各种文件操作的重要参数。

每一个被使用的文件都要在内存中开辟一个区域，也叫文件信息区，用来存放有关文件描述的信息，包括文件名字、文件状态和文件当前位置等。这些信息被保存在一个结构体变量中，该结构体类型由系统自动声明，取名为 FILE，这是一个新的文件数据类型，是 ANSI C 编译系统提供的以数据文件为对象进行输入输出操作的 FILE 结构体类型，亦称文件 I/O 类型，它的声明被放在 stdio.h 头文件中。例如，有些 C 编译版本的 FILE 文件数据类型被声明如下：

```
typedef struct                  //声明一个新的结构体类型名
{
    short level;                //缓冲区"满"或"空"的程度
    unsigned filgs;             //文件状态标志
    int fd;                     //文件描述符
    unsigned char hold;         //如缓冲区无内容不读取字符
    unsigned bsize;             //缓冲区的大小
    unsigned char *buffer;      //数据缓冲区的位置
    unsigned char *corp;        //指针当前的指向
```

unsigned istemp;	//临时文件指示器
short token;	//用于有效性检查
}FILE;	//注意，FILE 是新结构体类型名，而不是结构体变量名

其中 FILE 应为大写，它是声明的新结构体类型名。对以上结构体中的成员及其含义可不深究，只需要知道其中存放文件的有关信息即可。声明了文件数据类型 FILE 之后，可以直接用它来定义若干个 FILE 数据类型的结构体变量的名字，以便存放若干个文件的信息。这些信息是在打开文件时由系统根据文件的情况自动放入的，用户不必过问。但一般不对 FILE 数据类型的结构体变量命名，也就是不通过 FILE 结构体变量的名字来引用这些结构体变量。在文件操作的编程中，一般定义一个指向 FILE 数据类型结构体变量的文件类型指针变量，直接指向文件信息区，并通过它引用这些 FILE 数据类型的结构体变量，这样使用起来更方便。如果有 n 个文件，应设 n 个指针变量。C 语言就是通过指向 FILE 数据类型结构体变量的文件指针管理文件 I/O 操作的。定义文件类型指针变量的一般形式为：

FILE *文件类型指针变量标识符；

例如：

FILE *fp;

fp=fopen（"abc.txt","r"）；

其中，fp 是一个指向 FILE 数据类型结构体变量的文件类型指针变量，其值是打开的文件缓冲区的首地址。给 fp 赋值，使它指向 abc.txt 文件。于是，fp 便是一个指向 abc.txt 的文件指针。这种指向内存缓冲区中文件信息区的开头的文件类型指针变量就称为文件指针变量。有了文件指针以后，对文件的操作（打开、读、写和关闭等）都使用文件指针，而不使用文件名。

2. 读写指针

为了便于理解，我们把指示文件读写位置的标记形象化地称为文件的"读写位置指针"，简称"读写指针"，但这是一种假想的指针，它和前面所讲的实际指针所表示的意思是完全不同的，请读者注意区分。

读写指针是表示当一个文件被打开后用来标识文件中当前读写位置的参数，它是文件中的读写位置标记的替代概念，它与文件指针是不同的。文件指针一旦被指向某个文件，它的值是不会改变的，直到该文件被关闭为止。而读写指针用来抽象地表示文件读写位置的位置标记，当某个文件被打开时，它指向文件头或文件尾（与打开方式有关）；在文件的操作过程中，读写指针随着对文件的读写操作而不断地改变或移动。也可以通过定位函数 fseek 来改变读写指针的位置，实现文件的随机存取操作。可见，读写指针与文件指针是两个完全不同的概念，在使用时应注意区分。

综上所述，文件指针是当前文件被打开之后一直指向该文件存放在内存缓冲区中的首地址，它不能被改变，直到被释放为止。而读写指针是在打开文件之后，系统自动为读写该文件时标识读写位置而设置的，它是随着读写操作的不断进行而不断改变的，它总是用来指出文件中当前的读写位置。文件指针是实际指针，读写指针是假想指针。

10.2 缓冲文件的打开与关闭

文件在进行读写操作之前要先打开，使用完毕要关闭。所谓打开文件，实际上是先在内存缓冲区中建立文件信息区，并同时建立文件指针与文件信息区之间的关联关系，使文件指针指向该文件，以便进行文件读写操作。关闭文件则是断开文件指针与文件之间的联系，也就是禁止再对该文件进行读写操作。

10.2.1 缓冲文件的打开

打开一个文件需用文件打开函数 fopen，其格式为：
  fopen（文件名，操作方式）；
功能：用来按照指定的方式打开一个文件，即对被打开的文件在内存中建立一个文件缓冲区。正常完成打开文件操作时，fopen 函数返回一个文件指针，否则返回 NULL。

例如：FILE *fp;
    fp=fopen("exp10_1.dat","r");
它表示要打开文件名为 exp10_1.dat 的文件，操作方式为"读"。

fopen 函数的第一个参数是文件名，可包含驱动器及路径。第二个参数指明文件的操作方式。

文件操作方式共有 12 种，表 10.1 给出了它们的符号和意义。

表 10.1 文件的操作方式

文件操作方式	意　　义
"r"	以只读方式打开一个文件，指定的文件必须存在
"w"	以只写方式打开文件，如果指定的文件存在，则其中的内容将被删去，否则将新创建一个文件
"a"	以追加方式打开一个文件，即向文件尾追加数据。如果指定的文件不存在，则重新创建一个文件
"r+"	以读写方式打开一个文件，指定的文件必须存在
"w+"	以读写方式打开文件，如果指定的文件存在，则其中的内容将被刷新
"a+"	以读和追加方式打开一个文件。如果指定的文件不存在，则重新创建一个文件
"rb"	在上述六种操作方式后面附加字母"b"，则是以同样方式打开二进制文件，如： " rb "：以只读方式打开一个二进制文件 " ab "：以追加写方式打开一个二进制文件
"wb"	
"ab"	
"rb+"	
"wb+"	
"ab+"	

10.2.2 缓冲文件的关闭

关闭一个文件需用文件关闭函数 fclose，其格式为：
　　fclose（文件指针变量）；
例如：
　　fclose(fp)；
功能：关闭 fp 指向的文件，释放其文件缓冲区。正常完成关闭文件操作时，fclose 函数返回值为 0。如返回非零值则表示有错误发生。

及时关闭不使用的文件，有以下好处：

（1）避免丢失数据。如果不执行 fclose 函数，将有可能丢失暂时存放在文件缓冲区中的数据，因此，在文件操作完成后，需要执行 fclose 函数，以便由 fclose 函数将文件缓冲区中的数据写入磁盘。

（2）可充分利用资源。由于每个系统允许打开的文件是有限制的，一般系统允许同时打开 20 个文件，因此及时关闭不使用的文件，可充分利用内存空间。

10.3　缓冲文件的读写操作

文件打开之后，常用读写函数对它进行读写（访问）操作。读写方式有顺序读写和随机读写两种方式，顺序读写是文件读写数据的顺序和数据在文件中的物理顺序一致，访问效率低。随机读写不是按照数据在文件中的物理位置次序进行读写，而是可以对任何位置上的数据进行读写，访问效率高。下面先讨论顺序读写方式，顺序读写是用库函数来实现的。

10.3.1　字符读写函数

写一个字符的函数 fputc，其格式为：
　　fputc(ch,fp)；
其中，ch 是字符变量，fp 是 FILE 类型文件指针变量。

功能：是将一个字符（ch 的值）输出到 fp 所指定的磁盘文件中，若成功就返回所写字符，否则返回 EOF。

读一个字符的函数 fgetc，其格式为：
　　fgetc(fp)；
其中，fp 是 FILE 类型文件指针变量。

功能：从 fp 所指定的磁盘文件中，返回读入的字符，如果出错或读到文件结束符时返回 EOF。

例 10-1　从键盘输入一些字符，逐个把它们送到磁盘上，直到输入一个"#"为止，同时在屏幕上显示这些字符，以便核对。

思路分析：本例利用写一个字符函数 fputc 将输入字符保存到指定的磁盘文件。先在 C 盘根目录下建立一个 file1.txt 的空白文件，然后再在 C 编译环境下运行下面的程序，从键盘输入文件名"file1.txt"后回车,程序便打开 file1.txt 文件。从键盘输入内容"This is a computer.#"回车,用"fputc(ch,fp);"语句,循环将字符(ch 的值)输出到 fp 所指定的磁盘文件中保存,同时在屏幕上显示这些字符,以便核对。结束运行的程序,然后进入 DOS 状态,在 C 盘根目录下再用 type 命令打开 file1.txt 文件,或在 Windaws 状态用记事本也可打开该文件,可将其内容再显示出来。

```c
#include <stdio.h>
int main()
{
    FILE *fp;
    char ch,filename[10];
    scanf("%s",filename);
    if((fp=fopen(filename,"w"))==NULL)
    {
        printf("Cannot open file.\n");
        exit(0);
    }
    ch=getchar();
    while(ch!='#')
    {
        fputc(ch,fp);
        putchar(ch);
        ch=getchar();
    }
    fclose(fp);
    return 0;
}
```

首先在 C 盘根目录下建立一个 file1.txt 的空白文件。

在 C 编译环境下编译并运行以上的程序,从键盘上做如下操作:

c:\file.txt↙

Cannot open file.

c:\file1.txt(或 c:file1.txt)↙

This is a computer.# ↙

This is a computer.

再进入 DOS 状态:

c:\>type file1.txt↙

This is a computer.

例 10-2 读一个文件的内容,输出到显示器上。

思路分析:本例通过命令行传递实参 file1.txt 到主函数形参 argv 中。打开例 10-1 保存在 C 盘根目录下的文件 file1.txt,再用读一个字符函数 fgetc 去循环读出其中的内容,输出到显示器上。操作时，先在 C 编译环境下编译下面的程序为可执行文件 file2.exe，并保存在 C 盘根目录下。然后进入 DOS 状态，在 C 盘根目录下输入"file2 file1.txt"后回车，则 file1.txt 中的内容被读出并输出到显示器上。

```c
#include <stdio.h>
int main(int argc,char *argv[])     /*通过主函数形参，传递命令行实参*/
{
    FILE *fp;
    char ch;
    if(argc!=2)
    {
        printf("You forgot to enter a programname or filename.\n");
        exit(0);
    }
    if((fp=fopen(argv[1],"r"))==NULL)    /*打开文件*/
    {
        printf("Can't open filename:%s.\n",argv[1]);
        exit(0);
    }
    while((ch=fgetc(fp))!=EOF)        /*读一个字符*/
        fputc(ch,stdout);             /*输出到屏幕;*/
    fclose(fp);
    return 0;
}
```

程序运行结果：

在 C 编译环境下编译以上程序为可执行文件 file2.exe，并保存在 C 盘根目录下。

进入 DOS 状态：

c:\> file2↙

You forgot to enter a programname or filename.

c:\> file2   file.txt↙

Can't open filename file.txt

c:\> file2   file1.txt↙

This is a computer.

10.3.2 数据块读写函数

读数据块函数 fread，其格式为：
    fread(ptr,size,count,fp);
写数据块函数 fwrite，其格式为：
    fwrite(ptr,size,count,fp);

以上数据块读写函数中,ptr 是一个指针,其中,在 fread 函数中,它表示存放输入数据的首地址;在 fwrite 函数中,它表示存放输出数据的首地址;size 表示数据块的字节数;count 表示要读写的数据块块数;fp 表示文件指针。

例如:

fread(fa,4,5,fp);

其意义是从 fp 所指的文件中,每次读 4 个字节(一个实数)送入实数组 fa 中,连续读 5 次,即读 5 个实数到 fa 中。

例 10-3 从键盘输入 4 个学生的有关数据并将它们转存到磁盘文件 students.txt 中,然后再从磁盘文件 students.txt 将其读入内存显示出来。

思路分析:先在 C 盘根目录下建立一个 students.txt 的空白文件。本例利用写数据块函数 fwrite 和读数据块函数 fread 对批量数据进行读写处理。运行程序后,循环从键盘输入 4 个学生的有关数据并用 fwrite 函数将它们转存到磁盘文件 students.txt 中,然后再循环从磁盘文件 students.txt 用 fread 函数将其读入内存并显示出来。

例中采用二进制读"rb",写"wb"的文件打开方式,没有二进制和 ASCII 码的转换。

```c
#include <stdio.h>
#define N 4
struct student
{
    char name[10];
    int age;
    int sex;
    char addr[20];
}stu[N];

void save()
{
    FILE *fp;
    int i;
    if((fp=fopen("c:students.txt","wb"))==NULL)
    {
        printf("Cannot open c:students.txt file!\n");
        return;
    }
    for(i=0;i<N;i++)
        fwrite(&stu[i],sizeof(struct student),1,fp);
    fclose(fp);
}

void load()
```

```c
{
    FILE *fp;
    int i;
    struct student stu[N];
    if((fp=fopen("c:students.txt","rb"))==NULL)
    {
        printf("Cannot open c:students.txt file!\n");
        return;
    }
    for(i=0;i<N;i++)
    {
        fread(&stu[i],sizeof(struct student),1,fp);
    printf("%s,%d,%d,%s\n",stu[i].name,stu[i].age,stu[i].sex,stu[i].addr);
    }
    fclose(fp);
}

int main()
{
    int i;
    printf("Enter students data: name age sex addr\n");
    for(i=0;i<N;i++)
    {
        scanf("%s%d%d%s",stu[i].name,&stu[i].age,&stu[i].sex,stu[i].addr);
    }
    printf("\nWriting to file.\n");
    save();
    printf("\nReading from file.\n");
    printf("Output students data: name,age,sex,addr\n");
    load();
    return 0;
}
```
程序运行结果：

Enter students data: name age sex addr
Wang 17 1 Beijing（注意：从键盘输入每个学生的有关数据时，要用系统默认的分隔符：空格、Enter 键、Tab 键，不要用","分隔，否则在读出并显示时要出错！）
Zhang 19 0 Shanghai
Xu 18 0 Wuhan
Liang 18 0 Guangzhou

Writing to file.

Reading from file.
Output students data: name,age,sex,addr
Wang,17,1,Beijing
Zhang,19,0,Shanghai
Xu,18,0,Wuhan
Liang,18,0,Guangzhou

注意：

（1）scanf 语句的格式控制字符串为"%s%d%d%s"，执行 scanf 语句："scanf("%s%d%d%s",stu[i].name,&stu[i].age,&stu[i].sex,stu[i].addr);"，从键盘输入每个学生的有关数据时，要用系统默认的分隔符：空格、Enter 键、Tab 键，不要用"，"分隔，否则在读出并显示时要出错。

（2）尽管在 scanf 语句的格式控制字符串中加入"，"，即为"%s,%d,%d,%s"，在读出并显示时也要出错。

例如，执行 scanf 语句："scanf("%s,%d,%d,%s",stu[i].name,&stu[i].age,&stu[i].sex,stu[i].addr);"，从键盘输入每个学生的有关数据时，则用"，"分隔，在读出并显示时也要出错。

Enter students data: name age sex addr
Wang,17,1,Beijing（注意：这里从键盘输入每个学生的有关数据时，则用"，"分隔）

Zhang,19,0,Shanghai
Xu,18,0,Wuhan
Liang,18,0,Guangzhou

Writing to file.

Reading from file.
Output students data: name,age,sex,addr
Wang,17,1,Beijing,1852402281,103,（注意：在读出并显示时也要出错！）
Zhang,19,0,Shanghai,1735287144,6906216,
Xu,18,0,Wuhan,110,0,
Liang,18,0,Guangzhou,1735287157,1970235489,

10.3.3 格式化读写函数

fscanf 函数和 fprintf 函数与前面使用的 scanf 和 printf 函数的功能相似，都是格式化读写函数。两者的区别在于 fscanf 函数和 fprintf 函数的读写对象不是键盘和显示器，而是磁盘文件。

这两个函数的调用格式为：

fscanf(文件指针,格式字符串,输入表列);

fprintf(文件指针,格式字符串,输出表列);

例如:

fscanf(fp,"%d%s",&i,s);

fprintf(fp,"%d%c",j,ch);

例 10-4 有一数据文件 data.txt,要求编程序将文件中的姓名、出生日期等数据读出并显示在屏幕上。

思路分析:先在 C 盘根目录下建立一个 data.txt 的文件,输入并保存一部分人的姓名和出生日期,格式为 name month/day/year。如:

Zhangling 12/01/1991

Wangxiaoying 02/18/1992

运行程序后,用读函数 fscanf 将其从 data.txt 文件中以 ASCII 码数据读入内存并显示出来。

```
#include <stdio.h>
int main()
{
    FILE *fp;
    char name[20];
    int day,month,year;
    if((fp=fopen("data.txt","r"))==NULL)
    {
        printf("Can not open the file!\n");
        exit(0);
    }
    while(!feof(fp))
    {
        fscanf(fp,"%s%d/%d/%d",name,&month,&day,&year);
        printf("\n%-15s%2d/%2d/%4d\n",name,month,day,year);    }
    fclose(fp);
    return 0;
}
```

程序运行结果为:

Zhangling   12/ 1/1991

Wangxiaoying   2/18/1992

10.3.4 字符串读写函数

用 fgets 和 fputs 函数可以处理文件中字符串的输入/输出。

1. 字符串输入函数

字符串输入函数 fgets,其格式为:

fgets(str,n,fp);

其中，str 为字符数组或字符指针，fp 是 FILE 类型文件指针变量。

功能：从由 fp 所指向的文件(以读方式打开)中读取字符串，并放到字符指针 str 所指向的存储区域中，当读了（n–1）个字符或遇到换行符时，读操作结束，字符串读入后自动加一个字符串结束符'\0'。

2. 字符串输出函数

字符串输出函数 fputs，其格式为：

fputs(str,fp);

其中，str 为字符数组或字符指针，fp 是 FILE 文件类型指针变量。

功能：将字符串 str 复制到由 fp 指向的文件中(以写的方式打开)。

10.4 缓冲文件的定位

指示文件中读写位置的定位标记简称为"读写指针"。在缓冲文件的操作中，顺序读写时位置指针自动移动；如果想随机读写，则要用有关函数强制改变读写指针的指向位置。

10.4.1 文件开头定位函数

文件开头定位用 rewind 函数，其格式为：

rewind(fp);

其中，fp 为文件指针。

功能：使文件的读写指针移动到文件的开头，该函数没有返回值。

10.4.2 文件随机读写定位函数

前面介绍的对文件的读写方式都是顺序读写，即读写文件只能从头开始，顺序读写各个数据，但在实际问题中常要求只读写文件中某一指定的部分。为了解决这个问题，可移动文件内部的位置指针到需要读写的位置，再进行读写，这种读写方式称为随机读写。

实现随机读写的关键是要按要求移动读写位置指针，这称为文件内容读写点（位置标记）的定位。用 fseek 函数可以完成这一要求，其函数格式如下：

fseek(文件类型指针,偏移量,起始位置);

功能：将文件的读写指针移动到指定的位置。若调用成功则返回值为零，若位置寻找时出错(例如偏移量超出了文件中字节的个数)，则返回值为非零。

"偏移量"是长整型表达式，在其数字后用 L(long 型)表示，指以"起始位置"为基点，偏移起始位置的字节数。"偏移量"的值可取正数、0、负数，分别表示向前（文件尾方向）、不动、向后（文件头方向）三种移动方向。

"起始位置"表示从何处开始计算偏移量，规定的起始点有三种：文件首、当前位置和文件尾。其表示方法见表 10.2。

表 10.2 起始位置表示方法

起始点	表示符号	数字表示
文件首	SEEK—SET	0
当前位置	SEEK—CUR	1
文件末尾	SEEK—END	2

在移动位置指针之后，即可用前面介绍的任一种读写函数进行读写。因为一般是读写一个数据块，所以常用 fread 和 fwrite 函数。例如：

fseek(fp,5L*sizeof(float),SEEK_SET); /*表示将读写指针设置到 float 数据块的 5 点处*/
fseek(fp,0L*sizeof(float),0); /*表示将读写指针设置到 float 数据块的 0 点处*/

10.4.3 返回文件指针当前读写位置函数

返回文件指针的当前读写位置用 ftell 函数，其格式为：

ftell(fp);

功能：返回文件指针的当前读写位置。若调用成功，则返回文件指针的当前位置，其值为从文件开头起的偏移量；否则，返回-1L(注意:-1L 代表长整数-1)。

例 10-5 编程序，要求从文件 file3.dat 中读取从 65 到 68 的 4 个数。

思路分析：先在 C 盘根目录下建立一个 file3.dat 的空白文件。运行程序后，用 fwrite 函数输入从 61 到 70 的所有整数（用空格分隔），并保存为二进制文件。以文件随机定位函数 fseek 做读写指针定位，再用 fread 函数从 file3.dat 文件中将 65 到 69 的 4 个数据读入内存并显示出来。实现本例要求的程序代码如下：

```
#include <stdio.h>
#define N 10
float num[N];

void save()
{
    FILE *fp;
    int i;
    if((fp=fopen("c:file3.dat","wb"))==NULL)
    {
        printf("Cannot open c:file3.dat file!\n");
        return;
    }
    for(i=0;i<N;i++)
        fwrite(&num[i],sizeof(float),1,fp);
```

```c
        fclose(fp);
}

void load()
{
    FILE *fp;
    int i,n;
    if((fp=fopen("c:file3.dat","rb"))==NULL)
    {
        printf("Can not open the file!\n");
        return;
    }
    fseek(fp,5L*sizeof(float),SEEK_SET);      /*设置读写指针*/
    n=fread(&num,sizeof(float),4,fp);          /*读入 4 个浮点数*/
    printf("The read number is %d:\n",n);      /*打印读入项数*/
    for(i=0;i<n;i++)
        printf("%f\t",num[i]);                 /*打印 num[i]内容*/
    fclose(fp);
}

int main()
{
    int i;
    printf("Enter data: \n");
    for(i=0;i<N;i++)
    {
        scanf("%f",&num[i]);
    }
    printf("\nWriting to file.\n");
    save();
    printf("\nReading from file.\n");
    printf("Output data:\n");
    load();
    return 0;
}
```

程序运行结果：

Enter data:
61 62 63 64 56 66 67 68 69 70
Writing to file.

Reading from file.
Output data:
The read number is 4:
66.000000　　　　　67.000000　　　　　68.000000　　　　　69.000000

必须要注意，二进制文件的读写是按数据块的长度来处理的。在 file3.dat 中建立数据块时，一定要以"wb"的方式保存为二进制文件，再以"rb"方式读出来。如果保存为文本文件，由于数据块中存在"空格"等分隔符，读数据时就要产生错误。在 file3.dat 中已经创建好了数据块的情况下，使用下面的程序就可以随机读出其中的数据了。例如，要读 61 到 63 的 3 个数据的程序如下。如果想要读出其中的奇数项或偶数项，请读者自行修改程序。

```c
#include <stdio.h>
#define N 10
float num[N];
int main()
{
    FILE *fp;
    int i,n;
    if((fp=fopen("c:file3.dat","rb"))==NULL)
    {
        printf("Can not open the file!\n");
        return;
    }
    fseek(fp,0L*sizeof(float),0);           /*设置读写指针*/
    n=fread(&num,sizeof(float),3,fp);       /*读入 3 个浮点数*/
    printf("The read number is %d:\n",n);   /*打印读入项数*/
    for(i=0;i<n;i++)
        printf("%f\t",num[i]);              /*打印 num[i]内容*/
    fclose(fp);
    return 0;
}
```

程序运行结果：
The read number is 3:
61.000000　　　　　62.000000　　　　　63.000000

10.4.4　缓冲文件出错的检测

C 语言中常用的文件检测函数有以下几个。

1. 文件结束检测函数

文件结束检测函数 feof，其格式为：

feof(文件指针);

功能：判断文件是否处于文件结束位置，如文件结束，则返回值为 1，否则为 0。

2. 读写文件出错检测函数

读写文件出错检测函数 ferror，其格式为：

ferror(文件指针);

功能：检查文件在用各种输入输出函数进行读写时是否出错。如 ferror 函数返回值为 0，表示未出错，否则表示有错。

3. 文件出错标志和文件结束标志置 0 函数

文件出错标志和文件结束标志置 0 函数 clearerr，其格式为：

clearerr(文件指针);

功能：本函数用于清除出错标志和文件结束标志，使它们为 0 值。

10.5　C 语言文件操作应用实例

文件的内容是很重要的，许多可供实际使用的 C 程序都包含文件处理。本单元只介绍最基本的概念。由于篇幅所限，不可能列举更多复杂的文件使用操作例子，希望读者多在实践中去掌握。为了巩固提高，下面再介绍一个 C 语言文件操作的简单应用实例。

例 10-6　模拟一个学生成绩管理系统中的简单子模块。要求如下：从键盘输入学生相关数据，计算平均分数，并按平均分进行排序处理。

（1）有 5 个学生，每个学生有 3 门课的成绩，从键盘输入以上数据（包括学生号、姓名、三门课的成绩），计算出平均成绩，将原有数据和计算出的平均分数存放在磁盘文件 stud 中。

思路分析：运行程序后，从键盘输入学生相关数据并计算出平均分数，用 fwrite 函数保存在 C 盘根目录下的 stud.txt 文件中。再用 fread 函数从 stud.txt 文件中读入内存并显示出来。实现本部分要求的程序代码如下：

```c
#include<stdio.h>
struct student
{
    char num[10];
    char name[15];
    int score[3];
    float ave;
}stu[5];

int main()
{
    int i,j,sum;
```

```c
    FILE *fp;
    for(i=0;i<5;i++)
    {
        printf("\nInput score of student_%d:\n",i+1);
        printf("NO.: ");
        scanf("%s",stu[i].num);
        printf("name: ");
        scanf("%s",stu[i].name);
        sum=0;
        for(j=0;j<3;j++)
        {
            printf("score_%d: ",j+1);
            scanf("%d",&stu[i].score[j]);
            sum+=stu[i].score[j];
        }
        stu[i].ave=sum/3.0;
    }

    fp=fopen("c:\stud.txt","w");
    for(i=0;i<5;i++)
        if(fwrite(&stu[i],sizeof(struct student),1,fp)!=1)
            printf("File write error\n");
    fclose(fp);
    fp=fopen("c:\stud.txt","r");
    printf("Output score of student:\nNO.,name,   score_1,score_2,score_3,   score_ave\n");
    for(i=0;i<5;i++)
    {
        fread(&stu[i],sizeof(struct student),1,fp);

printf("%10s%15s%5d%5d%5d%8.2f\n",stu[i].num,stu[i].name,stu[i].score[0],stu[i].score[1],stu[i].score[2],stu[i].ave);
    }
    fclose(fp);
    return 0;
}
```

程序运行结果：

```
Input score of student_1:
NO.: 201101001
name: Huojiajie
```

score_1: 87
score_2: 91
score_3: 64
Input score of student_2:
NO.: 201101002
name: Wanghua
score_1: 76
score_2: 82
score_3: 94
Input score of student_3:
NO.: 201101003
name: Zhangxiaoli
score_1: 99
score_2: 82
score_3: 100
Input score of student_4:
NO.: 201101004
name: Tongyong
score_1: 85
score_2: 93
score_3: 66
Input score of student_5:
NO.: 201101005
name: Lifang
score_1: 99
score_2: 72
score_3: 87
Output score of student:
NO.,name,score_1,score_2,score_3,score_ave

201101001	Huojiajie	87	91	64	80.67
201101002	Wanghua	76	82	94	84.00
201101003	Zhangxiaoli	99	82	100	93.67
201101004	Tongyong	85	93	66	81.33
201101005	Lifang	99	72	87	86.00

（2）将上述文件 stud 中的学生数据按平均分进行排序处理，并将已排序的学生数据存入一个新文件 stu_sort 中。

思路分析：运行程序后，用 fread 函数从 stud.txt 文件中将学生数据读入内存并显示出来。再按平均分进行排序处理后用 fwrite 函数保存在 C 盘根目录下的新文件 stu_sort 中，同时用 printf 函数显示出来。实现本部分要求的程序代码如下：

```c
#include <stdio.h>
#define N 10
struct student
{
    char num[10];
    char name[15];
    int score[3];
    float ave;
}st[N],temp;

int main()
{
    FILE *fp;
    int i,j,n;
    if((fp=fopen("c:\stud.txt","r"))==NULL)
    {
        printf("Can not open the file!");
        exit(0);
    }
    printf("\nFile 'stud':");
    for(i=0;i<5;i++)
    {
        fread(&st[i],sizeof(struct student),1,fp);
        printf("\n%10s%15s",st[i].num,st[i].name);
        for(j=0;j<3;j++)
            printf("%5d",st[i].score[j]);
        printf("%8.2f\n ",st[i].ave);
    }
    fclose(fp);
    n=i;
    for(i=0;i<n;i++)
        for(j=i+1;j<n;j++)
            if(st[i].ave<st[j].ave)
            {
                temp=st[i];
                st[i]=st[j];
                st[j]=temp;
            }
    printf("\nNow:");
    fp=fopen("c:\stu_sort.txt","w");
```

```
            for(i=0;i<n;i++)
            {
                fwrite(&st[i],sizeof(struct student),1,fp);
                printf("\n%10s%15s",st[i].num,st[i].name);
                for(j=0;j<3;j++)
                    printf("%5d",st[i].score[j]);
                printf("%8.2f\n",st[i].ave);
            }
            fclose(fp);
            return 0;
        }
```

程序运行结果为：

File 'stud':

201101001	Huojiajie	87	91	64	80.67
201101002	Wanghua	76	82	94	84.00
201101003	Zhangxiaoli	99	82	100	93.67
201101004	Tongyong	85	93	66	81.33
201101005	Lifang	99	72	87	86.00

Now:

201101003	Zhangxiaoli	99	82	100	93.67
201101005	Lifang	99	72	87	86.00
201101002	Wanghua	76	82	94	84.00
201101004	Tongyong	85	93	66	81.33
201101001	Huojiajie	87	91	64	80.67

（3）根据实际要求完善学生成绩管理系统。请读者自己再增加一些模块，并将现有程序做必要修改，把它们综合在一起，再设计一个主函数实现学生成绩管理系统的菜单总控调用。

【操作小结】

（1）磁盘文件是存储在外部介质上的程序或数据的集合；C程序中的文件是由磁盘文件和设备文件组成。数据文件是磁盘文件的一种，根据文件内数据的组织形式，数据文件可分为文本文件和二进制文件两种。

（2）C的文件系统可分为缓冲文件系统和非缓冲文件系统两类。C语言中将缓冲文件看成是流式文件，即无论文件的内容是什么，一律看成是由字符（文本文件）或字节（二进制文件）构成的序列，即字节流。流式文件的基本单位是字节，磁盘文件和内存变量之间的数据交换均以字节为基础。

（3）文件数据类型FILE是用typedef定义的有关文件信息的一种结构体数据类型，它是在stdio.h头文件中由系统事先声明指定的。一般我们只要定义一个指向该结构体的文件指针变量，就可通过它来访问文件。定义文件类型指针变量的形式：

  FILE *文件类型指针变量标识符；

（4）C 语言对文件的操作都是用库函数来实现的。对一般文件的操作时，需要严格依次进行文件的打开、读写、关闭三个步骤。在文件操作中，对文件和内容的定位操作控制，主要依靠文件指针与读写指针。

① 文件的打开和关闭函数。

fopen 函数用于打开文件，在打开一个文件时，需将以下三个信息通知编译系统：

- 需要打开的文件名。
- 操作文件的方式（读还是写等）。
- 让哪一个文件类型指针变量指向被打开的文件。

成功打开一个文件后，可以用输入、输出函数对该文件进行操作，使用完一个文件后应该调用 fclose 函数关闭文件。

② 文件的输入和输出函数。

- fputc 和 fgetc 是对指定文件输入/输出一个字符。
- fputs 和 fgets 是对指定文件输入/输出一个字符串。
- fprintf 和 fscanf 是对指定文件进行格式化读写。
- fread 和 fwrite 是对指定文件进行块读写。

③ 文件的定位函数。

- rewind 是使位置指针重新返回到文件开头的函数。
- fseek 是使位置指针移动到所需的位置的函数。
- ftell 是得到流式文件中位置指针的当前位置的函数，是用相对于文件开头的偏移量来表示。

【课外习题】

一、单选题

1. 在 C 语言中，对文件的存取以（　　）为单位。

A. 记录　　　　　　B. 字节
C. 元素　　　　　　D. 簇

2. 下面的变量表示文件指针变量的是（　　）。

A. FILE *fp　　　　B. FILE fp
C. FILER *fp　　　 D. file *fp

3. 在 C 语言中,下面对文件的叙述正确的是（　　）。

A. 用"r"方式打开的文件只能向文件写数据
B. 用"R"方式也可以打开文件
C. 用"w"方式打开的文件只能用于向文件写数据，且该文件可以不存在
D. 用"a"方式可以打开不存在的文件

4. 在 C 语言中,当文件指针变量 fp 已指向"文件结束"，则函数 feof(fp)的值是（　　）。

A. .t.　　　　B. .F.　　　　C. 0　　　　D. 1

二、问答题

1. 什么是 C 语言文件？C 语言文件的分类有哪些？
2. C 语言中文件的打开和关闭函数有哪些？

3. 如何对 C 语言中的文件状态进行检测？

三、编程题

1. 从键盘输入一个字符串，将其中的小写字母全部转换成大写字母，然后输出到一个磁盘文件"test1_txt"中保存。输入的字符串以"!"结束。

2. 从键盘输入若干行字符（每行长度不等），输入后把它们存储到一磁盘文件中。再从该文件中读入这些数据，将其中小写字母转换成大写字母后在显示屏上输出。

模块 3　总　结

【模块 3 小结】

模块 3 是 C 语言程序设计课程的第三个阶段——数据访问、实用数据类型构造与处理阶段。

模块 3 的重点内容是 C 语言指针数据类型，构造数据类型，文件数据类型操作及编程应用。

在能力方面，学完模块 3 后要求达到具备利用指针数据类型进行编程应用的操作能力；具备利用构造数据类型进行编程应用的操作能力；具备利用文件操作实现数据处理的编程应用能力。

在知识方面，学完模块 3 后要求达到掌握 C 语言指针数据类型的基本概念；掌握利用指针数据类型编写应用程序的一般方法；掌握 C 语言构造数据类型的基本概念；掌握利用构造数据类型编写应用程序的一般方法；掌握 C 语言数据文件的基本概念和操作方法；掌握利用文件进行数据处理的实用程序编写规律。

在素质方面，学完模块 3 后要求培养学生的社会意识和责任感；激发学生的创新意识。

【模块 3 训练】系统编程实施

这是系统程序设计技能训练独立实战的指导性项目之一，是第三学习训练阶段的自主学习独立检验项目，这里仅给出指导性建议。

将系统编程实施作为模块 3 的综合训练子项目。划分子项目训练小组，先拟订计划，对新生报到管理系统进行系统各子模块的详细流程结构分析，根据画出的各子模块的程序流程图，在 C 编译环境下用 C 语言进行各子模块编程、调试、运行。最后按训练小组进行汇报、答辩和考核，老师作点评和总结。

模块 4　C 语言综合应用

☞ 主要内容

本模块主要内容有 C 语言综合应用训练任务，设计实例，综合测试。考核标准可以参照课程实习或课程设计内容的过程要求来进行。综合测试为全国计算机二级 C 语言笔试试题和参考答案。其模块训练为"新生报到管理系统"的"系统联调与测试"部分，可作为系统程序设计技能训练独立实战的指导性项目之一，它是第四学习训练阶段的自主学习独立检验项目。

✎ 学习要求

能力要求	1. 基本具备利用 C 语言解决简单实际问题的综合分析能力 2. 基本具备利用 C 语言进行简单应用程序设计、调试和运行的操作能力
知识要求	1. 基本掌握利用 C 语言分析和解决简单实际问题的逻辑思维方法 2. 基本掌握利用 C 语言进行简单应用程序设计的软件工程方法
素质要求	1. 注重素质教育的融入，使自己的学习更加有意义和有价值

✎ 学习向导

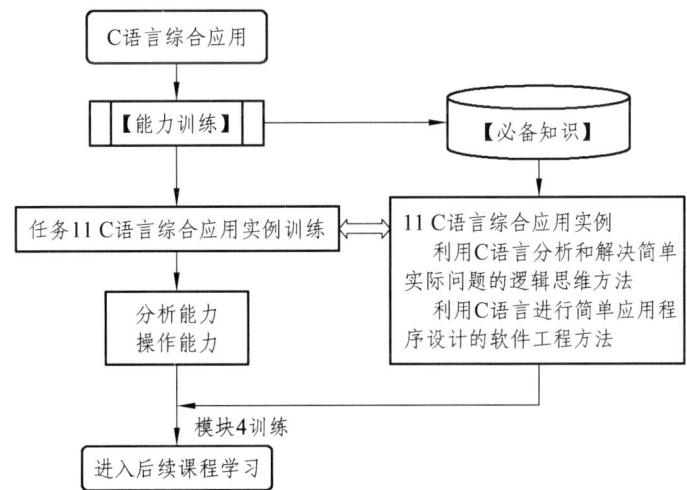

11　C语言综合应用实例

【能力训练】

简单趣味程序演示：用户登录账号和密码

用户首先创建账号和密码，密码以"*"号形式显示。用户登录时，若账号和密码均正确，则提示进入系统；若账号或密码错误，则提示请用户重新输入，但最多一共有 3 次输入机会。

趣味程序演示代码见本课程 PPT。

任务 11　学会 C 语言综合应用程序的设计方法

一、任务要求

1. 知识要求

（1）掌握 C 语言的基本概念、语法、语义和数据类型的使用特点。
（2）掌握最基本算法的设计与实现方法。
（3）掌握 C 语言程序设计的方法及编程技巧。
（4）掌握调试程序的基本方法及上机操作实践。

2. 技能要求

基本具备利用 C 语言解决简单实际问题的综合分析能力，基本具备利用 C 语言进行简单应用程序设计、调试和运行的操作能力。

3. 考核标准

本单元的考核标准可以参照课程实习或课程设计内容的过程要求进行。

综合运用 C 语言知识点，具备独立分析和解决简单实际问题的能力，掌握逻辑思维方法和技巧，并在老师的指导下应用 C 语言和软件工程方法进行简单实用程序设计。会修改、联调源程序并记录出错情况和运行结果。会撰写高质量的课程实习或课程设计训练总结报告。

4. 素质要求

在 C 语言综合应用实例的讲解过程中，再次给学生强调程序设计的合理性、合作与交流、代码的规范性、代码的安全性、程序的可靠性、程序的创新性和程序员的社会责任等方面的思想意识。通过培养这些思想意识，培养学生成为有思想、有责任心的公民。

二、训练内容

本单元的训练内容可以根据课程实习或课程设计的安排来确定。下面仅给出几个参考训练任务供选择，有条件的也可以按兴趣小组增加其他更有意义的自选题目。

1. 学生成绩管理系统

学生成绩管理系统要求完成下列功能：

（1）输入：函数 input 把 20 个学生的学号、姓名、性别、年龄、四科成绩以及平均成绩和总成绩放在一个结构体数组中，学生的学号、姓名、四科成绩由键盘输入，然后计算出平均成绩和总成绩放在结构体对应的域中。

（2）插入：insert 函数输入一个学生的记录，按学号的先后顺序插入该学生的全部内容。

（3）排序：sort 函数对所有学生按要求排序（1.学号　2.总成绩），并输出。

（4）查找：find 函数输入一个学生的学号或姓名，找到该学生并输出该学生的全部内容。要求能查询多次。

（5）删除：delete 函数输入一个学生的学号或姓名，找到该学生并删除该学生的全部内容。

（6）输出：函数 output 输出全部学生的记录。

（7）main 函数调用所有函数，实现全部函数功能（注：除了定义结构外，不允许使用全局变量，函数之间的数据全部使用参数传递）。

2. 年历显示

年历显示要求完成下列功能：

（1）输入一个年份，输出是在屏幕上显示该年的日历。假定输入的年份在 1940—2040 年。

（2）输入年月，输出该月的日历。

（3）输入年月日，输出距今天还有多少天，星期几，是否是公历节日。

年历显示效果如图 11.1 所示。

```
Please input the year whose calendar you want to know: 2004

!==================The Calendar of Year 2004 ===================!
! 1  SUN MON TUE WED THU FRI SAT   7  SUN MON TUE WED THU FRI SAT !
!                      1   2   3                         1   2   3 !
!      4   5   6   7   8   9  10        4   5   6   7   8   9  10 !
!     11  12  13  14  15  16  17       11  12  13  14  15  16  17 !
!     18  19  20  21  22  23  24       18  19  20  21  22  23  24 !
!     25  26  27  28  29  30  31       25  26  27  28  29  30  31 !
! 2  SUN MON TUE WED THU FRI SAT   8  SUN MON TUE WED THU FRI SAT !
!      1   2   3   4   5   6   7        1   2   3   4   5   6   7 !
!      8   9  10  11  12  13  14        8   9  10  11  12  13  14 !
!     15  16  17  18  19  20  21       15  16  17  18  19  20  21 !
!     22  23  24  25  26  27  28       22  23  24  25  26  27  28 !
!     29                               29  30  31                 !
! 3  SUN MON TUE WED THU FRI SAT   9  SUN MON TUE WED THU FRI SAT !
!          1   2   3   4   5   6                    1   2   3   4 !
!      7   8   9  10  11  12  13        5   6   7   8   9  10  11 !
!     14  15  16  17  18  19  20       12  13  14  15  16  17  18 !
!     21  22  23  24  25  26  27       19  20  21  22  23  24  25 !
!     28  29  30  31                   26  27  28  29  30         !
! 4  SUN MON TUE WED THU FRI SAT  10  SUN MON TUE WED THU FRI SAT !
!                      1   2   3                             1   2 !
!      4   5   6   7   8   9  10        3   4   5   6   7   8   9 !
!     11  12  13  14  15  16  17       10  11  12  13  14  15  16 !
!     18  19  20  21  22  23  24       17  18  19  20  21  22  23 !
!     25  26  27  28  29  30           24  25  26  27  28  29  30 !
!                                      31                         !
! 5  SUN MON TUE WED THU FRI SAT  11  SUN MON TUE WED THU FRI SAT !
!                              1            1   2   3   4   5   6 !
!      2   3   4   5   6   7   8        7   8   9  10  11  12  13 !
!      9  10  11  12  13  14  15       14  15  16  17  18  19  20 !
!     16  17  18  19  20  21  22       21  22  23  24  25  26  27 !
!     23  24  25  26  27  28  29       28  29  30                 !
!     30  31                                                      !
! 6  SUN MON TUE WED THU FRI SAT  12  SUN MON TUE WED THU FRI SAT !
!              1   2   3   4   5                    1   2   3   4 !
!      6   7   8   9  10  11  12        5   6   7   8   9  10  11 !
!     13  14  15  16  17  18  19       12  13  14  15  16  17  18 !
!     20  21  22  23  24  25  26       19  20  21  22  23  24  25 !
!     27  28  29  30                   26  27  28  29  30  31     !
!================================================================!

Press any key to quit...
```

图 11.1　年历显示效果

3. 小学生测验系统

小学生测验系统要求完成下列功能：

（1）计算机随机出 10 道题，每题 10 分，程序结束时显示学生得分。

（2）确保算式没有超出 1~2 年级的水平，只允许进行 50 以内的加减法，不允许两数之和或之差超出 0~50，负数更是不允许的。

（3）每道题学生有三次机会输入答案，当学生输入错误答案时，提醒学生重新输入，如果三次机会结束则输出正确答案。

（4）对于每道题，学生第一次输入正确答案得 10 分，第二次输入正确答案得 7 分，第三次输入正确答案得 5 分，否则不得分。

（5）总成绩 90 以上显示"SMART"，80~90 显示"GOOD"，70~80 显示"OK"，60~70 显示"PASS"，60 以下显示"TRY AGAIN"。

4. 计算机通信录

计算机通信录要求完成下列功能：

设计一个实用的小型通讯录程序，具有添加、查询和删除功能。通讯条目由姓名、籍贯、电话号码 1、电话号码 2、电子邮箱组成，姓名可以由字符和数字混合编码。电话号码可由字符和数字组成。主要功能模块有：

（1）系统以菜单方式工作。
（2）信息录入功能。
（3）信息浏览功能。
（4）信息查询功能。
（5）信息修改功能。
（6）系统退出功能。

5. 自选题目

可以根据课程实习或课程设计教学计划安排的实际情况，按兴趣小组增加其他更有意义的自选题目。

【必备知识】

阶段性子系统（子程序）引例：
学生成绩管理系统实用程序

学生成绩管理系统实用程序见 11.3，它将各章节阶段性子系统（子程序）引例完全串联在一起，包括函数的声明和创建、函数参数的传递、结构体类型的声明和应用、指针的应用、文件的使用等，较完整地实现了图 7.1 的系统功能。其界面功能如图 11.2 所示。

程序运行代码见本课程 PPT。

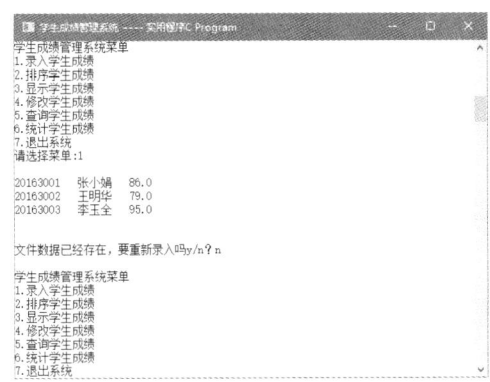

图 11.2　学生成绩管理系统实用程序

11.1　C 语言综合应用概述

　　C 语言综合应用的目的是要求把所学的 C 语言知识全面运用于实际中，掌握并学会 C 语言实用程序设计的方法，提高实用程序设计的逻辑思维能力和编程调试技巧。

　　通过前面的学习，我们已经知道 C 语言是结构化程序设计语言，它主要是为了解决早期计算机程序难于阅读、理解和调试，难于维护和扩充，以及开发周期长、不易控制程序的质量等问题而提出来的，它的产生和发展奠定了软件工程的基础。

　　结构化程序设计的基本思想是：自顶向下，逐步求精，将整个程序结构划分成若干个功能相对独立的模块，模块之间的联系尽可能简单；每个模块用顺序、选择、循环三种基本结构来实现；每个模块只有一个入口和一个出口。

　　结构化程序设计有很多优点：各模块可以分别编程，使程序易于阅读、理解、调试和修改；方便新功能模块的扩充；功能独立的模块可以组成子程序库（子函数库），有利于实现软件复用等。因此，结构化程序设计方法出现以后，很快被人们所接受并得到广泛应用。

　　我们在进行程序设计时，通常使用结构化程序设计方法以解决问题的过程作为出发点，其方法是面向过程的。把程序定义为"数据结构+算法"，程序中数据与处理这些数据的算法（过程）是分离的，这样，对不同的数据结构作相同的处理，或对相同的数据结构作不同的处理，都要使用不同的模块，从而降低程序的可维护性和可复用性。同时，由于这种分离，导致数据可能被多个模块使用和修改，难以保证数据的安全性和一致性。因此，对于小型程序和中等复杂程度的程序来说，它是一种较为有效的技术，但对于复杂的、大规模的软件的开发来说，就不尽如人意了。

　　C 语言实用程序设计的工作步骤大致是：根据任务描述，首先进行问题分析，再进行系统（程序）设计，最后是系统（程序）实施。

11.1.1　任务描述

　　任务的描述就是功能需求的描述。程序设计的目的是要用软件方法最好地完成某一特定的功能描述，更详细的功能描述一般是根据对用户的调查获得，从而能够使设计的程序更方便、更实用。满足用户的需求是程序设计最主要的宗旨。接到程序设计任务以后，首先要进行问题分析。

11.1.2 问题分析

程序分析与问题分析相互映射，目标就是用软件需求实现用户需求。问题分析即对用户需求作总体概述，其思路为：程序分析就是软件需求分析，是解决"要做什么"的问题。即需要明确程序将要解决什么问题，计划采用什么方式解决问题。一般按照输入（I）、处理（P）、输出（O）模式，采用文字段落分项描述。

（1）输入需求分析。

思路：选题需要输入什么，采用什么方式输入。例如：各选题都从文件输入数据，文件名若为 mmm_ini.dat，其中 mmm 为学号低 3 位，ini 的 in 为输入文件标记，最后的 i 为题号。

（2）处理需求分析。

思路：选题需要处理（计算）什么，处理依据什么数学方法，或处理过程描述，即先做什么，后做什么，然后做什么的处理步骤。

（3）输出需求分析。

思路：选题需要输出什么，采用什么方式输出。例如：各选题处理结果都输出到文件。

11.1.3 系统设计

系统（程序）设计是根据需求分析，解决"如何做"的问题。即采用什么程序方案实现上述用户需求。主要设计内容是程序结构设计及其模块算法设计。要求程序结构采用模块来表达，典型模块的算法又多采用流程图或 NS 图。

1. 程序结构设计

一般地，程序结构设计的要求就是用模块来表达系统的功能，如图 11.3 所示。

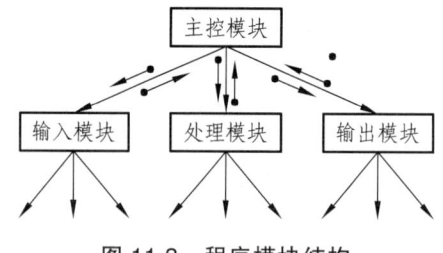

图 11.3 程序模块结构

模块又称构件，是能够单独命名并独立地完成一定功能的程序语句的集合。例如，高级语言中的函数、过程、子程序等都可作为模块。

模块化就是把系统任务划分成若干个独立子模块，每个子模块完成一个子功能，并把这些子模块集合起来组成一个有机整体，以完成指定的功能来满足问题的要求。

模块化设计方法是指把大型软件按照模块特性规定的原则划分为一个个较小的、相对独立但又相关的子模块来进行程序设计的方法。

模块独立性的度量标准是子模块间的耦合和内聚。耦合是指软件结构中各个模块之间相互关联程度的度量。内聚是指模块内部各个元素彼此结合的紧密程度的度量。

模块化设计的原则是：系统自顶向下、逐步细化。模块间高内聚低耦合。尽力提高模块独立性，选择合适的模块规模，设计单入口单出口的模块，尽量降低模块接口的复杂程度。

2. 模块的算法设计及流程图

通常，如图 11.4 所示的示例，系统结构中各模块的算法多采用流程图或 N-S 图表示。

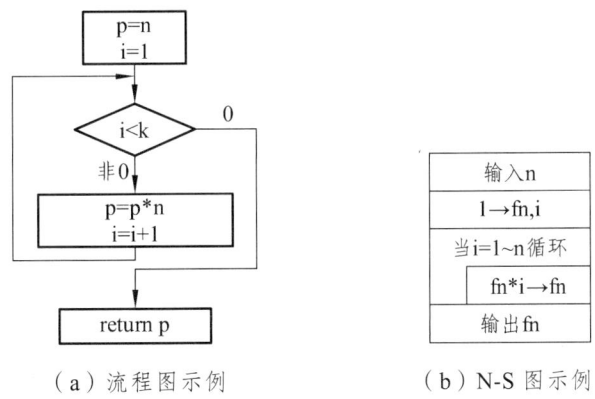

（a）流程图示例　　　　（b）N-S 图示例

图 11.4　模块的算法设计示例

11.1.4　系统实施

系统（程序）实施分为代码编写和程序调试两个部分。

注意，编写代码时应该加上适当的注释消息，程序格式必须采用分层次缩进的书写方式，这样程序结构清晰，可读性好。例如：

```
#include <stdio.h>
int main(void)
{
    char str[81],c;              //适当注解
    int words=0,i=0,flag=0;
    gets (str);                  //适当注解
    for(i=0;(c=str[i])!='\0';i++)
    {
        if(c==' '||c==','||c=='.'||c=='?')
            flag=0;              //适当注解
        else
            if(flag==0)
                {words++; flag=1;}   //适当注解
    }
    printf("There are %d words.\n",words);
```

    return 0;
}
程序调试分为以下几个部分：
（1）输入数据说明：给出输入文件名及其内容、格式说明。
（2）输出数据说明：给出输出文件名及其内容、格式说明。
（3）测试数据说明：给出测试数据表及其内容、格式说明。
（4）分析与总结：描述调试、测试过程中主要体会，包括成功的、不成功的、经验的或教训的体会。

11.2　C语言综合应用设计实例

11.2.1　综合应用设计实例 1

学生成绩计算：输入 6 个学生、5 门课程成绩，分别求每个学生的平均成绩和每门课的平均成绩。

1. 方案一：一个主函数方案

（1）程序分析：从 mmm_in1.dat 读入 6 个学生的 5 门课程成绩存入 grade[6][5]数组；求每个学生的平均成绩存入 stuavg[6]；求每门课程的平均成绩存入 couavg[5]；分别输出 stuavg[6]、couavg[5]到 mmm _out1.dat 文件。

（2）程序设计：在一个主函数内实现要完成的功能。流程如下：

定义数组 grade[6][5]、stuavg[6]、couavg[5]；

从 mmm_in1.dat 读入成绩存入 grade[6][5]数组；

逐行求每个学生的平均成绩存入 stuavg[i]，i=0～5；

逐列求每门课程的平均成绩存入 couavg[i]，i=0～4；

输出 stuavg[m]到 mmm _out1.dat 文件；

输出 couavg[n]到 mmm _out1.dat 文件。

（3）程序编码。

mmm_in1.dat 文件准备内容示例：（共 6 行，每行 5 个整数，空格隔开）

80 86 70 66 89

82 81 60 88 76

……………

mmm_out1.dat 文件计划内容示例：

student averege are: 80　86　70　66　89　55（一行 6 个整数，空格隔开）

course averege are: 80　86　70　66　89（一行 5 个整数，空格隔开）

关键代码：

int grade[6][5], stuavg[6], couavg[5];

FILE *fpin, *fpout; fpin = fopen("mmm_in1.dat","r");

for (i = 0; i<6; i++) for (j = 0; j<5; j++) fscanf(fpin, "%d", & grade[i][j]);

fclose(fpin);

逐行求每个学生的平均成绩存入 stuavg[i]，i=0～5；

逐列求每门课程的平均成绩存入 couavg(i)，i=0～4；

fpout=fopen("mmm_out1.dat","a"); fprintf(fpout,"\n student averege are: ");

for (i = 0; i<6; i++) fprintf(fpout,"%d\t", stuavg[i]);

fprintf(fpout,"\n course averege are: ");

for (i = 0; i<5; i++) fprintf(fpout,"%d\t", couavg[i]); fclose(fpout);

2. 方案二：多个函数协作方案

（1）程序分析：读数据功能；逐个学生求其平均成绩并输出；逐门课程求其平均成绩并输出。

（2）程序设计。

由 main、input_arr、studentavg、courseavg 多个函数协作完成，据此可画出程序结构图（请读者自行画出）。

main 函数引用 input_arr 函数从文件读入成绩存入 grade[m][n]数组；

main 函数引用 studentavg 函数为逐个学生求平均成绩并输出到文件 mmm_in1.dat；

main 函数引用 courseavg 函数为逐门课程求平均成绩并输出到文件 mmm _out1.dat。

选择典型的 studentavg、courseavg 函数可画出程序流程图（请读者自行画出）。

（3）程序编码——关键代码。

```
#include <stdio.h>
int main(void)
{
    int grade[6][5];   input_arr(grade );    FILE *fpout;
    fpout=fopen( "mmm_out1.dat","a" );fprintf( fpout,"\n student averege are: ");
    for ( i = 0; i<6; i++ ) fprintf( fpout,"%f6.2\t", studentavg( grade[i] , 5 ) );
    fprintf( fpout,"\n course averege are: ");
    for ( j = 0; i<5; j++ ) fprintf( fpout,"%f6.2\t", courseavg( grade[0][j], 6, 5 ) );
    fclose( fpout );
    return 0;
}

void input_arr( int g[][] )
{
    FILE *fpin;    fpin = fopen( "mmm_in1.dat","r" )
    for ( i = 0; i<6; i++ ) for ( j = 0; j<5; j++ ) fscanf( fpin, "%d", &g[i][j] );
    fclose( fpin );
    return;
}
```

```
float studentavg( int (*p)[5] )
{
    for ( j = 0,sum=0; i<5; j++ ) sum=sum+?;
    return sum/5.0;
}

float courseavg( int int *p, int m, int n )
{
    for ( i = 0,sum=0; i<m; i++, p=p+n ) sum=sum+?;
    return sum/6.0;   }
}
```

11.2.2 综合应用设计实例 2

整数排序：输入 n 个整数，升序排列后输出。

1. 方案一：一个主函数方案

（1）分析：从 mmm_in2.dat 读入 20 个整数存入一维数组；依据选择法或冒泡法对一维数组排序；输出有序的一维数组到 mmm _out2.dat 文件中。

（2）设计：在一个主函数内完成要实现的功能。流程如下：

定义数组 arr[m]；

从 mmm_in2.dat 读入 20 个整数存入 arr[m]；

依选择法循环控制排序结果存入 arr[m]；

排序结果 arr[m]输出到 mmm _out2.dat 文件。

2. 方案二：多个函数协作方案

由主函数 main、输入 input_arr、排序 sort、交换 swap、输出 output_arr 等多个函数协作完成，排序结果存入 mmm_out2.dat。据此可画出程序结构图（请读者自行画出）。

选择典型的排序 sort 函数可画出程序流程图（请读者自行画出）。

```c
#include <stdio.h>
int main(void)
{
    int arr[m];
    input_arr( arr , 20 );
    sort( arr ,20 );
    output_arr( arr ,20 );
    return 0;
}
```

```
input_arr( int arr[] , int m )
{
    FILE *fpin;
    fpin = fopen( "mmm_in2.dat","r" )
    for ( i = 0; i<m; i++ ) fscanf( fpin, "%d", &arr[i] );
    fclose( fpin );
    return;
}
```

```
void sort( int a[], int m );
{对 a 数组排序；需要交换时引用交换函数 swap( &a[i], &a[j] ); }
```

```
void sort( int *p1, int *p2 );
{int tp; tp=*p1 ; *p1=*p2 ;*p2=*p1; return;}
```

```
void output_arr( int s[] , int m )
{
    FILE *fpout;
    fpout=fopen( "mmm_out2.dat","a" );
    fprintf( fpout,"\n sorted elements are: ");
    for ( i = 0; i<m; i++ ) fprintf( fpout,"%f6.2\t", ??? );
    fclose( fpout );
    return;
}
```

11.2.3 综合应用设计实例 3

找出二维数组的鞍点元素（所在行上最大且所在列上最小）及其行列位置。

1. 方案一：一个主函数方案

（1）分析：从文件读入数据存入二维数组；逐行找最大元素，且找最大元素所在列的最小元素；如果最大元素、最小元素是同一元素就输出该元素及其行列位置到结果文件。

（2）设计：在一个主函数内完成要实现的功能。流程如下：

定义整型数组 arr [10][6]；

从 mmm_in5.dat 读入整型数据存入 arr[10][6]；

arr[10][6]中逐行 i 循环：

① 找 i 行最大元素及其列位置存 max、maxj 变量；

② arr[10][6]中找出 maxj 列的最小元素及其行位置存入 min、mini；

③ 如果 max=min 且 i=mini，则 max、i、maxj 输出到 mmm _out5.dat。

```c
#include <stdio.h>
int main(void)
{
    int arr[10][6];
    FILE *fpin, *fpout;
    fpin = fopen( "mmm_in5.dat","r" );
    for ( i = 0; i<10; i++ ) fscanf( fpin, "%d", &arr[i] );
    fclose( fpin );
    fpout=fopen( "mmm_out4.dat","a" );
    fprintf( fpout,"\n elements\trow\tcol\n");
    for ( i = 0; i<10; i++ )
    {
        max=0; maxj=0;
        for ( j= 0; j<6; j++ )
            if (arr[i][j]>max){max= arr[i][j];maxj=j;}
        min=888; mini=0;
        for ( k= 0; k<10; k++ )
            if (arr[k][maxj]<min) {min= arr[k][maxj]; mini=k;}
            if (max=min && i= mini )
                fprintf( fpout,"%d\t%d\t%d\n ", max, i, maxj);
    }
    fclose( fpout );
    return 0;
}
```

2. 方案二：多个函数协作方案

由主函数 main、输入 read_arr、i 行找最大元素及其列位置 find_max、j 列找最小元素及其行位置 find_min 等多个函数协作完成，据此可画出程序结构图（请读者自行画出）。

其中：

（1）read_arr 函数从文件 mmm_in5.dat 中读入整数存入 arr[m][n]；

（2）对 arr[m][n]逐行 i 循环：

① find_max 函数在 arr[m][n]中找出第 i 行最大元素及其行列位置存入 max、maxi；

② find_min 函数在 arr[m][n]中找出第 maxj 列最小元素及其行位置存入 min、mini；

③ 如果 max=min 且 i=mini，则 max、i、maxj 存入 mmm_out5.dat 文件；

选择典型的 find_max、find_min 函数可画出算法流程图（请读者自行画出）。

```c
#include <stdio.h>
int main(void)
{
    int arr[10][6], max, maxi;
```

```
        FILE *fpin, *fpout;
        read_arr(arr ,10 , 6 );
        fpout=fopen( "mmm_out4.dat","a" );
        fprintf( fpout,"\n elements\trow\tcol\n");
        for ( i = 0; i<10; i++ )
        {
            find_max( arr[i], &max, &maxi );
            find_min( &arr[0][maxi], &min, &mini );
            if (max=min && i= mini )
                fprintf( fpout,"%d\t%d\t%d\n ", max, i, maxj);
        }
        fclose( fpout );
        return 0;
}

read_arr( )
{
    FILE * f = 0; int a[5][5]; int i,j;
    f = fopen("a.txt", "r");
    if(!f) return 0;
    for(i = 0; i < 5; i++) for(j = 0; j < 5; j++)
            fscanf("%d", &(a[i][j]));   /*已经读完*/
    fclose(f);
    return 0;
}

int find_max(int N)
{
int k,i;
k=0;
for(i=1;i<N;i++)
    {
        if(data[i]>data[k])
            k=i;
    }
return data[k];
}

int find_min(Student *students, int nNum)
```

```
{
int k,i;
k=0;
for(i=1;i<N;i++)
    {
        if(data[i]<data[k])
            k=i;
    }
return data[k];
}
```

11.2.4 综合应用设计实例 4

用 C 语言实现 Socket 简单通信实例。

Socket（套接字）是计算机网络中对 TCP/IP 协议的抽象，是一组接口和规范，用于实现网络通信或者进程间通信。通过 Socket，程序员可以方便地开发出网络应用程序，实现进程之间的网络通信和资源共享。

在 C 语言中，我们可以通过头文件<sys/socket.h>中定义的函数来实现 Socket 通信。

首先，通过 socket()函数来创建 Socket，返回一个 Socket 描述符；

然后，通过 bind()函数将 Socket 绑定到本地 IP 地址和端口号；

接着，通过 listen()函数开始监听指定端口；

最后，通过 accept()函数接收来自客户端的连接请求并建立连接。

以下是其中比较重要的函数说明：

int socket(int domain, int type, int protocol);

int bind(int sockfd, const struct sockaddr *addr, socklen_t addrlen);

int listen(int sockfd, int backlog);

int accept(int sockfd, struct sockaddr *addr, socklen_t *addrlen);

在 socket 函数中，domain 参数表示网络协议域，常用的有 af_inet（表示 IPv4 协议）, af_inet6（表示 IPv6 协议）；type 参数表示 socket 的类型，常用的有 sock_stream（表示流式 socket），sock_stream（表示数据报式 socket）；protocol 参数表示协议类型，常用的有 ipproto_tcp（表示 TCP 协议），ipproto_udp（表示 UDP 协议）。

bind 函数将一本地地址与一套接口捆绑。本函数适用于未连接的数据报或流类套接口，在 connect()或 listen()调用前使用。当用 socket()创建套接口后，它便存在于一个名字空间（地址族）中，但并未赋名。Bind()函数通过给一个未命名套接口分配一个本地名字来为套接口建立本地捆绑（主机地址/端口号）。

listen 函数通过使用主动连接套接字变为被连接套接口，使得一个进程可以接受其他进程的请求，从而成为一个服务器进程。在 TCP 服务器编程中，listen 函数把进程变为一个服务器，并指定相应的套接字变为被动连接。sockfd 参数是一个已绑定未被连接的套接字描述符；backlog 参数是连接请求队列。

accept 函数是一个阻塞函数，其主要功能是等待客户端的连接请求。当有连接请求到达时，accept 函数会创建一个新的套接字，用于和客户端进行通信，同时返回一个新的套接字描述符。这个描述符可以用于后面的通信操作，如读写数据等。accept 函数的参数包括监听套接字描述符（sockfd）、客户端地址信息结构体指针（sockaddr）和客户端地址信息结构体长度指针（addrlen）。其中，sockfd 是服务器端用于监听客户端连接请求的套接字描述符；sockaddr 是一个指向存放客户端地址信息结构体的指针；addrlen 是一个指向存放客户端地址信息结构体长度的指针。

以下是一个简单的 Socket 通信实例：

```c
#include <stdio.h>
#include <stdlib.h>
#include <string.h>
#include <sys/socket.h>
#include <arpa/inet.h>
#include <unistd.h>

#define PORT 8888

int main(void)
{
    int server_fd, client_fd;
    struct sockaddr_in server_addr, client_addr;
    char buffer[1024] = {0};

    // 创建 Socket
    if ((server_fd = socket(AF_INET, SOCK_STREAM, IPPROTO_TCP)) < 0)
    {
        perror("socket failed");
        exit(EXIT_FAILURE);
    }

    // 绑定 Socket 到本地 IP 地址和端口号
    server_addr.sin_family = AF_INET;
    server_addr.sin_addr.s_addr = INADDR_ANY;
    server_addr.sin_port = htons(PORT);
    if (bind(server_fd, (struct sockaddr *)&server_addr, sizeof(server_addr)) < 0)
    {
        perror("bind failed");
        exit(EXIT_FAILURE);
    }
```

```c
    // 开始监听指定端口
    if (listen(server_fd, 3) < 0)
    {
        perror("listen failed");
        exit(EXIT_FAILURE);
    }

    // 等待并接受来自客户端的连接请求
    int addr_len = sizeof(client_addr);
    if ((client_fd = accept(server_fd, (struct sockaddr *)&client_addr, (socklen_t *)&addr_len)) < 0)
    {
        perror("accept failed");
        exit(EXIT_FAILURE);
    }

    // 接收来自客户端的数据
    int len = read(client_fd, buffer, 1024);
    buffer[len] = '\0';
    printf("Received message from client: %s\n", buffer);

    // 发送数据给客户端
    char *message = "Hello from server!";
    if (send(client_fd, message, strlen(message), 0) < 0)
    {
        perror("send failed");
        exit(EXIT_FAILURE);
    }

    // 关闭 Socket
    close(client_fd);
    close(server_fd);

    return 0;
}
```

上面的代码实现了一个简单的 Socket 通信。当有客户端连接到服务器后，服务器会接收到客户端发送的数据并显示在终端上，然后服务器会向客户端发送一条 Hello 消息。

11.2.5 综合应用设计实例 5

本实例用第 9 个数据位作为奇偶校验位，编制两单片机串行口方式 3 的全双工通信程序。设双机将各自键盘的按键键值发送给对方，接收正确后放入缓冲区（可用于显示或其他处理）。参数：晶振为 11.059 2 MHz，波特率为 9 600 b/s。

MCS-51 系列单片机的可编程全双工串行通信接口有四种工作方式，方式 0 主要用于扩展并行口，而方式 1、方式 2 和方式 3 主要用于实现串行异步通信。在该实例中因为通信的工作方式是全双工方式，所以通信双方的程序一样。发送和接收都采用中断方式。

在串行通信编程中，串行口初始化的具体步骤如下：
（1）确定定时器 T1 的工作方式，写 TMOD 寄存器。
（2）确定定时器 T1 的计数初值，装载 TH1、TL1。
（3）启动定时器 T1，写 TCOM 的 TR1 位。
（4）确定串行口的工作方式。
（5）使用串行口中断方式时，开 CPU 和中断源，写 IE 寄存器。

以下是两单片机串行口方式 3 的全双工通信程序。

```c
#include<reg52.h>
char k;
unsigned char buffer;

int main(void)
{
SCON=0xd0;              //串行口初始化，允许接收
TMOD=0x20;              //定时器初始化
TH1=0xfd;
TL1=0xfd;
TR1=1;
ES=1;                   //开串行口中断
EA=1;                   //开总中断
while(1)
  {
    k=key();            //读取按键按下键值
    if(k!=-1)           //无键按下返回-1
    {
      ACC=k;            //将键值送累加器，取 P 位
      TB8=P;            //送 TB8
      SBUF=ACC;         //发送
    }
    display();          //显示程序
  }
```

```
        return 0;
    }

    void serial_server() interrupt 4
    {      if(TI)              //发送引起，清 TI
        TI=0;
      else                     //否则，接收引起
      {  RI=0;
         ACC=SBUF;             //读取接收数据
         f(RB8==P)             //校验正确，
    buffer=ACC;                //存入缓冲区
        }
    }
```

【操作小结】

（1）C 语言综合应用的目的是要求把所学的 C 语言知识全面运用于实际中，掌握并学会 C 语言实用程序设计的方法，提高实用程序设计的逻辑思维能力和编程调试技巧。

（2）C 语言实用程序设计一般采用模块化、结构化设计方法。模块化设计的原则是：系统自顶向下、逐步细化。模块间高内聚低耦合。尽力提高模块独立性，选择合适的模块规模，设计单入口单出口的模块，尽量降低模块接口的复杂程度。

（3）C 语言实用程序设计的工作步骤大致是：根据任务描述，首先进行问题分析，再进行系统（程序）设计，最后是系统（程序）实施。

（4）编写程序的时候要养成加注注释的良好习惯。程序格式必须采用分层次缩进的书写方式，这样程序结构清晰，可读性好。

【课外习题】

1. 从键盘输入三个数，让它们代表三条线段的长度。请写一个判断这三条线段所组成的三角形属于什么类型（不等边、等腰、等边或不能构成三角形）的程序。

2. 求 s=1+1/3-1/5+1/7-1/9+…，当其中某一项的绝对值小于 10^{-6} 时，输出 s 及 n 的值。

3. 从键盘上输入一个不多于 5 位的正整数，要求：
（1）求出它是几位数；
（2）分别打印出每一位数字；
（3）将其逆序后输出，如输入 1234，则应输出 4；1、2、3、4；4321。

4. 从键盘上输入一个字符串 str 和一个字符 ch。要求：
（1）把字符串按字母表排序；
（2）若 ch 包含在 str 中，则找出 ch 在 str 中的位置；若 ch 没包含在 str 中，则把 ch 插入 str 中，并要保证字符串的顺序。

5. 从键盘输入一个 4×4 矩阵，要求将对角线上的元素交换位置，并求出交换位置后矩

阵上三角形的和。如：

```
41  13  14  45        12  13  14  15
21  32  34  25   ⟹   21  23  24  25
31  23  24  35        31  32  34  35
12  42  43  15        41  42  43  45
```

6. 一张 100 元钞票换成面值分别为 5 元、1 元和 5 角的三种钞票共 100 张，每种钞票至少 1 张，编程求出每种面值的钞票各有多少张。

7. 编写一函数。由实参传来一个字符串，统计此字符串中字母、数字、空格和其他字符的个数。在主函数中输入字符串及输出上述结果。

8. 有一段文章（英文），编写一个函数，要求能将文章中的所有单词的首字母换成大写，其他字母（如果有大写的）换成小写，并输出结果。

9. 将一个数列头尾颠倒。如假设数列为 1，3，5，7，9，11，13，15，17，19。要求按 19，17，15，13，11，9，7，5，3，1 次序存放并输出。要求编写一个函数实现对包含任意个数据的数列实现颠倒处理。数列由 main 函数输入，输出也要求在 main 函数中。

10. 结构体和文件应用。结构体如下：

```
struct student
{
    int num;                /*学生学号*/
    char name[10];          /*学生姓名*/
    char sex;               /*学生性别，男为 M，女为 F*/
    int age;                /*学生年龄*/
    float computer;         /*计算机课程成绩*/
    float english;          /*英语课程成绩*/
    float sum;              /*两门课程的成绩总和*/
}
```

完成任务的功能如下：

（1）数据输入：从键盘输入学生（大约 45 人）的档案信息，存入文件中。

（2）数据输出：从文件中读出数据或变量中并显示，主要是设置显示格式。

（3）数据查找：从键盘输入一个学生的学号、姓名，从文件中查找相应的学生信息并输出。

（4）数据排序：将数据从文件中读出，按 sum 从大到小排序，并输出到文件中和显示器。

要求：将每个功能用一个模块实现，并将每个功能模块作为一个程序文件。

12 综合测试

全国计算机二级 C 语言笔试试题

一、选择题

下列各题 A)、B)、C)、D) 四个选项中，只有一个选项是正确的。请将正确选项填涂在答题卡相应位置上，答在试卷上不得分。

（1）下列叙述中正确的是（　　）。
A) 线性表的链式存储结构与顺序存储结构所需要的存储空间是相同的
B) 线性表的链式存储结构所需要的存储空间一般要多于顺序存储结构
C) 线性表的链式存储结构所需要的存储空间一般要少于顺序存储结构
D) 上述三种说法都不对

（2）下列叙述中正确的是（　　）。
A) 在栈中，栈中元素随栈底指针与栈顶指针的变化而动态变化
B) 在栈中，栈顶指针不变，栈中元素随栈底指针的变化而动态变化
C) 在栈中，栈底指针不变，栈中元素随栈顶指针的变化而动态变化
D) 上述三种说法都不对

（3）软件测试的目的是（　　）。
A) 评估软件可靠性
B) 发现并改正程序中的错误
C) 改正程序中的错误
D) 发现程序中的错误

（4）下面描述中，不属于软件危机表现的是（　　）。
A) 软件过程不规范
B) 软件开发生产率低
C) 软件质量难以控制
D) 软件成本不断提高

（5）软件生命周期是指（　　）。
A) 软件产品从提出、实现、使用维护到停止使用退役的过程
B) 软件从需求分析、设计、实现到测试完成的过程
C) 软件的开发过程
D) 软件的运行维护过程

（6）面向对象方法中，继承是指（　　）。

A）一组对象所具有的相似性质
B）一个对象具有另一个对象的性质
C）各对象之间的共同性质
D）类之间共享属性和操作的机制

（7）层次型、网状型和关系型数据库划分原则是（　　）。

A）记录长度
B）文件的大小
C）联系的复杂程度
D）数据之间的联系方式

（8）一个工作人员可以使用多台计算机，而一台计算机可被多个人使用，则实体工作人员与实体计算机之间的联系是（　　）。

A）一对一
B）一对多
C）多对多
D）多对一

（9）数据库设计中反映用户对数据要求的模式是（　　）。

A）内模式
B）概念模式
C）外模式
D）设计模式

（10）有三个关系R、S和T如下：

R

A	B	C
a	1	2
b	2	1
c	3	1

S

A	D	A
c	4	c

T

B	C	D
3	1	4

则由关系R和S得到关系T的操作是（　　）。

A）自然连接
B）交
C）投影
D）并

（11）以下关于结构化程序设计的叙述中正确的是（　　）。

A）一个结构化程序必须同时由顺序、分支、循环三种结构组成

B）结构化程序使用 goto 语句会很便捷
C）在 C 语言中，程序的模块化是利用函数实现的
D）由三种基本结构构成的程序只能解决小规模的问题

（12）以下关于简单程序设计的步骤和顺序的说法中正确的是（   ）。
A）确定算法后，整理并写出文档，最后进行编码和上机调试
B）首先确定数据结构，然后确定算法，再编码，并上机调试，最后整理文档
C）先编码和上机调试，在编码过程中确定算法和数据结构，最后整理文档
D）先写好文档，再根据文档进行编码和上机调试，最后确定算法和数据结构

（13）以下叙述中错误的是（   ）。
A）C 程序在运行过程中所有计算都以二进制方式进行
B）C 程序在运行过程中所有计算都以十进制方式进行
C）所有 C 程序都需要编译链接无误后才能运行
D）C 程序中整型变量只能存放整数，实型变量只能存放浮点数

（14）有定义："int a;" "long b;" "double x, y;"，以下选项中正确的表达式是（   ）。
A）a%（int）(x–y)
B）a=x!=y;
C）(a*y)%b
D）y=x+y=x

（15）以下选项中能表示合法常量的是（   ）。
A）整数：1,200
B）实数：1.5E2.0
C）字符斜杠：'\'
D）字符串："\007"

（16）表达式 a+=a-=a=9 的值是（   ）。
A）9
B）–9
C）18
D）0

（17）若变量已正确定义，在 if（W）printf("%d\n,k"); 中，以下不可替代 W 的是
A）a<>b+c
B）ch=getchar( )
C）a==b+c
D）a++

（18）有以下程序
```
# include<stdio.h>
main( )
{int   a=1,b=0;
 if(!a) b++;
 else   if(a==0)if(a)b+=2;
```

else　b+=3;
　printf("%d\n",b);
}
程序运行后的输出结果是（　　　）。
A）0
B）1
C）2
D）3

（19）若有定义语句"int a, b;""double x;"，则下列选项中没有错误的是（　　　）。

A）switch(x%2)　　　　B）switch((int)x/2.0)
{case 0: a++; break;　　　{case 0: a++; break;
case 1: b++; break;　　　　case 1: b++; break;
default : a++; b++;　　　　default : a++; b++;
}　　　　　　　　　　　　}
C）switch((int)x%2)　　D）switch((int)(x)%2)
{case 0: a++; break;　　　{case 0.0: a++; break;
case 1: b++; break;　　　　case 1.0: b++; break;
default : a++; b++;　　　　default : a++; b++;
}　　　　　　　　　　　　}

（20）有以下程序
#include <stdio.h>
main()
{int a=1,b=2;
while(a<6){b+=a;a+=2;b%=10;}
printf("%d,%d\n",a,b);
}
程序运行后的输出结果是（　　　）。
A）5,11
B）7,1
C）7,11
D）6,1

（21）有以下程序
#include<stdio.h>
main()
{int y=10;
while(y--);
printf("Y=%d\n",Y);
}
程序执行后的输出结果是（　　　）。

A）y=0
B）y= -1
C）y=1
D）while 构成无限循环

（22）有以下程序

```
#include<stdio.h>
main()
{char s[]="rstuv";
printf("%c\n",*s+2);
}
```

程序运行后的输出结果是（　　）。

A）tuv
B）字符 t 的 ASCII 码值
C）t
D）出错

（23）有以下程序

```
#include<stdio.h>
#include<string.h>
main()
{char x[]="STRING";
x[0]=0;x[1]='\0';x[2]='0';
printf("%d  %d\n",sizeof(x),strlen(x));
}
```

程序运行后的输出结果是（　　）。

A）6 1
B）7 0
C）6 3
D）7 1

（24）有以下程序

```
#include<stdio.h>
Int  f(int  x);
main()
{int  n=1,m;
m=f(f(f(n)));printf("%d\n",m);
}
int  f(int  x)
{return  x*2;}
```

程序运行后的输出结果是（　　）。

A）1

B) 2

C) 4

D) 8

（25）以下程序段完全正确的是（　　）。

A) int *p; scanf("%d",& p);

B) int *p; scanf("%d",p);

C) int k, *p=&k; scanf("%d",p);

D) int k, *p:; *p= &k; scanf("%d",p);

（26）有定义语句："int *p[4];"以下选项中与此语句等价的是（　　）。

A) int　p[4];

B) int　**p;

C) int　*(p[4]);

D) int (*p)[4];

（27）下列定义数组的语句中，正确的是（　　）。

A) int　N=10;　　　　　　B) #define N 10

　　int　x[N];　　　　　　　　int x[N];

C) int　x[0..10];　　　D) int x[];

（28）若要定义一个具有 5 个元素的整型数组，以下错误的定义语句是（　　）。

A) int　a[5]={0};

B) int　b[]={0,0,0,0,0};

C) int　c[2+3];

D) int　i=5,d[i];

（29）有以下程序

#include<stdio.h>

void　f(int *p);

main()

{int　a[5]={1,2,3,4,5},*r=a;

f(r);printf("%d\n";*r);

}

void f(int *p)

{p=p+3;printf("%d,",*p);}

程序运行后的输出结果是（　　）。

A) 1,4

B) 4,4

C) 3,1

D) 4,1

（30）有以下程序（函数 fun 只对下标为偶数的元素进行操作）

include<stdio.h>

void fun(int*a;int n)

```
{int i、j、k、t;
for (i=0;i<n-1;1+=2)
{k=i;
for(j=i;j<n;j+=2)if(a[j]>a[k])k=j;
t=a[i];a[i]=a[k];a[k]=t;
}
}
main()
{int aa[10]={1、2、3、4、5、6、7},i;
fun(aa、7);
for(i=0,i<7; i++)printf("%d, ",aa[i]));
printf("\n");
}
```
程序运行后的输出结果是（　　）。

A）7,2,5,4,3,6,1

B）1,6,3,4,5,2,7

C）7,6,5,4,3,2,1

D）1,7,3,5,6;2,1

（31）下列选项中，能够满足"若字符串 s1 等于字符串 s2，则执行 ST"要求的是（　　）。

A）if(strcmp(s2,s1)==0)ST;

B）if(sl==s2)ST;

C）if(strcpy(s1,s2)==1)ST;

D）if(sl-s2==0)ST;

（32）以下不能将 s 所指字符串正确复制到 t 所指存储空间的是（　　）。

A）while(*t=*s){t++;s++;}

B）for(i=0;t[i]=s[i];i++);

C）do{*t++=*s++;}while(*s);

D）for(i=0,j=0;t[i++]=s[j++];);

（33）有以下程序（strcat 函数用以连接两个字符串）

```
#include<stdio.h>
#include<string.h>
main()
{char a[20]="ABCD\OEFG\0",b[]="IJK";
strcat(a,b);printf("%s\n",a);
}
```
程序运行后的输出结果是（　　）。

A）ABCDE\OFG\OIJK

B）ABCDIJK

C）IJK

D）EFGIJK

（34）有以下程序，程序中库函数 islower（ch）用以判断 ch 中的字母是否为小写字母。

```
#include<stdio.h>
#include<ctype.h>
void  fun(char*p)
{int   i=0;
while (p[i])
{if(p[i]==' ' && islower(p[i-1]))p[i-1]=p[i-1]- 'a'+'A';
i++;
}
}
main()
{char s1[100]="ab cd EFG!";
fun(s1);printf("%s\n",s1);
}
```

程序运行后的输出结果是（　　　）。

A）ab cd EFG!

B）Ab Cd EFg!

C）aB cD EFG!

D）ab cd EFg!

（35）有以下程序

```
#include<stdio.h>
void  fun(int x)
{if(x/2>1)fun(x/2);
printf("%d",x);
}
main()
{fun(7);printf("\n");}
```

程序运行后的输出结果是（　　　）。

A）1 3 7

B）7 3 1

C）7 3

D）3 7

（36）有以下程序

```
#include<stdio.h>
int fun()
{static int x=1;
x+=1;return x;
```

}
main()
{int i;s=1;
for(i=1;i<=5;i++)s+=fun();
printf("%d\n",s);
}

程序运行后的输出结果是（　　）。

A）11

B）21

C）6

D）120

（37）有以下程序

#include<stdio.h>

#include<stdlib.h>

main()

{int *a,*b,*c;

a=b=c=(int*)malloc(sizeof(int));

*a=1;*b=2,*c=3;

a=b;

printf("%d,%d,%d\n",*a,*b,*c);

}

程序运行后的输出结果是（　　）。

A）3,3,3　　B）2,2,3　　C）1,2,3　　D）1,1,3

（38）有以下程序

#include<stdio.h>

main()

{int s,t,A=10;double B=6;

s=sizeof(A);t=sizeof(B);

printf("%d,%d\n",s,t);

}

在 VC 6 平台上编译运行，程序运行后的输出结果是（　　）。

A）2,4　　B）4,4　　C）4,8　　D）10,6

（39）若有以下语句

typedef struct S

{int g; char h;}T;

以下叙述中正确的是（　　）。

A）可用 S 定义结构体变量

B）可用 T 定义结构体变量

C）S 是 struct 类型的变量

D）T 是 struct S 类型的变量

（40）有以下程序

```
#include<stdio.h>
main()
{short c=124;
c=c_____;
printf("%d\n"、C);
}
```

若要使程序的运行结果为 248，应在下划线处填入的是（   ）。

A）>>2   B）|248   C）& 0248   D）<<I

二、填空题

请将每空的正确答案写在答题卡【1】至【15】序号的横线上，答在试卷上不得分。

（1）一个栈的初始状态为空。首先将元素 5,4,3,2,1 依次入栈，然后退栈一次，再将元素 A,B,C,D 依次入栈，之后将所有元素全部退栈，则所有元素退栈（包括中间退栈的元素）的顺序为【1】。

（2）在长度为 n 的线性表中，寻找最大项至少需要比较【2】次。

（3）一棵二叉树有 10 个度为 1 的结点，7 个度为 2 的结点，则该二叉树共有【3】个结点。

（4）仅由顺序、选择（分支）和重复（循环）结构构成的程序是【4】程序。

（5）数据库设计的四个阶段是：需求分析，概念设计，逻辑设计【5】。

（6）以下程序运行后的输出结果是【6】。

```
#include<stdio.h>
main()
{int a=200,b=010;
printf("%d%d\n",a,b);
}
```

（7）有以下程序

```
#include<stdio.h>
main()
{int  x,Y;
scanf("%2d%ld",&x,&y);printf("%d\n",x+y);
}
```

程序运行时输入：1234567↙，程序的运行结果是【7】。

（8）在 C 语言中，当表达式值为 0 时表示逻辑值"假"，当表达式值为【8】时表示逻辑值"真"。

（9）有以下程序

```
#include<stdio.h>
main()
{int i,n[]={0,0,0,0,0};
```

```
for (i=1;i<=4;i++)
{n[i]=n[i-1]*3+1; printf("%d",n[i]);}
}
```
程序运行后的输出结果是【9】。

（10）以下 fun 函数的功能是：找出具有 N 个元素的一维数组中的最小值，并作为函数值返回。请填空（设 N 已定义）。

```
int fun(int x[N])
{int i,k=0;
for(i=0;i<N;i++)
if(x[i]<x[k])k=【10】;
return x[k];
}
```

(11)有以下程序
```
#include<stdio.h>
int*f(int *p,int*q);
main()
{int m=1,n=2,*r=&m;
r=f(r,&n);printf("%d\n",*r);
}
int*f(int *p,int*q)
{return(*p>*q)?p:q;}
```
程序运行后的输出结果是【11】。

（12）以下 fun 函数的功能是在 N 行 M 列的整形二维数组中，选出一个最大值作为函数值返回，请填空（设 M,. N 已定义）。

```
int fun(int a[N][M])
{int i,j,row=0,col=0;
for(i=0;i<N;i++)
for(j=0;j<M;j++)
if(a[i][j]>a[row][col]){row=i;col=j;}
return(【12】):
}
```

（13）有以下程序
```
#include<stdio.h>
main()
{int  n[2],i,j;
for(i=0;i<2;i++)n[i]=0;
for(i=0;i<2;i++)
    for(j=0;j<2;j++)n[j]=n[i]+1;
printf("%d\n",n[1]);
```

}
程序运行后的输出结果是【13】。

（14）以下程序的功能是：借助指针变量找出数组元素中最大值所在的位置并输出该最大值。请在输出语句中填写代表最大值的输出项。

```
#include<stdio.h>
main()
{int a[10],*p,*s;
for(p=a;p-a<10;p++)scanf("%d",p);
for(p=a,s=a;p-a<10;p++)if(*p>*s)S=P;
printf("max=%d\n",【14】);
}
```

（15）以下程序打开新文件 f.txt，并调用字符输出函数将 a 数组中的字符写入其中，请填空。

```
#include<stdio.h>
main()
{【15】*fp;
char a[5]={'1','2','3','4','5'},i;
fp=fopen("f .txt","w");
for(i=0;i<5;i++)fputc(a[i],fp);
fclose(fp);
}
```

全国计算机二级 C 语言笔试试题参考答案

一、选择题

1	2	3	4	5
B	C	D	A	A
6	7	8	9	10
D	D	C	C	A
11	12	13	14	15
C	B	B	B	D
16	17	18	19	20
D	A	A	C	B
21	22	23	24	25
B	C	B	D	C
26	27	28	29	30
C	B	D	D	A
31	32	33	34	35
A	C	B	C	D
36	37	38	39	40
B	A	C	B	D

二、填空题

（1）【1】1DCBA2345

（2）【2】1

（3）【3】25

（4）【4】结构化

（5）【5】物理设计

（6）【6】2008

（7）【7】15

（8）【8】非 0

（9）【9】4 13 40

（10）【10】i

（11）【11】2

（12）【12】a[row][col]

（13）【13】3

（14）【14】*s

（15）【15】FILE

全国计算机二级 C 语言机试试题（1）

一、填空题

给定程序中，函数 fun 的功能是：将形参 n 所指变量中，各位上为偶数的数去除剩余的数并按原来从高位到低位的顺序组成一个新的数，并通过形参指针 n 传回所指变量。

例如，输入一个数：27638496，新的数为：739。

请在程序的下划线处填入正确的内容并把下划线删除，使程序得出正确的结果。

注意：源程序存放在考生文件夹下的 BLANK1.C 中。

不得增行或删行，也不得更改程序的结构！

给定源程序：

```
#include <stdio.h>
void fun(unsigned long *n)
{    unsigned long x=0, i; int t;
     i=1;
     while(*n)
     {    t=*n % __1__;
          if(t%2!= __2__)
              { x=x+t*i; i=i*10; }
          *n =*n /10;
     }
     *n=__3__;
}
main()
{    unsigned long n=-1;
     while(n>99999999||n<0)
     { printf("Please input(0<n<100000000): "); scanf("%ld",&n); }
     fun(&n);
     printf("\nThe result is: %ld\n",n);
}
```

二、改错题

给定程序 MODI1.C 中函数 fun 的功能是：计算 n!。

例如，给 n 输入 5，则输出 120.000000。

请改正程序中的错误，使程序能输出正确的结果。

注意：不要改动 main 函数，不得增行或删行，也不得更改程序的结构！

给定源程序：

```
#include <stdio.h>
double fun ( int n )
{    double result = 1.0 ;
     if n = = 0
     return 1.0 ;
     while( n >1 && n < 170 )
         result *= n--
     return result ;
}
main ( )
{    int n ;
     printf("Input N:") ;
     scanf("%d", &n) ;
     printf("\n\n%d! =%lf\n\n", n, fun(n)) ;
}
```

三、程序题

请编写一个函数 fun，它的功能是：将一个数字字符串转换为一个整数(不得调用 C 语言提供的将字符串转换为整数的函数)。例如，若输入字符串"-1234"，则函数把它转换为整数值 -1234。函数 fun 中给出的语句仅供参考。

注意：部分源程序存在 PROG1.C 文件中。请勿改动主函数 main 和其他函数中的任何内容，仅在函数 fun 的花括号中填入你编写的若干语句。

给定源程序：

```
#include <stdio.h>
#include <string.h>
long fun ( char *p)
{/* 以下代码仅供参考 */
    int i, len, t; /* len 为串长，t 为正负标识 */
    long x=0;
    len=strlen(p);
    if(p[0]=='-')
    { t=-1; len--; p++; }
    else t=1;
/* 以下完成数字字符串转换为一个数字 */
    ?
    return x*t;
}
main() /* 主函数 */
```

```
{   char s[6];
    long n;
    printf("Enter a string:\n") ;
    gets(s);
    n = fun(s);
    printf("%ld\n",n);
}
```

全国计算机二级 C 语言机试试题（1）参考答案

一、填空题

解题思路：
第一处：t 是通过取模的方式来得到*n 的个位数字，所以应填：10。
第二处：判断是否是奇数，所以应填：0。
第三处：最后通过形参 n 来返回新数 x，所以应填：x。

二、改错题

解题思路：
第一处：条件语句书写格式错误，应改为：if (n==0)。
第二处：语句后缺少分号。

三、程序题

解题思路：本题是将一个数字字符串转换为一个整数。
参考答案：

```
/* 以下完成数字字符串转换为一个数字 */
    while(*p) x = x*10-48+(*p++);
    return x*t;
}
```

全国计算机二级 C 语言机试试题（2）

一、填空题

给定程序中，函数 fun 的功能是将形参给定的字符串、整数、浮点数写到文本文件中，再用字符方式从此文本文件中逐个读入并显示在终端屏幕上。

请在程序的下划线处填入正确的内容并把下划线删除，使程序得出正确的结果。注意：

源程序存放在考生文件夹下的 BLANK1.C 中，不得增行或删行，也不得更改程序的结构！

给定源程序：

```
#include <stdio.h>
void fun(char *s, int a, double f)
{    __1__ fp;
     char ch;
     fp = fopen("file1.txt", "w");
     fprintf(fp, "%s %d %f\n", s, a, f);
     fclose(fp);
     fp = fopen("file1.txt", "r");
     printf("\nThe result :\n\n");
     ch = fgetc(fp);
     while (!feof(__2__)) {
     /**********found**********/
          putchar(__3__); ch = fgetc(fp); }
     putchar('\n');
     fclose(fp);
}
main()
{    char a[10]="Hello!"; int b=12345;
     double c= 98.76;
     fun(a,b,c);
}
```

二、改错题

给定程序 MODI1.C 中函数 fun 的功能是：依次取出字符串中所有数字字符，形成新的字符串，并取代原字符串。

请改正函数 fun 中指定部位的错误，使它能得出正确的结果。

注意：不要改动 main 函数，不得增行或删行，也不得更改程序的结构！

给定源程序：

```
#include <stdio.h>
void fun(char *s)
{    int i,j;
     for(i=0,j=0; s[i]!='\0'; i++)
          if(s[i]>='0' && s[i]<='9')
     s[j]=s[i];
     s[j]="\0";
}
main()
```

```
{   char item[80];
    printf("\nEnter a string : ");gets(item);
    printf("\n\nThe string is : \"%s\"\n",item);
    fun(item);
    printf("\n\nThe string of changing is : \"%s\"\n",item );
}
```

三、程序题

请编写函数 fun，函数的功能是：将 M 行 N 列的二维数组中的字符数据，按列的顺序依次放到一个字符串中。

例如，二维数组中的数据为：W W W W
　　　　　　　　　　　　S S S S
　　　　　　　　　　　　H H H H
则字符串中的内容应是：WSHWSHWSH。

注意：部分源程序在文件 PROG1.C 中。

请勿改动主函数 main 和其他函数中的任何内容，仅在函数 fun 的花括号中填入你编写的若干语句。

给定源程序：

```c
#include <stdio.h>
#define M 3
#define N 4
void fun(char s[][N], char *b)
{   int i,j,n=0;
    for(i=0; i < N;i++) /* 请填写相应语句完成其功能 */
    {
    }
    b[n]='\0';
}
main()
{   char a[100],w[M][N]={{'W','W','W','W'},{'S','S','S','S'},{'H','H','H','H'}};
    int i,j;
    printf("The matrix:\n");
    for(i=0; i<M; i++)
    {   for(j=0;j<N; j++)printf("%3c",w[i][j]);
        printf("\n");
    }
    fun(w,a);
    printf("The A string:\n");puts(a);
    printf("\n\n");
```

```
        NONO();
}
```

全国计算机二级 C 语言机试试题（2）参考答案

一、填空题

解题思路：
本题是考察先把给定的数据写入到文本文件中，再从该文件读出并显示在屏幕上。
第一处：定义文本文件类型变量，所以应填：FILE *。
第二处：判断文件是否结束，所以应填：fp。
第三处：显示读出的字符，所以应填：ch。

二、改错题

解题思路：
第一处：要求是取出原字符串中所有数字字符组成一个新的字符串，程序中是使用变量 j 来控制新字符串的位置，所以应改为："s[j++]=s[i];"。
第二处：置新字符串的结束符，所以应改为："s[j]='\0';"。

三、程序题

解题思路：
本题是把二维数组中的字符数据按列存放到一个字符串中。
（1）计算存放到一维数组中的位置。
（2）取出二维数组中的字符存放到一维数组（已计算出的位置）中。
参考答案：

```
void fun(char s[][N], char *b)
{
    int i,j,n=0;
    for(i=0; i < N;i++) /* 请填写相应语句完成其功能 */
    {
        for(j = 0 ; j < M ; j++) {
            b[n] = s[j][i] ;
            n = i * M + j + 1;
        }
    }
    b[n]='\0';
}
```

模块 4 总 结

【模块 4 小结】

模块 4 是 C 语言程序设计课程的第四个阶段——C 语言综合应用阶段。

模块 4 重点内容是 C 语言综合应用训练任务、设计实例、综合测试。考核标准可以参照课程实习或课程设计内容的过程要求来进行。综合测试为全国计算机二级 C 语言笔试试题。

在能力方面,学完模块 4 后要求达到基本具备利用 C 语言解决简单实际问题的综合分析能力;基本具备利用 C 语言进行简单应用程序设计、调试和运行的操作能力。

在知识方面,学完模块 4 后要求达到基本掌握利用 C 语言分析和解决简单实际问题的逻辑思维方法;基本掌握利用 C 语言进行简单应用程序设计的软件工程方法。

在思政方面,学完模块 4 后要求学生成为有思想、有责任心的公民。

【模块 4 训练】系统联调与测试

由于这是系统程序设计技能训练独立实战的指导性项目之一,是第四学习训练阶段的自主学习独立检验项目,因此这里仅给出指导性建议。

这是系统实施的继续,是系统实施的最后总调阶段。系统联调与测试作为模块 4 的综合训练子项目。划分子项目训练小组,先拟订计划,对新生报到管理系统按系统结构设计主函数,准备好测试数据。在 C 编译环境下运行主函数调用各子模块(子函数),进行系统联调与测试。最后按训练小组进行汇报、答辩和考核,老师做系统点评和系统总结。

参考文献

[1] 谭浩强. C 程序设计[M]. 4 版. 北京：清华大学出版社，2010.
[2] 高俊文. C/C++程序设计[M]. 北京：人民邮电出版社，2005.
[3] 张颖江. C 语言程序设计[M]. 北京：科学出版社，1998.
[4] 徐建民. C 语言程序设计[M]. 北京：电子工业出版社，2002.
[5] 周叙国，孙东卫. C 语言程序设计[M]. 天津：天津科学技术出版社，2008.
[6] 张佰慧，王德永. C 语言程序设计——项目教学教程[M]. 西安：西安电子科技大学出版社，2010.
[7] 占跃华. C 语言程序设计[M]. 2 版. 北京：北京邮电大学出版社，2010.
[8] 哈比森（Harbisom,S.P.）. C 语言参考手册[M]. 5 版. 北京：机械工业出版社，2008.
[9] 吕凤翥. C 语言程序设计教师使用参考书[M]. 北京：清华大学出版社，2006.
[10] 严蔚敏，吴伟民. 数据结构（C 语言版）[M]. 北京：清华大学出版社，1996.
[11] 张强华. C 语言程序设计[M]. 北京：人民邮电出版社，2001.
[12] 徐新华. C 语言程序设计教程[M]. 北京：中国水利水电出版社，2001.
[13] 丁亚涛. C 语言程序设计[M]. 2 版. 北京：高等教育出版社，2006.
[14] 吴国凤. C/C++程序设计[M]. 北京：高等教育出版社，2006.
[15] 屈卫清. C 语言程序设计教程[M]. 北京：高等教育出版社，2007.
[16] 胡运玲，龚民. C 语言程序设计[M]. 北京：中国人民大学出版社，2012.